新・物性物理入門

**A New
Introduction to
Condensed Matter Physics**

塩見雄毅
Yuki Shiomi

朝倉書店

まえがき

　本書は，大学 2 年生から 3 年生を主な読者として想定した物性物理学の教科書である．物性物理学（固体物理学）が目指す，たくさんの原子や分子が集まってできた固体物質の物理的性質の理解には，力学や電磁気学のみならず熱・統計力学や量子力学などの幅広い物理の知識が必要になる．最先端の研究を理解するには，より高度な知識も必要である．そのような予備知識の理解が完全ではない状態でも独習できるように，発展的な内容を含めてなるべくオーソドックスな構成で丁寧な記述を心がけた．

　本書を執筆した動機は 2 つある．1 つは，より多くの学生に物性物理学に興味をもって欲しいと思ったこと．もう 1 つは，非常に細分化された現代の物性物理学において，道標となるような本を提供したかったことである．物性物理学は今世紀になってもますます発展を続け，隣接分野とのつながりも強めながら，新し（くて難し）い概念が年々増え続けている．細かい部分までの理解は難しいにしても，新しいキーワードに若いうちから触れることは，物性物理学研究を志す学生の助けになると考えた．そのため基礎的な物性物理学の教科書では触れられていないような発展的な内容についても極力触れるように努めた．

　一方で，新しい題材を含めて多くの内容を詰め込んだため，それぞれの項目の説明は十分でなく，消化不良になってしまうことは認めざるを得ない．より深く知りたい項目がある読者は巻末に挙げた参考書などを参考にして頂きたい．

　著者が本書を執筆できたのは，著者が受けた多くの先生からのご指導や優れた教科書のおかげであることは言うまでもない．この場を借りてこれまでお世話になった先生方や同僚に感謝申し上げたい．また，原稿について有益なコメントをくれた松木淳之介さんに感謝する．最後に，未熟な著者にお付き合いくださった朝倉書店編集部にお礼申し上げる．

2023 年 6 月

塩 見 雄 毅

目　　次

.1.

物性物理学の対象

　物性物理学は，物質の物理的性質（**物性**）を扱う物理学の分野である．物性は，電気的性質，光学的性質，磁気的性質，力学的性質，熱的性質など多岐にわたり，これらの性質をうまく利用することで電子機器が動作している．

□■ 1.1　物質を構成するもの ■□

　物質は，**原子**からなる．英語では原子のことをアトム（atom）というが，これは不可分という意味で，物質を分けていったときにそれ以上分けることのできない極限に達したことを表した言葉である．例えば水を例にとると，すくった水を半分に分け続ければ，これ以上分けられない限界に達する．これが水の**分子**である．すくった水には**アボガドロ数**（6.02×10^{23}）程度の膨大な数の水分子が含まれている．分子は物質の性質を保ったままでこれ以上分けることのできない限界と考えられる．物質としての性質を変えることを許容すれば，水分子はさらに水素原子と酸素原子に分けることができる．これが原子である．世の中には多くの物質があり，それに対応して多くの分子が存在するが，それを構成する原子の種類はたかだか 100 余りしかない．限られた種類の原子から多彩な性質をもった物質が生み出されることが，物質のもつ大きな魅力の 1 つといえる．

　物質をつくる最も小さい粒子である「原子」という呼び名は粒に着目するときの呼び方で，種類に着目するときには**元素**と呼ばれる．物質は，1 種類の元素からできている**単体**と，複数の種類の元素からなる**化合物**の 2 種類ある．元素の種類は限られるから単体の種類も 100 余りしかないが，化合物の種類は限りなくある．単体の例は鉄である．鉄は半分に分ける操作を続けると，水の場合と異なり，鉄の原子に到達する（単原子分子）．地球上では炭素の化合物が多種類存在し，それを**有機物質**と総称する．それ以外のものは**無機物質**と呼ばれ

る．本来，生物が生産する物質を有機物と呼んでいたが，近年では人工的に有機物を合成できる．本書の主な対象は無機物質である．

原子はアトムという言葉の通り不可分の粒子とかつては考えられていたが，現在では原子を構成する基本的な粒子が知られている．それは電子，陽子，中性子などであり，陽子や中性子はさらにクォークと呼ばれる基本粒子で構成されると考えられている．このような基本粒子を総称して**素粒子**と呼ぶ．どの原子も素粒子の組み合わせで出来上がっている．

電子は，負電荷をもつ最小の粒子であり，質量は水素原子の約 1840 分の 1 である．電子は電気の単位であり，物性物理学でも中心的な役割を果たす．水素原子は，負電荷 $-e$ をもつ 1 個の電子と，正電荷 $+e$ をもつ 1 個の陽子からなる原子核で構成される．陽子も電子と同じく電荷を有するが，符号は逆で正電荷をもつ．また，陽子は電子よりも 1840 倍ほど大きい質量をもつ．中性子も陽子と同様に水素原子とほとんど同じ質量の粒子であるが，電気を帯びていない．陽子と中性子は原子の原子核を構成し，その周りに陽子の数に等しいだけの電子が存在する．原子の質量はほぼ原子核の質量に等しい．物質の本体は原子核という小さい場所に閉じ込められていて，その他の隙間の部分は軽い電子にとって運動場のようなものである．実際に後の章で，電子の運動によって多彩な現象が発現することを見る．

原子核に含まれる陽子の数を**原子番号**と呼ぶ．原子を原子番号の順番に並べたのが周期表であり，その性質に周期性があることが知られる（周期律）．このもとになるのが原子核の周りの電子のとるエネルギー状態の分布のもつ周期性である．原子核の周りの電子には色々なエネルギーをもった状態が存在する．すべての電子がエネルギーの一番低い状態に集まれば原子は最も安定になると考えられるが，実際には，それぞれのエネルギー状態に入ることのできる電子の数には定員があり，一番エネルギーの低い状態が満員になると，他の電子はより高いエネルギー状態にならざるを得ない．これは**パウリの排他原理**と呼ばれ，物理および化学現象の基本原理である．

ボーアは原子の構造に量子力学を取り入れて以下のような模型を考えた．原子核を中心として電子が軌道運動を描くが，電子の軌道は古典論で考えられるように連続的に存在するのではなく，とびとびになる（図 1.1）．1 つの安定軌道から別の安定軌道に電子が飛び移るときにエネルギー差に等しい光が発生すると考えると，原子スペクトルの実験結果を良い精度で説明できる．安定軌

道となる資格は，軌道の周長が電子波の波長
の整数倍のものだけである．つまり，電子を
粒子として古典的に捉えるのでなく，波とし
て捉える必要性がある（波動性）．微視的世界
で電子などが粒子としての顔と波としての顔
をあわせもつことを理論付ける量子力学は物
性物理学においても本質的な役割を果たす．

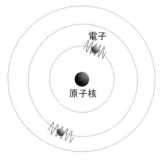

図 1.1 ボーアの原子模型.

原子や分子を結び付ける力

化合物がつく
られるためには原子同士が結び付く必要があ
る．例えば塩化ナトリウム（食塩）では，陽イオンである Na^+ イオンと陰イオ
ンである Cl^- イオンが静電気的に引き合うことになる．このような結合を**イオ
ン結合**と呼び，この結合によりイオン結晶が形成される．イオン結合は，金属
元素からなる陽イオンと非金属元素からなる陰イオンとの間で形成されること
が多い．物性物理学においては，周期表で第 3 族元素から第 11 族（あるいは第
12 族）元素の間に存在する元素である**遷移金属**の陽イオンと酸素の陰イオンの
化合物（酸化物）が特に重要である．

　一方，水素分子においては，結合力はこのような電気的な力で表すことはで
きない．つまり水素の陽イオンと陰イオンに分かれて結合しているわけではな
い．2 つの水素原子は 2 つの電子を共有して結合しており，これを**共有結合**と
呼ぶ．イオン結合の場合は電子は一方の原子から他方の原子に完全に移ってし
まって結合が起きるが，共有結合の場合は電子が両方の原子に同等に帰属する．
これは電子が両原子に共通の軌道の上を動いていると見なすことができる．こ
の状態は量子力学によって定式化され，1 つの原子軌道を位置座標を r として
$\phi_i(r)$ とおくとき，$\Phi = c_A\phi_A(r) + c_B\phi_B(r)$ のように線形結合の形（c_A や c_B
は係数）で表すことができる（分子軌道）．このような考え方は後で学ぶバンド
理論の基礎となる．なお，イオン結合や共有結合といっても，これは理想的な
場合であって，実際の物質においてはその中間にある．つまり電子は両方の原
子に均等に従属しているわけでもなく，かといってどちらか一方にしか所属し
ていないわけでもない中途半端な状態にある．

　金属の物質をつくっている結合力は共有結合に似ているが少し異なる．結合
は電子の共有がもとになっており，共有結合においては 2 つの原子間で電子が

共有されているのに対し，金属においては電子は原子全部に共有されている．これを**金属結合**と呼ぶ．金属をつくっている電子は物質全体を動き回ることができ，このため金属は電気をよく通す．1つ注意点としては，「金属」という言葉には複数の定義があることである．日常生活で金属という場合には電気伝導性などの性質に注目しており，この段落で述べた金属の定義は化学結合に着目した定義である．一方，物性物理学においては，バンド理論に基づいて金属が定義される．物質中には電子は膨大に存在しており，電子のとり得るエネルギー状態は帯（バンド）状に広がる（エネルギーバンド）．バンド理論に基づく金属の定義では，酸化物のようなイオン結晶でも金属になり得る．

これまでは原子と原子との間の相互作用を考えたが，分子と分子の間にも引力がはたらく．例えば水蒸気が水や氷の状態に移るときには，分子間の引力がはたらいて分子同士の間隔が小さくなる．このような分子間の力で代表的なものが**ファン・デル・ワールス力**である．化学結合としてはファン・デル・ワールス結合と呼ばれる．ファン・デル・ワールス力の原因は分子や原子の中での電荷の分布が瞬間的に非対称となることにある．電気的に中性で無極性な分子であっても，分子内の電子分布は瞬間的には非対称になる場合があり，それが原因となって相互作用が生じる．本書の対象である固体物質でもファン・デル・ワールス力が重要になることがある．例として，2次元層状物質が挙げられる．原子間の結合が層内で閉じていて，層間は弱いファン・デル・ワールス力のみで結合した結晶構造をもつ一連の物質であり，機械的な力を加えて層に沿って割る（へき開する）ことで2次元的な物質を作製することができる．

▎結　　晶

物性物理学は，物質の示す様々な物理現象を開拓・解明していく学問である．後の章で見るように，例えば物質の電気的，磁気的，熱的，光学的性質が調べられ，そのために極低温や強磁場の極限環境が用いられる．このような物性を測定するためには当然ながら測定技術が必要になるが，それにまして重要なのは，良質な測定試料である．物性物理の研究においては，主として**結晶**の試料を扱う．結晶とは端的に言えば，原子，分子，またはイオンが，規則正しく配列している固体である．この「規則正しさ」は物性物理学の根幹となる重要な性質である．

結晶には，**単結晶**と**多結晶**がある．単結晶とは，1個の結晶内のどの部分をとっても原子配列の向きが同じものである．一方，小さな単結晶の集合体を多

結晶と呼ぶ．実験研究にお
いては一般に多結晶の方が
容易に得られるが，仮に単結
晶が異方的な物理的性質[*1]
をもっていても，平均化さ
れて見えなくなる．本書で
は特に断らない場合，結晶
という場合には，より理想
的な状況である単結晶を指す．

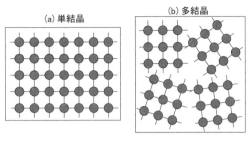

図 1.2 (a) 単結晶と (b) 多結晶.

□■　1.2　本 書 の 構 成　■□

　本書は，固体，液体，気体という 3 つの状態をとり得る広範な物質の中でも
固体に焦点を当て，固体で生じる物理現象を解説する．改めて書くまでもない
が，固体とは安定した形状をもち，ある程度の硬さをもつものである．多くの
元素や化合物は室温で固体であり，その性質の理解は科学において重要である．
原子という微視的な描像を持ち込むと，固体は相互作用した原子の集団と見な
せる．特に原子が規則的に配列したものが結晶であり，本書では主として結晶
（単結晶）をターゲットとする．

　大まかに原子を原子核とその周
りに存在する電子に分けると，結
晶は原子核の配列の中に電子が多
数存在するという描像が描ける（図
1.3）．原子核同士，電子同士，さら
に原子核と電子は相互作用し，多彩
な現象を生み出す．本書ではまず，
原子核同士の相互作用が生み出す物
性について解説する（第 2, 3 章）．

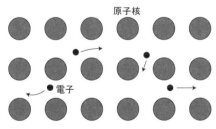

図 1.3 結晶中の微視的イメージ．規則的に配列
した原子核の集団と，その間で動き回る電子
の集団に分類できる．

[*1]　異方的な性質とは，例えば，ある方向には電気を容易に流すが，それに垂直な方向には電気を流
しにくい場合である．わかりやすい例として，前述の 2 次元層状物質においては，化学結合の
異方性によりそのような状況が生じ得る．つまり 2 次元面に平行な方向には電気を流しやすい
が，垂直な方向には流しづらい．

その後，電子に関する基礎的な事項を解説した（第 4 章）後に，第 6 章以降で結晶中の電子が生み出す多彩な物理現象を順に解説する．

固体の比熱

　17 世紀頃の物理学は主として天体の運行や物体の運動に関する分野を中心としていた．その後の 18 世紀から 19 世紀にかけて発展した熱力学や統計力学は物性物理学の基礎となり，物質の熱的性質の記述を可能にした．本章では固体物質（結晶）の熱的性質の例として比熱を取り上げて解説する．正確な比熱の理解には古典論では十分でなく，20 世紀前半に構築された量子力学の知識が必要となる．

□■　2.1　比熱とは何か　■□

　エネルギーは物理系における基本的な物理量であり，その変化を表すのが**比熱**である．比熱とは，単位量あたりの物質を $1\,\mathrm{K}\,(1°\mathrm{C})$ 上げるのに必要な熱量である．例えば，$1\,\mathrm{g}$ の水を $1°\mathrm{C}$ 上げるのに必要な熱量が $1\,\mathrm{cal}$（カロリー）である．

　我々が対象とする固体結晶に目を向けると，19 世紀前半（1819 年）に，多くの固体元素で単位量あたりの常温の比熱 C が元素によらずにほぼ一定であることが実験的に見出された（**デュロン–プティの法則**）．例えば，1 原子の Al, Cu, Ag, Au の常温の比熱はそれぞれ，$2.91\,k_\mathrm{B}$, $2.94\,k_\mathrm{B}$, $2.99\,k_\mathrm{B}$, $3.05\,k_\mathrm{B}$ であり，物質によらずほぼ $C = 3\,k_\mathrm{B}$ に等しい．ここで $k_\mathrm{B}(= 1.380649 \times 10^{-23}\ \mathrm{J/K})$ はボルツマン定数であり，絶対温度とエネルギーを関係付ける量である．

　一方，常温から温度を下げていくと，比熱 C は減少し，絶対零度で 0 に向かうことがその後の実験で観測された．したがって，固体の比熱を物理的に理解するには，常温のデュロン–プティの法則だけでなく低温での比熱の減少を含めた比熱の温度変化を説明する必要がある．さらに，先述の Al や Cu 等とは異なり，ダイヤモンドの常温の比熱は $C = 0.735\,k_\mathrm{B}$ しかなく，デュロン–プティの法則が成り立たない．このような例外物質を含めた物質依存性が何によって決

まるかも理解する必要がある.

　比熱に関する上記の性質を理解するには量子力学が必要であり，その構築には 20 世紀前半まで待たなくてはならない. 低温比熱に対する量子力学の重要性は 1907 年にアインシュタインが最初に指摘したとされる. 比熱の起源は結晶を構成する原子の運動に帰され，非常に小さい物体の運動であることから，その正確な記述には古典力学ではなく量子力学を用いる必要がある.

□■　2.2　比熱の古典モデル　■□

　固体の結晶においては，物質を構成する原子が 3 次元的に周期的に配列している. これらの原子は常温で運動エネルギーをもつため静止していない. 各原子の位置は決まっているので，基準位置を中心に振動することになる. 固体の比熱は主としてこの多数の原子の熱振動（**格子振動**）に由来する. 温度の低下により熱振動は穏やかになるため，比熱は低温で減少していくことになる.

　原子の熱振動を数学的な言葉で記述して理解するためには，現象の本質を抽出してモデル化する必要がある. 原子の熱振動を扱うための最も簡単なモデルは**単振動**（**ばね**，**調和振動子**）である. 原子の質量を m，基準位置からの変位を x として，1 つの 1 次元ばねの運動方程式は

$$m\frac{d^2x}{dt^2} = -\kappa x \tag{2.1}$$

で与えられる. κ はばね定数であり，ここでは熱振動の復元力を決める. この方程式の解は $\sin(\sqrt{\kappa/mt})$ と $\cos(\sqrt{\kappa/mt})$ の重ね合わせであり，一般解は $u = A\sin(\sqrt{\kappa/mt} + \phi)$ である（A, ϕ は初期条件で決まる定数）. $\omega = \sqrt{\kappa/m}$ は振動数であり，振動周期を決める. 温度の上昇により原子の熱振動が大きくなることは振幅 A が大きくなることに対応する. なお，実際の原子の熱振動は 1 次元でなく 3 次元的であるが，成分（式）が 3 つになるだけで議論の本質は変わらない.

　上記はニュートン表現による調和振動子（ばね）の運動の記述であるが，古典力学にはその他にラグランジュ表現とハミルトン表現がある（**解析力学**）. 物性物理学において重要なのはハミルトン表現である. ニュートン表現では物体にはたらく力をまず書き下すが，ハミルトン表現においては，系の**ハミルトニアン**から出発する. ラグランジアンを L，運動量を $p = m\dot{x}$ とおくとき，1 次

元ばねのハミルトニアン H は

$$H = p\dot{x} - L = \Big(\frac{\partial L}{\partial \dot{x}}\Big)\dot{x} - L = \frac{p^2}{2m} + \frac{1}{2}\kappa x^2 = \frac{p^2}{2m} + \frac{1}{2}m\omega^2 x^2. \tag{2.2}$$

これは全エネルギーに相当する．ここで，ラグランジアン $L = \frac{1}{2}m\dot{x}^2 - \frac{1}{2}\kappa x^2$ と $p = \partial L/\partial \dot{x}$ を用いた．当然だが，この結果をハミルトン方程式

$$\dot{x} = \frac{\partial H}{\partial p}, \quad \dot{p} = -\frac{\partial H}{\partial x} \tag{2.3}$$

に代入すると，ニュートンの運動方程式と同じ形の方程式が得られる．

さて，我々の目標は比熱を求めることであった．硬い固体を考えて体積が一定とすると，加えた熱はすべてエネルギーの上昇に使われる（外部に仕事をしない）ので，比熱はエネルギーの温度微分として表せる（定積比熱）．したがって，比熱を計算するには原子の熱振動という調和振動子の集団のエネルギーを温度の関数として求めればよいことになる．

■デュロン-プティの法則の導出　　固体中の原子の熱振動を，それぞれ独立な N 個の調和振動子として考えると，そのハミルトニアンは

$$H = \sum_{i=1}^{N}\Big\{ \frac{\boldsymbol{p}_i^2}{2m} + \frac{m\omega^2}{2}\boldsymbol{q}_i^2 \Big\} \tag{2.4}$$

と表せる．{ }括弧の中の第 1 項が i 番目の調和振動子の運動エネルギーで，第 2 項がポテンシャルエネルギーである．熱浴のおかげで温度が一定に保たれるとして統計力学で習うカノニカル分布を適用すると，分配関数（2.3 節参照）は

$$\begin{aligned}
Z(T) &= \frac{1}{h^{3N}} \int \cdots \int \exp\Big\{ -\frac{1}{k_{\mathrm{B}}T}\Big(\frac{\boldsymbol{p}_i^2}{2m} + \frac{m\omega^2}{2}\boldsymbol{q}_i^2 \Big) \Big\} \prod_i d\boldsymbol{q}_i d\boldsymbol{p}_i \\
&= \frac{1}{h^{3N}} \Big[\iint \exp\Big\{ -\frac{1}{k_{\mathrm{B}}T}\Big(\frac{p^2}{2m} + \frac{m\omega^2 q^2}{2} \Big) \Big\} dq\, dp \Big]^{3N} \\
&= \Big(\frac{k_{\mathrm{B}}T}{\hbar\omega} \Big)^{3N}. \tag{2.5}
\end{aligned}$$

ここでそれぞれの振動子の振動は独立であることを利用した．h はプランク定数で，$\hbar = h/2\pi$ は換算プランク定数と呼ばれる．最後の積分はガウス積分である．この分配関数よりエネルギーの平均値は，式 (2.23) を使って

$$E = k_{\mathrm{B}}T^2 \frac{\partial}{\partial T} \ln Z(T) = 3Nk_{\mathrm{B}}T. \tag{2.6}$$

比熱はエネルギーの温度微分で与えられるから，比熱は 1 原子あたり $3k_{\mathrm{B}}$ である．このように古典物理学によってデュロン-プティの法則は説明される．一方で，この値は定数であり，低温での温度変化を説明できない．

そのために注意すべきことが2つある。1つ目は、原子は非常に小さく、支配される力学は古典力学ではなく**量子力学**であることである。量子力学においてはニュートンの運動方程式とは異なる基礎方程式が成り立つ（**シュレディンガー方程式**）。

2つ目は、結晶中には原子が大量に存在することである。固体中には原子は1つでなくアボガドロ数程度の膨大な数存在する。この数を N とおこう。我々が興味があるのは N 個の調和振動子の集団による巨視的な物理量である。特に比熱はエネルギーの温度微分で与えられることから、集団のエネルギーを計算する必要がある。微視的なハミルトニアンから集団の巨視的なエネルギーを求めるのに必要となるのが**統計力学**である。

□■ 2.3　アインシュタインモデル ■□

｜量子力学における調和振動子　　2.2節より、固体の比熱を求めるには、量子力学と統計力学の知識が必要なことがわかった。まずは量子力学からである。調和振動子を量子力学で扱う場合に、古典力学の場合と大きく異なる点の1つは、エネルギーがとびとびの値しかとれないことである。これは粒子と波動の二重性のためであり、古典力学でエネルギーが連続的なのとは好対照である。このようにエネルギーの性質は古典力学と大きく異なるが、それを求める際にエネルギーに対応する物理量であるハミルトニアンが用いられることは類似している。古典力学から量子力学に移行するには、位置 x と運動量 p を以下のエルミート演算子に置き換える [*1]（**正準量子化**）。

$$x \to \hat{x} = x, \quad p \to \hat{p} = -i\hbar\frac{d}{dx}. \tag{2.7}$$

$\hbar$ は換算プランク定数である。演算子の形式で書かれたハミルトニアン H は

$$H = -\frac{\hbar^2}{2m}\frac{d^2}{dx^2} + \frac{1}{2}m\omega^2 x^2. \tag{2.8}$$

このハミルトニアンに対し、以下の固有値方程式（シュレディンガー方程式）を解けばエネルギー固有値 E が得られる。

$$Hu(x) = \left[-\frac{\hbar^2}{2m}\frac{d^2}{dx^2} + \frac{1}{2}m\omega^2 x^2\right]u(x) = Eu(x). \tag{2.9}$$

[*1]　表記の簡略化のため、以降では演算子を表す^は省略する。また、3次元での運動量演算子は、記号 ∇（ナブラ）を使って、$\hat{p} = -i\hbar\nabla$ である。

ここで $u(x)$ は固有関数である.

■エネルギー固有値の導出　　以下の変数変換

$$\xi = \sqrt{\frac{m\omega}{\hbar}}x, \quad \epsilon = \frac{2E}{\hbar\omega} \tag{2.10}$$

を行うと，シュレディンガー方程式は

$$\frac{d^2 u}{d\xi^2} + (\epsilon - \xi^2)u = 0 \tag{2.11}$$

という形になる. 大きな ξ に対しては ϵ は無視できるので，上式は

$$\frac{d^2 u}{d\xi^2} = \xi^2 u \tag{2.12}$$

となる. $\xi \to \infty$ で発散しない解 $u(\xi) = \xi^m e^{-\xi^2/2}$ を試行的に代入すると，ξ が大きいときに

$$\frac{d^2 u}{d\xi^2} \to \xi^{m+2} e^{-\xi^2/2} = \xi^2 u \tag{2.13}$$

となり右辺と一致するから，$u(\xi)$ は漸近的に $\xi^m e^{-\xi^2/2}$ の解をもつ. そこで，

$$u(\xi) = H(\xi)e^{-\xi^2/2} \tag{2.14}$$

とおいてシュレディンガー方程式に代入すると，

$$\frac{d^2 H(\xi)}{d\xi^2} - 2\xi\frac{dH(\xi)}{d\xi} + (\epsilon - 1)H(\xi) = 0 \tag{2.15}$$

を得る. ハミルトニアンの H と混同しないように注意すること. $H(\xi)$ を

$$H(\xi) = \sum_{n=0}^{\infty} a_n \xi^n \tag{2.16}$$

とべき級数に展開して代入すると，条件式

$$a_{n+2} = -\frac{\epsilon - 2n - 1}{(n+1)(n+2)}a_n \tag{2.17}$$

を得る. シュレディンガー方程式の解が $\xi \to \infty$ で発散しないためには多項式 $H(\xi)$ が無限級数でなく有限の項で終わる必要があり，そのためには

$$\epsilon = 2n + 1 \tag{2.18}$$

である必要がある. ここで n は 0 以上の整数である. 以上により，ϵ の定義を思い出すと，エネルギー固有値が得られる.

シュレディンガー方程式を解くと，エネルギー固有値は

$$E_n = \left(n + \frac{1}{2}\right)\hbar\omega \tag{2.19}$$

と離散的な形で得られる．これはエネルギーの単位 $\hbar\omega$ で調和振動子のエネルギーがとびとびの値をとることを示している．とり得る値の間隔は $\hbar\omega$ に等しい．最も小さいエネルギー固有値は

$$E_0 = \frac{1}{2}\hbar\omega \tag{2.20}$$

であり，0 ではない．このエネルギーは**零点エネルギー**と呼ばれる．

なお，実際の結晶の熱振動は 3 次元であり，エネルギーは

$$E_{n_x,n_y,n_z} = \left[\left(n_x + \frac{1}{2}\right) + \left(n_y + \frac{1}{2}\right) + \left(n_z + \frac{1}{2}\right)\right]\hbar\omega \tag{2.21}$$

（n_x, n_y, n_z は 0 以上の整数）で与えられる．

▌**多数の調和振動子の取り扱い**　　さて，1 つの調和振動子のエネルギーが求まったので，次は結晶中の全原子を扱うために統計力学を用いた考察を行おう．体積 V の結晶中に N 個の原子からなる調和振動子があり，温度 T の平衡状態にあるとする．ここで，調和振動子がそれぞれ独立と仮定し，1 つの調和振動子が温度 T の熱浴（周りの原子）とエネルギーのやり取りをすると仮定する．

1 つの調和振動子のエネルギーは温度 T に依存して色々なエネルギーをとり得る．これは古典的には，1 つ 1 つの調和振動子の変位と速度は自由に変化するためと考えられる．全体の調和振動子のエネルギーは，どのエネルギー状態がどれくらいの割合で存在するかを表す**ボルツマン分布**を用いて求められる．系がエネルギー E_n をとる確率は，

$$p_n = \frac{e^{-E_n/(k_\mathrm{B}T)}}{Z(T)}, \quad Z(T) \equiv \sum_n e^{-E_n/(k_\mathrm{B}T)} \tag{2.22}$$

である．ここで，$Z(T)$ は**分配関数**と呼ばれる．エネルギーの低い状態のほうが出現頻度が高いような分布となっており，確率をすべてのエネルギー状態に対して和をとると 1 になる．エネルギーの期待値は

$$E = \sum_n E_n p_n = \frac{\sum_n E_n e^{-E_n/(k_\mathrm{B}T)}}{\sum_n e^{-E_n/(k_\mathrm{B}T)}} = k_\mathrm{B}T^2 \frac{\partial}{\partial T} \ln \sum_n e^{-E_n/(k_\mathrm{B}T)} \tag{2.23}$$

と書けるから，1 次元調和振動子の場合は

$$E = \left(\frac{1}{e^{\hbar\omega/(k_\mathrm{B}T)} - 1} + \frac{1}{2}\right)\hbar\omega. \tag{2.24}$$

ここで，エネルギー固有値の式 (2.19) を用いて得られる

$$Z(T) = \sum_{n=0}^{\infty} e^{-E_n/(k_{\mathrm{B}}T)}$$

$$= e^{-\hbar\omega/(2k_{\mathrm{B}}T)} \sum_{n=0}^{\infty} \left(e^{-\hbar\omega/(k_{\mathrm{B}}T)} \right)^n = \frac{e^{-\hbar\omega/(2k_{\mathrm{B}}T)}}{1 - e^{-\hbar\omega/(k_{\mathrm{B}}T)}} \tag{2.25}$$

を使った．比熱 C はエネルギーの温度微分で求められるから，

$$C(T) = \frac{dE}{dT} = \frac{(\hbar\omega)^2}{k_{\mathrm{B}}T^2} \frac{e^{\hbar\omega/(k_{\mathrm{B}}T)}}{(e^{\hbar\omega/(k_{\mathrm{B}}T)} - 1)^2} \tag{2.26}$$

となる．

3次元の場合には，分配関数 $Z_{3\mathrm{D}}$ が式 (2.21) を使って

$$Z_{3\mathrm{D}}(T) = \sum_{n_x, n_y, n_z} \exp\left[-\frac{E_{n_x, n_y, n_z}}{k_{\mathrm{B}}T} \right] = Z(T)^3 \tag{2.27}$$

となり，エネルギー期待値が

$$E = k_{\mathrm{B}}T^2 \frac{\partial}{\partial T} \ln Z_{3\mathrm{D}} \tag{2.28}$$

で与えられることから，比熱は1次元の場合から3倍され

$$C(T) = 3\frac{(\hbar\omega)^2}{k_{\mathrm{B}}T^2} \frac{e^{\hbar\omega/(k_{\mathrm{B}}T)}}{(e^{\hbar\omega/(k_{\mathrm{B}}T)} - 1)^2} \tag{2.29}$$

となる．

得られた $C(T)$ は高温 $\hbar\omega/(k_{\mathrm{B}}T) \ll 1$ で，デュロン–プティの法則を説明する．実際，指数関数を $e^{\hbar\omega/(k_{\mathrm{B}}T)} \approx 1 + \hbar\omega/(k_{\mathrm{B}}T)$ と展開して，$C(T) \approx 3k_{\mathrm{B}}$ を得る．1次元の調和振動子の場合は $C(T) = k_{\mathrm{B}}$ だが，3次元を考えると自由度が x, y, z の3つになり，比熱は $3k_{\mathrm{B}}$ となる．高温においては，エネルギーの単位 $\hbar\omega$ が熱エネルギーに比べて小さくなり，エネルギーが連続的に変化する状況（古典的な状況）に近づくと理解できる．

一方，低温 $\hbar\omega/(k_{\mathrm{B}}T) \gg 1$ においては，指数関数 $e^{\hbar\omega/(k_{\mathrm{B}}T)}$ が非常に大きくなり，

$$C(T) \approx 3\frac{(\hbar\omega)^2}{k_{\mathrm{B}}T^2} e^{-\hbar\omega/(k_{\mathrm{B}}T)}. \tag{2.30}$$

これは絶対零度に向かって指数関数的に減少することを意味する．非常に低温ではエネルギーのとびよりも熱エネルギーが小さくなり，熱励起できなくなることに対応する（温度 T で励起状態にある粒子の数は通常ボルツマン分布

$\propto \exp[-E/(k_{\mathrm{B}}T)]$ で表される（E はエネルギー）).

このようにアインシュタインモデルは，高温においてデュロン–プティの法則を導くだけでなく，低温における比熱の減少も説明できる．しかし，実験的には比熱の低温における温度依存性は T^3 に比例することが知られており，実験結果とは整合しない．この相違は，調和振動子同士が独立であると仮定したためである．原子同士は結合して結晶を構成しており，1 つの原子の熱振動は波として結晶中を伝搬する．このことを考慮した改良版のモデルが次節で説明するデバイモデルである．

□■ 2.4　デバイモデル ■□

原子同士が「ばね」により結び付いている以上，それぞれの原子の熱振動は独立ではない．1 つの原子の熱振動は波として原子の間を伝わっていくことになる．この効果を比熱の計算に取り入れるには，**振動・波動**の知識が必要となる．

いったん物体を巨視的に見て連続体と思うことにしよう．これは考えている波の波長が原子間の間隔よりも十分長いような場合に相当する．このとき伝搬する 1 次元の波の式は

$$u = A\sin(\omega t - kx) \tag{2.31}$$

で与えられる（正弦波）．u は変位であり，A は振幅，ω は（角）振動数，k は波数である．この式は，位置 x の媒質の運動は，原点（$x = 0$）で kx/ω 時間前に起きた運動と同じことが起きていることを意味する．v を波の位相速度として，$\omega = vk$（**分散関係**）である．

■正弦波の複素数表示　　複素指数関数と三角関数の間には以下の**オイラーの公式**が成り立つ．

$$e^{i\theta} = \cos\theta + i\sin\theta. \tag{2.32}$$

物性物理学においては，様々な波が登場する．等位相面が波数ベクトル $\boldsymbol{k}$ を法線ベクトルとする**平面波**は，

$$A\boldsymbol{e}_i \cos(\boldsymbol{k} \cdot \boldsymbol{r} - \omega t + \phi) \tag{2.33}$$

の形で書ける．ここで，波数ベクトルの大きさは波長 λ と関係があり，$|\boldsymbol{k}| = 2\pi/\lambda$ である．原子の振動が 3 次元的になるときには，ある $\boldsymbol{k}$ ベクトルに対して振動方向の異なる 3 種類の波が存在し，縦波と横波の区別が生じる．上式で $\boldsymbol{e}_i$ は振動方向を表す単位ベクトルで，添え字 i は 3 種類の波を区別する．

オイラーの公式によれば cos 関数は複素指数関数の実部として表せるので，平面波は

$$\mathrm{Re}[e^{i(\boldsymbol{k}\cdot\boldsymbol{r}-\omega t)}] \tag{2.34}$$

に比例する形で書ける．ここで ϕ は無視した．このように複素指数関数で波を表現して後から（現実世界に適用するときに）実数部をとるという精神で，複素数表現された平面波の式

$$e^{i(\boldsymbol{k}\cdot\boldsymbol{r}-\omega t)} \tag{2.35}$$

が今後用いられる． $\boldsymbol{k}$ が波の伝播方向（波面に垂直な方向）を表している．

この分散関係は，波の波数 k と振動数 ω が関係することを意味する．つまり，結晶中の原子振動の波は様々な波長をとり得るが，それぞれの波長（つまり波数 k）に対して振動数 ω は異なる．この効果はアインシュタインモデルでは取り入れられていなかった（ω は定数であった）．

結晶の比熱を求めるには，原子の熱振動の波の分散関係を考慮する必要がある．デバイはその分散関係を $\omega = vk$ と仮定した．分散関係 $\omega = vk$ は連続体近似（つまり長波長近似）における分散関係であるが，低温における比熱を考えるには妥当な近似である．なぜならば，熱エネルギー $k_{\mathrm{B}}T$ が小さい低温においては，$\hbar\omega$ が小さい低エネルギー領域のみが重要であり，これは $k \approx 0$ の領域（長波長極限）に相当するからである．このあたりは次章でまた議論する．

アインシュタインモデルでは，1つの波の平均エネルギーは，物質が3次元の広がりをもつと振動方向が波の伝搬方向（1つの縦波）と垂直方向（2つの横波）の計3つあることを考慮するとき

$$E = 3\left(\frac{1}{e^{\hbar\omega/(k_{\mathrm{B}}T)} - 1} + \frac{1}{2}\right)\hbar\omega \tag{2.36}$$

であったが，ω が $\boldsymbol{k}$ に依存することを考慮すると，

$$E = 3\left(\frac{1}{e^{\hbar v|\boldsymbol{k}|/(k_{\mathrm{B}}T)} - 1} + \frac{1}{2}\right)\hbar v|\boldsymbol{k}| \tag{2.37}$$

で与えられる．ここで $\boldsymbol{k}$ は変数であり，異なる $\boldsymbol{k}$ の影響を考えるため和（積分）をとる必要がある．つまり，

$$E = 3\sum_{\boldsymbol{k}}\left(\frac{1}{e^{\hbar v|\boldsymbol{k}|/(k_B T)} - 1} + \frac{1}{2}\right)\hbar v|\boldsymbol{k}|. \tag{2.38}$$

なお，互いに独立な調和振動子の式を，すべての原子が連動して運動する今の場合に適用できるのは，原子の運動を波として記述しているからである．次章で見るように，このような波の式を使うことで，互いに独立でない連成振動に

おけるそれぞれの原子の振動は，独立な波（調和振動子）の重ね合わせとして捉えることができる．これを**格子波（フォノン）**という．

周期境界条件

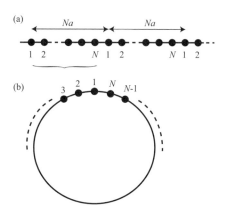

図 2.1　N 個の原子からなる輪による 1 次元結晶の構成．

さて，k についての和をとるにあたり，とり得る k の値は離散的であることに留意する．これは箱（今の場合は有限サイズの結晶）の中で振動する波の波長が，箱の内壁が動かないために箱の長さで制限されることに似ている．有限個（N 個）の原子を扱うために結晶の広がりを有限にすると表面の影響が数学的取り扱いを厄介にするため，図 2.1 のように N 個の原子からなる有限の結晶を考え，これを周期的に繰り返し無限に並べた結晶の一部分と考える（**周期境界条件**）[*2]．例えば 1 次元の場合，

$$u(x) = u(x + Na). \tag{2.39}$$

ここで，原子間の間隔を a とおいた．この条件より，変位を複素数表示の平面波（式 (2.35)）で表すとき

$$kNa = 2\pi n \quad (n : \text{整数}) \tag{2.40}$$

を得る．つまり，周期 $L = Na$ とおくと波数 k は $2\pi/L$ 間隔の離散的な値をとる．

3 次元の立方体（図 2.2）に拡張すると，x 方向，y 方向，z 方向を同様に考えると

$$\boldsymbol{k} = \frac{2\pi}{L}(n_x, n_y, n_z) \tag{2.41}$$

を得る．(n_x, n_y, n_z) は整数である．ここで，

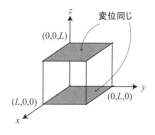

図 2.2　3 次元の周期境界条件．z 方向のみ例示．

[*2]　実在する結晶は必ず大きさが有限であり，大きさが有限であるために体積が定義できる．しかし結晶に境界（表面）があるために，周期性が失われ，数学的な取り扱いに困難が生じる．その困難を回避するために結晶は周期的だが有限の大きさをもつとする．

原子数 N とするために，$L = N^{1/3}a$ と置き直した．$N^{1/3}$ は各軸方向（x 方向，y 方向，z 方向）にある原子数である．

▌デバイの T^3 則

このように波数 $\boldsymbol{k}$ はとびとびの値をとるため，式 (2.38) において $\boldsymbol{k}$ の積分でなく和が使われている．ただ，結晶中の原子の数は膨大であり L が大きいため，ほとんど連続的に存在していると見なせる．このとき $\boldsymbol{k}$ 点の数を数えるために，波数 $\boldsymbol{k}$ を連続変数とした上で，1 つの $\boldsymbol{k}$ 点の占める体積は $(2\pi/L)^3$ であると見なすと（2 次元の場合は図 2.3 参照），

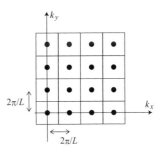

図 2.3 2 次元の場合.

$$\sum_{\boldsymbol{k}} \rightarrow \frac{L^3}{(2\pi)^3} \int d\boldsymbol{k} \tag{2.42}$$

と連続変数の積分の形式に変形できる．エネルギーの式 (2.38) の被積分関数が回転対称であるため，極座標に移って角度積分を行うと

$$E = 3\frac{L^3}{(2\pi)^3} \int_0^{k_{\mathrm{D}}} \left(\frac{1}{e^{\hbar v k/(k_{\mathrm{B}}T)} - 1} + \frac{1}{2} \right) \hbar v k \, 4\pi k^2 dk. \tag{2.43}$$

ここで k_{D} は振動の最大波数であり，積分の上限を与える．最大波数（つまり最短の波長）が存在することは，原子間隔よりも短い周期の波を考えることが意味をなさないことから理解されよう．括弧内の第 2 項 (1/2) は温度依存せず，エネルギーの温度微分で与えられる比熱には影響しないため無視する．括弧内の第 1 項は，$X = \{\hbar v/(k_{\mathrm{B}}T)\}k$ と変数変換すると，

式 (2.43) の ( ) 内の第 1 項のみ残した $E = \dfrac{3L^3}{2\pi^2} \dfrac{(k_{\mathrm{B}}T)^4}{(\hbar v)^3} \displaystyle\int_0^{X_{\mathrm{D}}} \dfrac{X^3}{e^X - 1} dX.$
$\tag{2.44}$

積分の上限 $X_{\mathrm{D}} = \{\hbar v/(k_{\mathrm{B}}T)\}k_{\mathrm{D}}$ は低温で $X_{\mathrm{D}} \rightarrow \infty$ と近似できる．このとき上式中の積分は

$$\int_0^\infty \frac{X^3}{e^X - 1} dX = \int_0^\infty \frac{X^3 e^{-X}}{1 - e^{-X}} dX = \int_0^\infty X^3 e^{-X} \sum_{n=0}^\infty e^{-nX} dX$$

$$= \int_0^\infty X^3 \sum_{n=1}^\infty e^{-nX} dX = \Gamma(4)\zeta(4) \tag{2.45}$$

と表せる．ガンマ関数 $\Gamma(4) = 3! = 6$ とリーマンゼータ関数 $\zeta(4) = \sum_{n=1}^\infty$

$(1/n^4) = \pi^4/90$ より,

式 (2.43) の ( ) 内の第 1 項のみ残した $E = \dfrac{\pi^4}{15}\dfrac{3L^3}{2\pi^2}\dfrac{(k_{\mathrm{B}}T)^4}{(\hbar v)^3}.$ $\qquad$ (2.46)

これを温度で微分すれば, 比熱 C は

$$C = \frac{dE}{dT} = \frac{2\pi^2}{5}L^3 k_{\mathrm{B}}\frac{(k_{\mathrm{B}}T)^3}{(\hbar v)^3} \propto T^3 \qquad (2.47)$$

を得る. よって低温比熱の正しい T^3 則が得られた.

低温の T^3 則は実験結果とよく一致するが, アインシュタインモデルとの違いは, 低い周波数の波を考慮したことである. つまり, どんなに低温でも熱エネルギー $k_{\mathrm{B}}T$ 以下のエネルギーをもつ調和振動子が存在し, 比熱はその数に関係している. 実際, 分散関係 $\omega = v|\boldsymbol{k}|$ を使って, 熱エネルギー $k_{\mathrm{B}}T$ 以下のエネルギーをもつ調和振動子 $(\hbar\omega(\boldsymbol{k}) \leq k_{\mathrm{B}}T)$ の数を計算すると, $|\boldsymbol{k}| \leq k_{\mathrm{B}}T/(\hbar v)$ である状態の数を数えることで

$$\frac{(4\pi/3)\{k_{\mathrm{B}}T/(\hbar v)\}^3}{(2\pi/L)^3} \propto T^3 \qquad (2.48)$$

と見積もられ, 確かに T^3 に比例していることがわかる. エネルギーが T^4 に比例していたのは, それぞれの調和振動子が $k_{\mathrm{B}}T$ 程度のエネルギーをもつためと考えられる. 一方, 熱エネルギーよりも高いエネルギーの調和振動子は比熱に余り寄与しないことがわかる.

一方, 高温の比熱は $X \ll 1$ と近似して被積分関数を展開することで,

式 (2.43) の ( ) 内の第 1 項のみ残した E

$$= \frac{3L^3}{2\pi^2}\frac{(k_{\mathrm{B}}T)^4}{(\hbar v)^3}\int_0^{X_D} X^2 dX = \frac{3L^3}{2\pi^2}\frac{(k_{\mathrm{B}}T)^4}{(\hbar v)^3}\frac{1}{3}\left(\frac{\hbar v k_{\mathrm{D}}}{k_{\mathrm{B}}T}\right)^3 = \frac{L^3}{2\pi^2}k_{\mathrm{B}}T k_{\mathrm{D}}^3.$$
$$\qquad (2.49)$$

最大波数 k_{D} は, $\boldsymbol{k}$ 点の総数が原子数 N に等しいという条件

$$N = \frac{(4\pi/3)k_{\mathrm{D}}^3}{(2\pi/L)^3} \qquad (2.50)$$

から決められる. このとき

式 (2.43) の ( ) 内の第 1 項のみ残した $E = 3Nk_{\mathrm{B}}T$ $\qquad$ (2.51)

となるので, 温度 T で微分することで, N 原子に対するデュロン–プティの法則

$$C = 3Nk_{\mathrm{B}} \qquad (2.52)$$

が得られる.

デバイ温度 最大波数 k_D に対応して，最大の振動数 $\omega_D = vk_D$ が存在する（**デバイ周波数**）．さらに，最大エネルギーを温度のスケールで表した

$$\Theta_D = \frac{\hbar\omega_D}{k_B} = \frac{\hbar vk_D}{k_B} \tag{2.53}$$

は**デバイ温度**と呼ばれる．デバイ温度を用いると，上記のエネルギーの計算において積分の上限値として現れた X_D は $X_D = \Theta_D/T$ と書け，低温と高温の場合分けは，それぞれ $\Theta_D/T \gg 1$ と $\Theta_D/T \ll 1$ に相当する．このようにデバイ温度は，高温側のデュロン–プティの法則が破れて量子効果が現れる境目の温度の目安と見なせる．中間温度の比熱は，近似をせずに，コンピュータを使って数値的に積分を評価すれば求められ，全温度域での比熱の温度変化を計算できる．しかし，実験データと比較する（整合させる）には，物質のパラメータを踏まえた分散関係を計算して用いる必要性がある．

デバイ温度は，例えば Cu の場合は 343 K，Ag は 225 K，Au では 165 K であり，大まかに室温程度かそれ以下である．よって様々な単元素物質で常温で $T \gtrsim \Theta_D$ の条件が成り立ち，デュロン–プティの法則が常温で近似的に成立する．一方，デュロン–プティの法則が常温で成り立たないダイヤモンドにおいてはデバイ温度は 2230 K にも達し，非常に大きな値をとる（$T \ll \Theta_D$）．このような非常に大きな Θ_D はデバイ温度の定義式に含まれる v に原因を求めることができ，ダイヤモンドが非常に速い波の伝搬速度をもつことに対応する．古典的な単振動の描像に戻れば，ばねが非常に速く振動する状況に対応付けられる．ダイヤモンドは非常に硬くて原子同士のばね定数 κ が非常に大きいこと，および炭素の原子量が小さいことから，単振動の振動数 $\omega = \sqrt{\kappa/m}$ は非常に大きくなり，振動周期は非常に短くなると考えられる．対照的に，鉛は重い金属であるが柔らかいため，逆にデバイ温度は低くなる（$\Theta_D = 105$ K）．

デバイ温度を実験的に見積もるには，例えば，低温比熱の温度依存性を用いることができる．低温の比熱の式をデバイ温度の定義式と $k_D^3 = 6\pi^2 N/V$ を使って整理すると

$$C = \frac{12\pi^4}{5} Nk_B \left(\frac{T}{\Theta_D}\right)^3. \tag{2.54}$$

ここで測定試料中の原子の数 N は，例えば試料の体積と密度から見積もることができる．よって，低温の比熱の T^3 の係数を実験的に測定することで，Θ_D も見積もることができる．なお，試料が金属の場合（電気をよく流す場合）においては伝導電子からの比熱の寄与もあるが，温度依存性の違いから両者の寄与

を区別することができる[*3].

　実験的に測定される比熱は，定圧比熱 C_p であって定積比熱 C_v ではないことに注意する必要がある．実験的には，温度を変えられる真空容器の中に試料を入れて，試料に熱を与えた際にどれくらい温度が上昇するかを高精度温度計を用いて測定する．試料外部への熱の逃げを避けるために真空環境で測定が行われ，圧力は一定に保たれる一方，熱浴になり得る余計な部品を省くために試料の体積を一定には保てない．定圧比熱の場合には，温度上昇により体積が増えて外部に仕事をするので，定積の条件の場合に比べて温度上昇のために多くの熱を必要とする．そのため $C_p > C_v$ である．固体の熱膨張は小さいため C_p と C_v の差は小さいが，高温の場合，測定された比熱は実際にデュロン–プティの法則から予測される値を少し超える値まで増大することが知られている．

□■　2.5　低次元物質の比熱　■□

　物性物理学で扱う物質の大半は空間的な広がりをもつ 3 次元的な結晶であり，2.4 節でも結晶が 3 次元で等方的であるという仮定のもとで比熱の計算を行った．一方，近年では原子 1 層から構成される 2 次元シート状の単原子層物質やナノチューブのような 1 次元的な物質も実験的に実現されている．そのような低次元系では，比熱を求めるための積分の計算が変わってくる．

│低次元物質におけるデバイモデル　　2 次元物質においては，ばねにつながれた原子は 2 次元的に広がっている．数学的には x, y 方向には原子があるが z 方向にはないため，波数 $\boldsymbol{k}$ は

$$\boldsymbol{k} = \frac{2\pi}{L}(n_x, n_y) \tag{2.55}$$

と表され，状態の数の勘定は 2 次元の式

$$\sum_{\boldsymbol{k}} \rightarrow \frac{L^2}{(2\pi)^2} \int d\boldsymbol{k} \tag{2.56}$$

で与えられる（図 2.3）．よってエネルギーは

$$E = \frac{L^2}{(2\pi)^2} \int_0^{k_{\mathrm{D}}} \left(\frac{1}{e^{\hbar v k/(k_{\mathrm{B}} T)} - 1} + \frac{1}{2} \right) \hbar v k \, 2\pi k dk \tag{2.57}$$

[*3]　伝導電子の比熱は，低温で T に比例する（第 4 章参照）．

で計算される．つまり積分が3次元から2次元に落ちたことになる．ここで，縦波・横波を考えずに1つの波を考えている．3次元から2次元の式へと変更になったために被積分関数の k 依存性が前節とは異なるが，同様の変数変換 $(k \to X)$ により比熱が計算できる．

低温であると仮定し積分の上限が無限大 (∞) であるとする．このとき式 (2.57) の ( ) 内の第1項のみ残した $E = \dfrac{L^2}{2\pi} \dfrac{(k_{\mathrm{B}}T)^3}{(\hbar v)^2} \displaystyle\int_0^\infty \dfrac{X^2}{e^X - 1} dX.$

$$(2.58)$$

ここで零点振動の項は比熱に関係ないため無視した．よって，温度に関する微分で与えられる比熱の温度依存性は

$$C_{2\mathrm{D}} \propto T^2 \qquad (2.59)$$

となる．1次元の場合には，同様の計算を行うと，dk の領域に含まれる状態の数が

$$\frac{dk}{2\pi/L} \qquad (2.60)$$

であり，低温の比熱の温度依存性は

$$C_{1\mathrm{D}} \propto T \qquad (2.61)$$

となる．このように，d 次元の低温比熱の温度依存性は T^d で与えられる．

分散関係との関係　　低温比熱の温度依存性は，分散関係にも依存する．前節で考えたような3次元の等方的な結晶の場合は，原子の熱振動は3次元的に連結されたばねの問題として捉えられ，縦波と横波が同じ（似た）分散関係をもつことは想像しやすい．一方，2次元物質の典型例である**グラフェン**（図 2.4(a)）においては，横波は，炭素原子面の平面内方向と面直方向で事情が大きく異なる．炭素原子面に平行な方向には原子が多数存在する一方で垂直

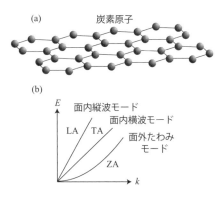

図 2.4　(a) グラフェンと (b) そのフォノンの分散関係.

な方向には原子がおらず，その意味で分散関係が2つの横波の間で同じである理由はない．実際，図2.4(b) に示すように，このようなシートが曲がるような振動モードは，$\omega = vk$ でなく $\omega = \alpha k^2$ のように k^2 に比例する分散関係をもつ（α はある定数）．ここではどうして $\omega = \alpha k^2$ のような分散関係をもつのかということには立ち入らず，分散関係の変更によって比熱の低温の温度依存性がどう変化するかを議論する．

グラフェンを想定して2次元の場合を考え，$\omega = \alpha k^2$ を使うとエネルギーの式は

$$E = \frac{L^2}{(2\pi)^2} \int_0^{k_\mathrm{D}} \left(\frac{1}{e^{\hbar\alpha k^2/(k_\mathrm{B}T)} - 1} + \frac{1}{2} \right) \hbar\alpha k^2 \, 2\pi k dk \qquad (2.62)$$

である．$Y = \hbar\alpha k^2/(k_\mathrm{B}T)$ と変数変換すると，低温において

式 (2.62) の ( ) 内の第1項のみ残した $E = \dfrac{L^2}{4\pi} \dfrac{(k_\mathrm{B}T)^2}{\hbar\alpha} \displaystyle\int_0^\infty \frac{Y}{e^Y - 1} dY$
$$\qquad (2.63)$$

となるので，低温比熱の温度依存性は

$$C_\mathrm{graphene} \propto T \qquad (2.64)$$

である．実際のグラフェンの比熱は，非常に低温で $\omega = \alpha k^2$ の分散関係のモードが効いて T に比例するが，少し温度を上げると $\omega = vk$ で表される2つのモードが支配的になり比熱の温度依存性は T^2 に近づく．以上の議論をまとめると，一般に，d 次元の系で $\omega \sim k^n$ の分散関係に対して $C \sim T^{d/n}$ が成り立つことが知られている．

最後に，この場合も高温でデュロン–プティの法則が成り立つことを確認しておこう．式 (2.63) で積分の上限を $Y_\mathrm{D} = \hbar\alpha k_\mathrm{D}^2/(k_\mathrm{B}T)$ とした上で，$e^Y - 1 \approx Y$ の近似を使って計算すると，

式 (2.62) の ( ) 内の第1項のみ残した $E = \dfrac{L^2}{4\pi} k_\mathrm{B}T k_\mathrm{D}^2.$ $\qquad (2.65)$

$\omega = vk$ で表される分散関係のモードも，式 (2.58) において積分の上限を X_D として $e^X - 1 \approx X$ の近似を使うと

式 (2.57) の ( ) 内の第1項のみ残した $E = \dfrac{L^2}{4\pi} k_\mathrm{B}T k_\mathrm{D}^2$ $\qquad (2.66)$

と同じ式になる．縦波と横波の3つのモードをまとめると

零点エネルギーを無視した $E = \dfrac{3L^2}{4\pi} k_\mathrm{B}T k_\mathrm{D}^2 = 3N k_\mathrm{B}T.$ $\qquad (2.67)$

ここで，k 点の総数が原子数 N に等しいという条件

$$\frac{\pi k_{\mathrm{D}}^2}{(2\pi/L)^2} = N \tag{2.68}$$

を使った．以上により，エネルギー E を温度で微分すれば，高温ではデュロン–プティの法則が成り立つことが確かめられた．

■3■
格子振動とフォノン

　結晶中における原子の熱振動を，前章のような統計力学を離れて，力学や振動・波動の問題として考える．簡単のため1次元的に配列した原子を考え，ばねを複数つないで起きる振動現象である連成振動を扱う．ある原子の運動は隣の原子に伝播するから，各原子の運動は互いに独立ではない．しかし，N個の原子からなる連成振動はN個の独立なばねの集団に書き換えることができる．これを量子力学的に捉え直したのがフォノンである．

□■　3.1　連成振動と基準モード　■□

　振り子の先にもう1つの振り子を連結させた二重振り子（図3.1(a)）は，複雑な運動をすることが知られている．しかし，振り子の振り幅が小さい場合には，一見すると複雑な運動であっても，独立な2つの単振動の和（重ね合わせ）として表すことができる．このような独立な単振動の1つ1つを**基準モード**と呼ぶ．2つの基準モードがあるのは，それぞれの振り子の振れ角に相当する運動の変数が

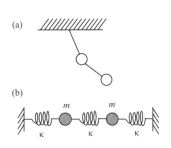

図 3.1　(a) 二重振り子と (b) 簡単な連成振動.

2つだからである．自由度が2つの運動である場合には2つの基準モードがあるが，自由度がNの場合には基準モードはN個ある．

　第2章で述べたように，固体中の原子の運動は互いにばねでつながれた連成振動の問題として捉えることができる．連結された原子の集団は，全体として複雑な振動運動を示すと想像できる．しかし，すぐ後に見るように，この場合も複雑な振動を基準モードに分解することができる．N個の原子の集団を扱う場合にはN個の基準モードが存在する．このような原子の振動を互いに独立

な基準モードに分解することが**フォノン**の概念につながっていく.

■簡単な連成振動 例として 2 つのばね振り子が 3 つ目のばねで連結された場合（図 3.1(b)）を考える. ここでばね定数は 3 つとも κ とし, 2 つの質点の質量を m とする. 2 つの質点を左から 1,2 とし, それぞれのばねの自然長の位置からのずれを $\delta x_1, \delta x_2$ とおく. それぞれの運動方程式は

$$m\delta\ddot{x}_1 = -\kappa\delta x_1 + \kappa(\delta x_2 - \delta x_1), \quad m\delta\ddot{x}_2 = -\kappa\delta x_2 - \kappa(\delta x_2 - \delta x_1). \tag{3.1}$$

それぞれ足し引きすると以下のように独立した 2 つの単振動の方程式を得る.

$$m\frac{d^2(\delta x_1 + \delta x_2)}{dt^2} = -\kappa(\delta x_1 + \delta x_2), \quad m\frac{d^2(\delta x_1 - \delta x_2)}{dt^2} = -3\kappa(\delta x_1 - \delta x_2). \tag{3.2}$$

これらが基準モードである.

周期境界条件 固体中にはアボガドロ数程度の膨大な数の原子が存在する. このような場合は, 固体結晶表面にある原子数に比べて内部の原子数が圧倒的に多いため, 表面の効果は物性には影響しない. つまり, 連なった原子の鎖の「端」がどうなっているのかは考えなくてよい. このような考察から, 数学的に扱いにくい現実の表面の条件にはこだわらずに数学的に扱いやすい**周期境界条件**を課すことができる. 例えば 1 次元の場合, 左端の原子の運動と右端の原子の運動が等しいとする（図 2.1 参照）. 式で書くと, 原子の変位を u と表すとき

$$u(x = 0) = u(x = Na). \tag{3.3}$$

ここで, 原子間の間隔を a とおき, 左端の原子の座標を $x = 0$ とした. つまり, 原子鎖の左端と右端をつなげたことに相当する. 実際図 2.1(b) では 1 本の鎖を丸めて両端をつなげて円状にしたと捉えた. よって

$$u(x) = u(x + Na) \tag{3.4}$$

であることがわかる. 3 次元の場合には, $L = Na$ とおいて

$$u(0, y, z) = u(L, y, z), \tag{3.5}$$

$$u(x, 0, z) = u(x, L, z), \tag{3.6}$$

$$u(x, y, 0) = u(x, y, L) \tag{3.7}$$

である（図2.2）．数学的には，周期境界条件により**規格化**ができるようになる．
端を無視して無限に広がった原子鎖を考えると無限の空間を考える必要がある
が，周期境界条件だと3次元では L^3 の領域を考えればよい．

単原子からなる1次元原子鎖

さて，具体的に単原子（質量 m）からなる
1次元原子鎖を考える．原子の間隔を a とし，周期境界条件を課す．この場合
の原子の縦波の振動を解析しよう．

図3.2のように左端の原子の平衡位置を原点にとり，原子間隔 a で1次元的
に原子が並んでいるとする．左端（$x=0$）と右端（$x=Na$）の原子の運動は
周期境界条件を満たすとする．原子同士は理想的なばねでつながっているとし，
ばね定数を κ とおく．このとき，n 番目の原子の運動 $u(x=na) \equiv u_n$ は，平
衡位置からのずれとして

$$u_n = x_n - na \tag{3.8}$$

と表せる．この変位が振動として伝わっていく．運動方程式を書き下すために
この系のポテンシャルエネルギー V を求めると

$$V = \sum_i \frac{\kappa}{2}(u_{i+1} - u_i)^2 = \sum_i \frac{\kappa}{2}(x_{i+1} - x_i - a)^2. \tag{3.9}$$

n 番目の原子にはたらく力 F_n は，ポテンシャルエネルギーから

$$F_n = -\frac{\partial V}{\partial x_n} = -\frac{\partial}{\partial x_n}\left\{\frac{\kappa}{2}(x_{n+1} - x_n - a)^2 + \frac{\kappa}{2}(x_n - x_{n-1} - a)^2\right\}$$

$$= \kappa(x_{n+1} - x_n - a) - \kappa(x_n - x_{n-1} - a)$$

$$= \kappa(u_{n+1} - u_n) - \kappa(u_n - u_{n-1})$$

$$= \kappa(u_{n+1} - 2u_n + u_{n-1}) \tag{3.10}$$

と求まるので，ニュートンの運動方程式は

$$m\ddot{u}_n = \kappa(u_{n+1} - 2u_n + u_{n-1}). \tag{3.11}$$

周期境界条件のためにこの式が左端（$x=0$）と右端（$x=Na$）の原子の運動

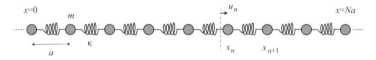

図 3.2 単原子の1次元原子鎖.

にも適用できることは特筆すべきである. さて, この方程式の解として,

$$u_n = Ae^{i(\omega t - kna)} \tag{3.12}$$

を仮定する. k は波数であり, 波長 λ と $k = 2\pi/\lambda$ の関係がある. この仮定した解を代入すると, 振幅 $A \neq 0$ のもとで

$$
\begin{aligned}
-m\omega^2 &= \kappa\left(e^{-ika} + e^{ika} - 2\right) \\
&= 2\kappa\left(\cos ka - 1\right) \\
&= -4\kappa \sin^2\left(\frac{ka}{2}\right).
\end{aligned}
\tag{3.13}
$$

よって

$$\omega = 2\sqrt{\frac{\kappa}{m}}\,\left|\sin\left(\frac{ka}{2}\right)\right|. \tag{3.14}$$

ここで ω は正であるとした. この固有振動数 ω と波数 k の関係を**分散関係**と呼ぶ. それぞれの原子の運動が独立でなく, 1つの原子の運動が周囲の原子に影響を与えることから, ω と k は独立でない. 異なる ω の波は速さが異なり, 進行していくに連れて分散（波形が変化）していく. 図 3.3 に示す通り, ω には上限があり, また左右対称な形をしている.

┃ 分散関係の性質　　得られた分散関係は連続的な関数であるが, 離散的な N 個の点でしか意味をもたない. ここで N は原子の数（自由度の数）に対応する. この条件は周期境界条件 $u_0 = u_N$ から得られる.

$$Ae^{i(\omega t)} = Ae^{i(\omega t - kNa)} \tag{3.15}$$

より $e^{ikNa} = 1$. よって,

$$k = \frac{2l\pi}{Na} \quad (l : 整数). \tag{3.16}$$

つまり, $k = \cdots, -\frac{4\pi}{Na}, -\frac{2\pi}{Na}, 0, \frac{2\pi}{Na}, \frac{4\pi}{Na},$ $\cdots$ の値だけが許される. ただし, $l = N+1$ のときは

$$u_n = Ae^{i(\omega t - kna)} = Ae^{i(\omega t - \frac{2l\pi}{Na}na)} \tag{3.17}$$

に $l = N+1$ を代入して,

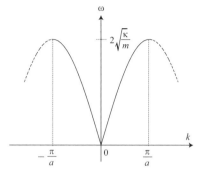

図 3.3　分散関係.

$$u_n = Ae^{i(\omega t - \frac{2(N+1)\pi}{Na}na)}$$
$$= Ae^{i(\omega t - \frac{2\pi}{Na}na)} \qquad (3.18)$$

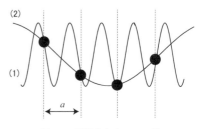

図 3.4 振動を表す 2 つの波.

となり, $l = 1$ の場合の変位と一致す
ることがわかる. このように l の値は
$l = 1, 2, \cdots, N$ の N 個しか意味をも
たない. これは原子の数 (自由度の数)
が N 個しかないことに対応する. 意
味のある $0 < k \leq 2\pi/a$ の範囲は, 分散関係の 1 周期に対応している (図 3.3).
周期性に注目すると, l の値は $-N/2 + 1, \cdots, 0, \cdots, N/2$ と 0 を中心に対称に
とることもでき, 対応する k の範囲 $-\pi/a < k \leq \pi/a$ を**第 1 ブリルアンゾー
ン**という. ブリルアンゾーンは電子系を扱う場合にも現れる重要な概念である
(第 4 章以降参照). 波長の言葉で言えば, 図 3.4 に示す通り, 間隔 a で周期的
に配列した原子の振動を表す 2 つの波として波長の異なる波 (1) と波 (2) が考
えられるが, 原子の位置でだけ意味をもつ以上は波長の長い波のみを考えれば
よいということを意味している.

波数は波長と関係しているから, とびとびの波数の N 個の波は波長の異なる
N 個の波に対応している. 異なる波長の波同士は互いに直交しており, 独立で
ある. なぜなら, 波数の異なる 2 つの正弦波に対して式 (3.16) より

$$\int_0^{Na} \sin(k_1 x) \sin(k_2 x)dx$$
$$= -\frac{1}{2}\int_0^{Na} \{\cos(k_1 + k_2)x - \cos(k_1 - k_2)x\}dx = 0 \qquad (3.19)$$

であるからである. このように複雑な原子の振動の波は, 自由度に対応する N
個の独立な波 (の重ね合わせ) で書ける. これは上記の方程式を解いたことが
固有値を求めたことに対応している.

原子の数 N が非常に大きくなると, とびとびの k の値の間隔は小さくなり,
連続的な k の値をとると見なせる. これは**連続体**の状況である. 実際, 運動方
程式 (3.11) の力の項を書き換えると

$$\kappa(u_{n+1} - 2u_n + u_{n-1}) = \kappa a\left(\frac{u_{n+1} - u_n}{a} - \frac{u_n - u_{n-1}}{a}\right)$$

$$= \kappa a^2 \frac{\frac{u_{n+1}-u_n}{a} - \frac{u_n-u_{n-1}}{a}}{a}$$
$$\Rightarrow \kappa a^2 \frac{\partial^2 u(x,t)}{\partial x^2} \tag{3.20}$$

となり，運動方程式は

$$\frac{1}{s^2}\frac{\partial^2 u(x,t)}{\partial t^2} = \frac{\partial^2 u(x,t)}{\partial x^2} \tag{3.21}$$

という波動方程式の形となる．ここで，$s^2 = \kappa a^2/m$ とおいた．波動方程式において，s は波動の位相速度を表す．当然 1 個 1 個の原子は振動しているだけで移動はしないが，振動する原子の集団が作り出す波の形は位相速度 s で伝播する．

分散関係 (3.14) は k が小さいとき（$k \sim 0$，つまり長波長のとき），$\sin x \sim x$ の近似式を使って

$$\omega \sim 2\sqrt{\frac{\kappa}{m}}\left|\frac{ka}{2}\right| = \sqrt{\frac{\kappa}{m}}a|k| \tag{3.22}$$

となり $|k|$ に比例する．傾きに相当するのが波の群速度であり，

$$\frac{d\omega}{dk} = \sqrt{\frac{\kappa}{m}}a \tag{3.23}$$

である．群速度とは重ね合わされた波の空間的うなりの構造が移動する速度であり，一般には波の重ね合わせである**波束**が移動する速度といえる．原子の振動をフォノンという粒子と見なすとき，空間的に局在した粒子の状況は，波数の異なる多数の正弦波の重ね合わせで構成される局所的に存在する振動（波束）で表される（波束については図 7.1 も参照）．分散があるときには，波束は形を変えながら移動する．波束の中心の原子だけが振動していると見なせるから，振動エネルギーは群速度で伝達する．結晶全体に広がる波の（各原子の振動の振幅は同じで振動エネルギーが伝播していない）位相速度よりも，エネルギーの伝達速度を表す群速度は物性物理学で重要な役割を果たす．この群速度の式によれば，ばね定数が大きいほど，また原子が軽いほど，原子の振動はより速く伝わる．この 1 つの例がダイヤモンドであり，非常に硬いことが大きなばね定数に対応し，実際に大きな群速度をもつことが知られる．

□■ 3.2　音響モードと光学モード　■□

前節の議論では単原子からなる 1 次元原子鎖を考えた．この節では 2 種類の原子が交互に並ぶ場合を考える．図 3.5 のように 2 種類の原子を考え，それぞれの質量を m_1, m_2 とおく．ただし $m_1 > m_2$ とする．簡単のためばね定数 $\kappa_1 = \kappa_2 = \kappa$ は同じ値として縦波の分散関係を計算しよう．

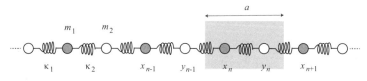

図 3.5　2 種類の原子の 1 次元原子鎖.

図 3.5 内の灰色の領域で示されるように，2 種類の原子を含む最小の領域（**単位胞**と呼ぶ）を周期パターンの単位として捉え，左から 1, 2, $\cdots$, n のように番号付けする．前節と同様に考えると，系全体のポテンシャルエネルギーは

$$V = \sum_i \frac{\kappa}{2}\left(y_i - x_i - \frac{a}{2}\right)^2 + \sum_i \frac{\kappa}{2}\left(x_i - y_{i-1} - \frac{a}{2}\right)^2 \tag{3.24}$$

と書けるので，n 番目の質量 m_1 の原子にはたらく力 $F_n^{(1)}$ は

$$F_n^{(1)} = -\frac{\partial V}{\partial x_n} = -\left\{-\kappa\left(y_n - x_n - \frac{a}{2}\right) + \kappa\left(x_n - y_{n-1} - \frac{a}{2}\right)\right\}$$
$$= \kappa(v_n - u_n) - \kappa(u_n - v_{n-1}) = \kappa(v_n + v_{n-1} - 2u_n). \tag{3.25}$$

n 番目の質量 m_2 の原子にはたらく力 $F_n^{(2)}$ は

$$F_n^{(2)} = -\frac{\partial V}{\partial y_n} = -\left\{\kappa\left(y_n - x_n - \frac{a}{2}\right) - \kappa\left(x_{n+1} - y_n - \frac{a}{2}\right)\right\}$$
$$= -\kappa(v_n - u_n) + \kappa(u_{n+1} - v_n) = \kappa(u_n + u_{n+1} - 2v_n). \tag{3.26}$$

ここで，質量 m_1, m_2 の原子の平衡位置からのずれをそれぞれ u_n, v_n で表した．さて，2 種類の原子にはたらく力が求まったので運動方程式は以下の通りに求まる．

$$m_1 \ddot{u}_n = \kappa(v_n + v_{n-1} - 2u_n),$$
$$m_2 \ddot{v}_n = \kappa(u_n + u_{n+1} - 2v_n). \tag{3.27}$$

これらの方程式の解として

$$u_n = A_x e^{i(\omega t - kna)}, \quad v_n = A_y e^{i(\omega t - kna)} \tag{3.28}$$

を代入すると，2本の式をまとめて行列の形で表示して

$$\begin{pmatrix} m_1\omega^2 - 2\kappa & \kappa(1 + e^{ika}) \\ \kappa(1 + e^{-ika}) & m_2\omega^2 - 2\kappa \end{pmatrix} \begin{pmatrix} A_x \\ A_y \end{pmatrix} = 0. \tag{3.29}$$

$(A_x, A_y) \neq 0$ である解が得られるためには逆行列が存在してはいけないので

$$\begin{vmatrix} m_1\omega^2 - 2\kappa & \kappa(1 + e^{ika}) \\ \kappa(1 + e^{-ika}) & m_2\omega^2 - 2\kappa \end{vmatrix} = 0 \tag{3.30}$$

である必要があり，ω に関する方程式

$$m_1 m_2 \omega^4 - 2\kappa(m_1 + m_2)\omega^2 + \kappa^2(2 - 2\cos ka) = 0 \tag{3.31}$$

を得る．よって

$$\omega = \sqrt{\kappa\left(\frac{1}{m_1} + \frac{1}{m_2}\right) \pm \kappa\sqrt{\left(\frac{1}{m_1} + \frac{1}{m_2}\right)^2 - \frac{4}{m_1 m_2}\sin^2\frac{ka}{2}}}. \tag{3.32}$$

解は複雑な形をしているが，例えば $k = 0$ では，$\omega^2 = 0$, $2\kappa(1/m_1 + 1/m_2)$ より

$$\omega_- = 0, \quad \omega_+ = \sqrt{2\kappa\left(\frac{1}{m_1} + \frac{1}{m_2}\right)} \tag{3.33}$$

となる．単原子の場合は $k = 0$ で $\omega = 0$ の解しかなかったが，今回は $\omega \neq 0$ の解ももつ．2つの解があるのは2種類の原子があることに対応している．

$|k|$ が小さいときは，

$$\omega^2 = \kappa\left(\frac{1}{m_1} + \frac{1}{m_2}\right) \pm \kappa\left(\frac{1}{m_1} + \frac{1}{m_2}\right)\left\{1 - \frac{1}{2}\frac{4m_1 m_2}{(m_1 + m_2)^2}\frac{k^2 a^2}{4}\right\} \tag{3.34}$$

と展開して

$$\omega_- = \sqrt{\frac{\kappa a^2}{2(m_1 + m_2)}}k, \quad \omega_+ = \sqrt{2\kappa\left(\frac{1}{m_1} + \frac{1}{m_2}\right)}. \tag{3.35}$$

よって，ω_- の方の解は原点 $(k, \omega) = (0, 0)$ から k に線形に立ち上がる．この線形の分散関係は単原子の場合も見られた．一方，ω_+ の方は，$|k|$ の小さい範囲で一定の振る舞いを示す．これは単原子の場合にはなかった解であり，群速度が非常に小さいことに対応する．

　分散関係（ω–k 関係式）は図 3.6 の
ように図示される．上で見たように
2 つの曲線があり，それぞれを**ブラン
チ**（枝の意味）と呼ぶことがある．こ
こでは分散関係の 1 周期に対応する
$-\pi/a < k \leq \pi/a$ の範囲でのみ描い
ている．この 1 周期は，単原子の場合
で見たように，周期境界条件

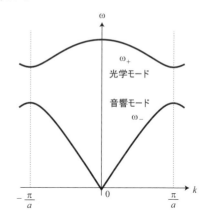

$$e^{ikNa} = 1 \qquad (3.36)$$

から得られる意味のある k の範囲に対

図 3.6 2 種類の原子の場合の分散関係.

応する．k は離散的であり，$-\pi/a < k \leq \pi/a$ に N 個の値をもつ．これは系
に「周期の単位（つまり 2 原子の一組）」が N 個あることに対応する．全原子
数は $2N$ 個であるが，ブランチが 2 つあるため分散関係上の状態の数と一致し
ている．

　2 つのブランチの内，$k = 0$ から線形に立ち上がるモードを**音響モード**（先の
表記では ω_- のモード），$k = 0$ で
$\omega \neq 0$ のモード（ω_+ のモード）を**光
学モード**と呼ぶ．音響モードは単原
子の場合にも見られたが，光学モー
ドは異種原子を含む場合に見られ
る．正確には，周期の単位となる
領域に 2 自由度以上ある場合に見
られ，単原子の場合でも原子の配列
が複雑である場合には光学モード
を持ち得る（このような例を 5.1 節
で学ぶ）．なお，光学モードという
名前が付いているのは光と相互作
用し得るモードだからである．光
の分散関係 $\omega = ck$（ここで c は光
速）とフォノンの分散関係が交わる
ときに，フォノンは光と相互作用す

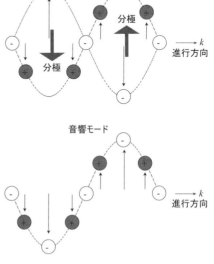

図 3.7 音響モードと光学モードのイメージ.

る[*1]が，光速 c が音響モードの傾きよりも大きいため，光学モードとしか相互作用しない．

音響モードと光学モードの違いは，$|k|$ が小さいときにそれぞれの原子の運動の変位の方向を解析することで直感的に理解できる．運動方程式の行列表示（式 (3.29)）に戻ると，音響モードに対しては $k = 0$ で $\omega = 0$ より，

$$\begin{pmatrix} -2\kappa & 2\kappa \\ 2\kappa & -2\kappa \end{pmatrix} \begin{pmatrix} A_x \\ A_y \end{pmatrix} = 0 \tag{3.37}$$

より，

$$\begin{pmatrix} A_x \\ A_y \end{pmatrix} \propto \begin{pmatrix} 1 \\ 1 \end{pmatrix}. \tag{3.38}$$

一方，光学モードに対しては，$k = 0$ で $\omega = \sqrt{2\kappa(1/m_1 + 1/m_2)}$ なので，

$$\begin{pmatrix} 2\kappa\frac{m_1}{m_2} & 2\kappa \\ 2\kappa & 2\kappa\frac{m_2}{m_1} \end{pmatrix} \begin{pmatrix} A_x \\ A_y \end{pmatrix} = 0 \tag{3.39}$$

より，

$$\begin{pmatrix} A_x \\ A_y \end{pmatrix} \propto \begin{pmatrix} -\frac{m_2}{m_1} \\ 1 \end{pmatrix}. \tag{3.40}$$

これは，音響モードは2種の原子が同じ方向に変位するが，光学モードでは逆方向に変位することを示している．酸化物のようなイオン結晶を想定し，2種類の原子が陽イオン（金属イオン）と陰イオン（酸素イオン）の場合を考えると，光学モードで見られる逆方向の変位は電気双極子モードの波を誘起し，光の電場と相互作用し得る．図3.7に，横波の場合の光学モードと音響モードのイメージ図を描いた．

┃単原子の場合との対応関係　$m_1 = m_2$ としたときには 3.1 節で学んだ1種類の原子の場合に帰着されるはずだが，単原子の場合の分散関係がどのように再現されるかを確認しよう．まず，単原子の場合の分散関係は3.1 節で求めたが，この節では原子間隔が $a/2$ となっていることに注意する．つまり，$m_1 = m_2 = m$ のとき，周期 $a/2$ で並ぶ $2N$ 個の原子鎖に帰着されるので，この場合の分散関係は 3.1 節の結果を $a \to a/2$ として

[*1]　これは光子とフォノンのエネルギーと運動量が一致するときである．

$$\omega = 2\sqrt{\frac{\kappa}{m}}\left|\sin\left(\frac{ka}{4}\right)\right| \tag{3.41}$$

となる．よって，1周期（第1ブリルアンゾーン）は $-2\pi/a < k \leq 2\pi/a$ と元の k の範囲の2倍になる．$-\pi/a < k \leq \pi/a$ の範囲で N 個の状態をもつブランチが2つ

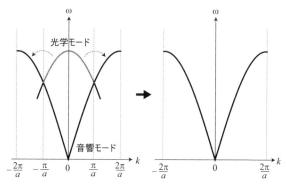

図 3.8 単原子の場合への帰着.

あった状況から，2N 個の状態をもつ $-2\pi/a < k \leq 2\pi/a$ の範囲の1つのブランチに変化したことになる．

　2種類の原子を含む場合の分散関係からこの単原子の分散関係には以下の手続きで到達できる．$m_1 = m_2$ のとき，$k = \pm\pi/a$ でみられる音響モード $(\omega_- = \sqrt{2\kappa/m_1})$ と光学モード $(\omega_+ = \sqrt{2\kappa/m_2})$ の間のギャップがつぶれてなくなることに注意すると，$k = \pm\pi/a$ で光学モードを外側に折り返すと，単原子の分散関係が得られる（図3.8を参照のこと）．図3.8で右から左の操作を分散関係の**折り畳み**と呼ぶ．

▌3次元結晶の場合

ここまでは簡単な場合として1次元の系を考えたが，実際の3次元物質では分散関係 $\omega(\mathbf{k})$ はより複雑になる．振動として先ほどまでの計算では鎖の長さ方向の変位のみを考えたが，これは**縦波**の場合である．一般に波の進行方向と垂直な方向に振動するモードも許され，これを**横波**という．横波の自由度は2であるので，全部で3つのモードがあることになる．さらに2種類の原子がある場合を考えると，縦波音響モード（LA）と横波音響（TA）モードの計3個の音響モード，縦波光学（LO）モードと横波光学（TO）モードの計3個の光学モードで計6個のモードがあり得る．縦波音響モードは膨張・圧縮に相当する一方で，横波音響モードはずれに相当しており，多くの物質で前者の方が復元力が強いことから，縦波音響モードの方が横波音響モードよりも高い振動数をもつことが知られる．

□■ 3.3 フォノン ■□

結晶中の原子の振動を量子化したものがフォノンである. フォノンは光子 (フォトン) と同様に質量は存在しない. 振動の振幅が大きくなる (振動が激しくなる) ことはフォノンの数が増大することに対応する. フォノンのもつエネルギーは調和振動子のエネルギーの式と同じ形で,

$$E = \sum_{\nu} \sum_{k} \hbar\omega_\nu(\boldsymbol{k})\Big(n\big(\hbar\omega_\nu(\boldsymbol{k})\big) + \frac{1}{2}\Big) \tag{3.42}$$

である. ここで $\hbar$ は換算プランク定数, $\omega_\nu(\boldsymbol{k})$ は振動数, $n\big(\hbar\omega_\nu(\boldsymbol{k})\big)$ はフォノンの数である. ν は音響・光学モードを表す添え字である. 原子が波数 k で縦波で振動するというような古典的な見方ではなく, 波数 k でモード ν の n 個のフォノンが結晶中に存在するというような見方になる. フォノンは質量をもたないが, 運動量をもつ. 運動量は $\boldsymbol{p} = \hbar\boldsymbol{k}$ で表される[*2].

フォノンと光子の比較は有用である. 光は横波に限定されるが, 原子振動は縦波と横波の計 3 モード存在する. よって光子は各 k に対して 2 個のモードしかないのに対して, フォノンは $3p$ 個のモードをもつ. ここで, p は基本構造中の原子数である (3 つの音響モードと $3(p-1)$ 個の光学モード). また, 光子は波数ベクトル $\boldsymbol{k}$ に制限がないのに対して, フォノンの場合は k は第 1 ブリルアンゾーンに限られる.

ボーズ粒子とフェルミ粒子 量子力学においては粒子は 2 種類に分類される. **ボーズ粒子** (ボゾン) と**フェルミ粒子** (フェルミオン) である. フォノンはボーズ粒子, 次章以降で重要となる電子はフェルミ粒子に分類される. この章ではフェルミ粒子は内容に関係ないが, ボーズ粒子との対比は重要であるから, ここで一緒にまとめておくことにする.

物質中には多数の粒子が存在するから, 1 つ 1 つの粒子を扱うのではなく統計的に考える. 例えば, 2 つの粒子 (位置 $\boldsymbol{r}_1$, $\boldsymbol{r}_2$) に対して全体の波動関数は $\psi(\boldsymbol{r}_1, \boldsymbol{r}_2)$ のように書ける. 粒子の位置を測定すればそれによって必然的に粒子の状態を乱してしまうことから粒子の軌道を追い続けることはできず, 同種

[*2] 運動量保存則には, 逆格子ベクトル (5.2 節参照) が含まれる.

粒子は原理的に区別が不可能である．このことから，粒子のラベルを入れ替えた波動関数 $\psi(\boldsymbol{r}_2, \boldsymbol{r}_1)$ も，もとの波動関数と全く同じ物理的状態に対応するはずである．これはある複素定数 α があって $\psi(\boldsymbol{r}_1, \boldsymbol{r}_2) = \alpha\psi(\boldsymbol{r}_2, \boldsymbol{r}_1)$ となることを意味する．この式とラベル 1 と 2 を入れ替えた $\psi(\boldsymbol{r}_2, \boldsymbol{r}_1) = \alpha\psi(\boldsymbol{r}_1, \boldsymbol{r}_2)$ から，$\psi(\boldsymbol{r}_1, \boldsymbol{r}_2) = \alpha^2\psi(\boldsymbol{r}_1, \boldsymbol{r}_2)$．よって，$\alpha = \pm 1$ を得る．自然界に存在する粒子は $\alpha = 1$ のグループ（ボーズ粒子）と $\alpha = -1$ のグループ（フェルミ粒子）に分けられることが知られている．つまり，

(1) 粒子の交換に対して波動関数は符号を変えない（ボーズ粒子）：対称な波動関数 $\psi(\boldsymbol{r}_1, \boldsymbol{r}_2) = \psi(\boldsymbol{r}_2, \boldsymbol{r}_1)$

(2) 粒子の交換に対して波動関数は符号を変える（フェルミ粒子）：反対称な波動関数 $\psi(\boldsymbol{r}_1, \boldsymbol{r}_2) = -\psi(\boldsymbol{r}_2, \boldsymbol{r}_1)$

の 2 通りである．

　どちらの粒子であるかを決めるのは，粒子のもつ**スピン**（第 4 章参照）という自由度である．プランク定数 h を 2π で割った $\hbar = h/2\pi$（換算プランク定数）を単位として，スピンの大きさが $\hbar$ の整数倍のものがボーズ粒子，スピンが $\hbar/2$ の奇数倍のものがフェルミ粒子である．フォノンはスピン 0，電子は $\hbar/2$ のスピンをもつ．よってスピンは次章以降で電子を扱う場合には重要となるが，フォノンの場合は考慮しなくてよい．

　フェルミ粒子とボーズ粒子の大きな違いは，ボーズ粒子は 1 つの量子状態に何個でも入ることができるのに対し，フェルミ粒子は 1 つの量子状態に 1 個までしか入ることができない（**パウリの排他原理**）ことである．簡単に言えば，最低エネルギーの状態をボーズ粒子は何個でもとることができるが，電子の場合は 1 個しかとれない[*3]．

▌ボーズ統計とフェルミ統計　　フォノンはボーズ粒子であり，ボーズ統計（ボーズ–アインシュタイン統計）に従う．ボーズ統計の説明の前に，電子が従うフェルミ統計（フェルミ–ディラック統計）について考察する．これらの区別不可能な粒子を扱う量子統計の議論においては，エネルギー固有状態 ϵ_j に n_j 個の粒子があるといった粒子数表示が使え，大正準集団の考え方を用いるのが便利で

[*3]　ただし，スピンの上向き自由度と下向き自由度を考慮すると，通常最低のエネルギー準位は二重に縮退（同じエネルギーに対応する状態が 2 つ存在）しており，2 個までの電子が入ることができる．

ある．大正準集団は粒子数が変化する系を扱うのに適しており，粒子数の代わりに化学ポテンシャルを用いて巨視系を指定する．

フェルミ粒子の集団が温度 T と化学ポテンシャル μ の熱浴と接しているとする．エネルギー固有状態 ϵ_j の粒子数を n_j とすると，フェルミ粒子の場合は $n_j = 0$ か 1 である．大正準集団が従う確率分布の規格化定数である大分配関数は

$$\Xi = \sum_{n_1=0}^{1} \sum_{n_2=0}^{1} \cdots \exp\left[\frac{\mu \sum_{j=1}^{\infty} n_j - \sum_{j=1}^{\infty} \epsilon_j n_j}{k_{\mathrm{B}}T}\right]$$

$$= \sum_{n_1=0}^{1} \sum_{n_2=0}^{1} \cdots \prod_{j=1}^{\infty} \exp\left[\frac{(\mu - \epsilon_j)n_j}{k_{\mathrm{B}}T}\right] = \prod_{j=1}^{\infty}\left(\sum_{n=0}^{1} \exp\left[\frac{(\mu - \epsilon_j)n}{k_{\mathrm{B}}T}\right]\right)$$

と表せるから，フェルミ粒子に対しては $n = 0, 1$ なので

$$\Xi = \prod_{j=1}^{\infty}\left(1 + \exp\left[\frac{\mu - \epsilon_j}{k_{\mathrm{B}}T}\right]\right). \tag{3.43}$$

各エネルギー準位の占有数の期待値は

$$\langle n_i \rangle = \frac{\sum_{n_1=0}^{1} \sum_{n_2=0}^{1} \cdots n_i \prod_{j=1}^{\infty} \exp\left[\frac{(\mu-\epsilon_j)n_j}{k_{\mathrm{B}}T}\right]}{\Xi}$$

$$= \frac{\sum_{n_i=0}^{1} n_i \exp\left[\frac{(\mu-\epsilon_i)n_i}{k_{\mathrm{B}}T}\right]}{\sum_{n_i=0}^{1} \exp\left[\frac{(\mu-\epsilon_i)n_i}{k_{\mathrm{B}}T}\right]} = \frac{\exp\left[\frac{\mu-\epsilon_i}{k_{\mathrm{B}}T}\right]}{1 + \exp\left[\frac{\mu-\epsilon_i}{k_{\mathrm{B}}T}\right]}. \tag{3.44}$$

これら一連の計算では，各々の n_j の値に制限がないため独立に和をとることができることを用いた．

一方，ボーズ粒子の大分配関数は，n は 0 以上の任意の整数をとれるからフェルミ粒子の場合の和 $(\sum)$ の上限を ∞ にして

$$\Xi = \prod_{j=1}^{\infty}\left(\sum_{n=0}^{\infty} \exp\left[\frac{(\mu - \epsilon_j)n}{k_{\mathrm{B}}T}\right]\right) = \prod_{j=1}^{\infty} \frac{1}{1 - \exp\left[\frac{\mu-\epsilon_j}{k_{\mathrm{B}}T}\right]}. \tag{3.45}$$

ここで $\epsilon_j > \mu$ を仮定した．また占有数の期待値は，エネルギー準位 ϵ_i を占める粒子数 n_i は 0 以上の整数なので式 (3.44) で和 $(\sum)$ の上限を ∞ にして

$$\langle n_i \rangle = \frac{\sum_{n_i=0}^{\infty} n_i \exp\left[\frac{(\mu-\epsilon_i)n_i}{k_{\mathrm{B}}T}\right]}{\sum_{n_i=0}^{\infty} \exp\left[\frac{(\mu-\epsilon_i)n_i}{k_{\mathrm{B}}T}\right]} = k_{\mathrm{B}}T \frac{\partial}{\partial \mu} \ln \sum_{n_i=0}^{\infty} \exp\left[\frac{(\mu - \epsilon_i)n_i}{k_{\mathrm{B}}T}\right]$$

$$= k_{\mathrm{B}}T \frac{\partial}{\partial \mu} \ln \frac{1}{1 - \exp\left[\frac{\mu-\epsilon_i}{k_{\mathrm{B}}T}\right]} = \frac{\exp\left[\frac{\mu-\epsilon_i}{k_{\mathrm{B}}T}\right]}{1 - \exp\left[\frac{\mu-\epsilon_i}{k_{\mathrm{B}}T}\right]}. \tag{3.46}$$

これらをまとめると，各エネルギー準位にある粒子数の平均値は，フェルミ粒子に対してはフェルミ分布関数

$$f(\epsilon) = \frac{1}{\exp\left[\frac{\epsilon - \mu}{k_B T}\right] + 1}, \tag{3.47}$$

ボーズ粒子に対してはボーズ分布関数

$$f(\epsilon) = \frac{1}{\exp\left[\frac{\epsilon - \mu}{k_B T}\right] - 1} \tag{3.48}$$

で表される．ボーズ分布関数の場合，どの準位の平均粒子も正であるためには $\epsilon > \mu$ が成り立つ必要がある．

ボーズ分布関数は第 2 章の計算でたびたび現れている．例えば，フォノンのエネルギーを計算した式 (2.38)

$$E = 3 \sum_{\boldsymbol{k}} \left(\frac{1}{e^{\hbar v |\boldsymbol{k}|/(k_B T)} - 1} + \frac{1}{2} \right) \hbar v |\boldsymbol{k}| \tag{3.49}$$

の（ ）括弧の中の第 1 項は，エネルギーが $\epsilon = \hbar v |\boldsymbol{k}| = \hbar \omega$ で表されるから $\mu = 0$ のボーズ分布関数である．つまり，この式は各 $\boldsymbol{k}$ のフォノンの数にエネルギー $\hbar v |\boldsymbol{k}|$ をかけたものを $\boldsymbol{k}$ について和をとったものが全エネルギーであるということを意味しており，フォノンの数を n と書けば式 (3.42) そのものである．なお，$\mu = 0$ である理由は，決められた N 個のボーズ粒子を容器に詰めた場合と異なり，フォノンの粒子数は保存されないことと関係している．言い方を変えれば，フォノンの粒子数は自由に取れる独立変数ではなく，温度によって決まる量である．熱平衡状態での粒子数は自由エネルギー F の極値の条件 $(\partial F/\partial N)_{T,V} = \mu = 0$ で定まり，これは化学ポテンシャルが 0 であることを意味する．なお，光子の場合も同様に $\mu = 0$ である．

自由電子論

電子は粒子であるだけでなく，波としての性質（波動性）ももつ．固体中における電子の振る舞いを理解するには，この粒子と波動の二重性を扱う量子力学の理解が重要になる．量子力学を特徴付ける物理定数は**プランク定数** h である．振動数 ν の光のエネルギーは $h\nu$ を単位とする離散的な値をとるなど，離散性の単位としてプランク定数は量子力学にしばしば現れる．プランク定数を 2π で割った換算プランク定数 $\hbar = h/2\pi$ もよく用いられる．

□■ 4.1 電　　　　子 ■□

電子は負の電荷をもち，電荷は通常 $-e$ で表される．電子は粒子であるとともに波としての性質ももつ．波を物理的に理解するのに重要な量の1つが波数ベクトル $\boldsymbol{k}$ である．波数は，単位長さあたりに含まれる1波長分の波の数に 2π をかけた量である．電子の波数ベクトルは，光子とのアナロジーから

$$\boldsymbol{k} = \frac{\boldsymbol{p}}{\hbar} = \frac{m\boldsymbol{v}}{\hbar} \tag{4.1}$$

で与えられる．ここで，m は電子の質量，$\boldsymbol{p}$ と $\boldsymbol{v}$ は電子の運動量と速度である．波長は，

$$\lambda = \frac{2\pi}{|\boldsymbol{k}|} = \frac{h}{p} \tag{4.2}$$

である．これを**ド・ブロイ波長**と呼ぶ．

原子には原子番号の数だけ電子がある．ボーアの原子模型によれば，電子は原子核の周りを回っているというイメージで理解できる．1番目の元素である水素原子においては電子は1つで，2番目の元素であるヘリウムには電子は2つある．電子は円軌道の上を運動することになるが，これは円形のコイルに電流が流れているようなものと考えられるから，原子は小さな磁石のような性質をもつ．それに加えて実は電子はこのような軌道運動とは無関係に磁石のような

性質をもっており，**スピン**と呼ばれている．スピン
は電子の自転の自由度として理解されることがあり，
電子の電荷の自由度と並び物性物理学において最も
重要な量の1つである．より物理学的に言えば，電
子は軌道運動による角運動量[*1]とは別に，静止状態
でもスピンという固有の角運動量をもっている．自
転に右回りと左回りがあることと対応して，スピン
は2通りの向きをもつ．

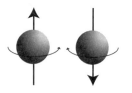

図 4.1　電子の上向き／下向
きスピン.

　電子のスピンは h をプランク定数として $\hbar \equiv h/2\pi$ の $1/2$ の大きさをもつ．
ここで $\hbar$ を単位とした（$\hbar$ を除いた）スピンの値を**スピン磁気量子数**と呼び，
m_s で表す．フェルミ粒子である電子の場合は $m_s = 1/2$ あるいは $-1/2$ であ
る．この2つの値をとる自由度が自転の向きの自由度に対応している．一般に，
この2つの状態を上向き（アップ）スピン，下向き（ダウン）スピンと呼んで，
スピンの向きを矢印で表現する（図4.1）．現実世界の上下とは特に関係がない
ことに注意する．

　原子核の周りを回る電子の波動関数はシュレディンガー方程式の解である．

■**シュレディンガー方程式**　　波動関数を $\psi(\boldsymbol{r}, t)$ とおくとき，シュレディンガー方程式は

$$i\hbar\frac{\partial}{\partial t}\psi(\boldsymbol{r}, t) = \left\{-\frac{\hbar^2}{2m}\nabla^2 + V(\boldsymbol{r}, t)\right\}\psi(\boldsymbol{r}, t) \tag{4.3}$$

で与えられる．$V(\boldsymbol{r}, t)$ はポテンシャルエネルギーである．これを時間に依存するシュレディ
ンガー方程式と呼ぶこともある．ポテンシャルエネルギーが時間に依存しない場合には，変
数分離によって波動関数の時間依存する部分を省くと

$$\left\{-\frac{\hbar^2}{2m}\nabla^2 + V(\boldsymbol{r})\right\}\psi(\boldsymbol{r}) = E\psi(\boldsymbol{r}) \tag{4.4}$$

を得る．E はエネルギーである．この式を時間に依存しないシュレディンガー方程式と呼
ぶ．以下では時間依存しないこの式を単にシュレディンガー方程式と呼んで，波動関数の計
算に用いる．

後で示すように，電子スピンを考慮すると，電子の状態は，主量子数 n，方位量
子数 l，磁気量子数 m，スピン磁気量子数 m_s の4つの量子数で定まる．量子

[*1]　角運動量は古典力学において，物体の回転運動の勢いを表す量であり，質点が位置ベクトル $\boldsymbol{r}$ の
　　点で運動量 $\boldsymbol{p}$ をもつとき，$\boldsymbol{r} \times \boldsymbol{p}$ で定義されるのであった．

数とは，量子力学で系の状態を指定する数の組であり，離散的な値をとる．電子の場合にはスピン磁気量子数は半整数で，その他の量子数は整数である．これらの量子数は，$1s$ 軌道や $2s$ 軌道，$2p$ 軌道といった電子のとり得る軌道と対応している．4 つの量子数で決められた状態には電子は唯 1 つしか存在し得ない．これを**パウリの排他原理**と呼ぶ．パウリの排他原理はフェルミ粒子のもつ特徴である．

　電子の状態は波動関数で表せる．波動関数を数式で書くと，4 つの量子数を用いて

$$\psi(\boldsymbol{r}, \sigma) = R_{nl}(r) Y_{lm}(\theta, \phi) \chi_{m_s}(\sigma) \tag{4.5}$$

と書ける．$R_{nl}(r)$ を動径分布関数，$Y_{lm}(\theta, \phi)$ を球面調和関数と呼ぶ．極座標が用いられているのは，簡単に言えば原子が「丸い」（特別な方向がない）ことの現れである．直感的には，動径分布関数は原子核と電子の距離 r がどれくらいのときに電子が存在しやすいかを表しており，角度 θ, ϕ の関数である球面調和関数が波動関数の形を決めていると考えられる．$\chi_{m_s}(\sigma)$ はスピン波動関数である．σ はスピン変数（スピン座標）であり，連続的な空間座標と異なり，2 つの値しかとらない．そのためスピン波動関数は $(1, 0)$ のような 2 成分ベクトルで表現することができる．

▌水 素 型 原 子

　$+Ze$ の電荷をもつ原子核が中心にあり，その周りを $-e$ の電荷をもつ電子が 1 つ回っているとする．電子のスピン自由度はとりあえず無視しよう．このとき電子に対するシュレディンガー方程式は

$$\left\{ -\frac{\hbar^2}{2m} \left(\frac{\partial^2}{\partial x^2} + \frac{\partial^2}{\partial y^2} + \frac{\partial^2}{\partial z^2} \right) - \frac{Ze^2}{4\pi\epsilon_0 r} \right\} \Psi = E\Psi \tag{4.6}$$

である．この方程式（固有値問題）を解くと，エネルギー E と波動関数 Ψ が求まる．水素型原子のように球対称な原子の場合には，極座標 (r, θ, ϕ) を使ったほうが便利である．そこで次式の座標変換を行う．

$$x = r\sin\theta\cos\phi, \quad y = r\sin\theta\sin\phi, \quad z = r\cos\theta. \tag{4.7}$$

極座標によるシュレディンガー方程式は

$$\left[-\frac{\hbar^2}{2m} \left\{ \frac{1}{r^2} \frac{\partial}{\partial r} \left(r^2 \frac{\partial}{\partial r} \right) + \frac{1}{r^2 \sin\theta} \frac{\partial}{\partial \theta} \left(\sin\theta \frac{\partial}{\partial \theta} \right) + \frac{1}{r^2 \sin^2\theta} \frac{\partial^2}{\partial \phi^2} \right\} \right.$$
$$\left. -\frac{Ze^2}{4\pi\epsilon_0 r} \right] \Psi = E\Psi \tag{4.8}$$

である．両辺に r^2 をかけると，r だけを含む項と θ, ϕ を含む項に分離できる．
このような微分方程式は r と θ, ϕ について変数分離することができ（式 (4.35)，
(4.36) 参照），シュレディンガー方程式を満たす波動関数 $\Psi(r, \theta, \phi)$ は r のみの
動径部分と θ および ϕ のみの角度部分の積の形で表せる．解は

$$\Psi_{n,l,m}(r, \theta, \phi) = R_{nl}(r) Y_{lm}(\theta, \phi) \tag{4.9}$$

と表せることが知られている．これは式 (4.5) の電子の波動関数においてスピ
ン成分を無視したものである．この波動関数は，3 種類の量子数 n, l, m を含
む．これらの量子数はすべて整数である．

　水素型原子においては，電子のエネルギーは主量子数 n のみに依存する．n
の増大とともに軌道の広がりが増大する．$n = 1, 2, 3, \cdots$ に対応した電子軌道
を K 殻，L 殻，M 殻，$\cdots$ と呼ぶ．

　方位量子数 l は，与えられた主量子数 n に対して $l = 0, 1, 2, \cdots, (n-1)$ ま
での n 個の値をとる．$l = 0, 1, 2, \cdots$ の順に s 軌道，p 軌道，d 軌道，f 軌道，
$\cdots$ と呼ぶ．主量子数と合わせると，$1s$ 軌道，$2s$ 軌道，$2p$ 軌道，$3s$ 軌道，$3p$
軌道，$3d$ 軌道，$4s$ 軌道，$\cdots$ のように並んでいる．方位量子数は，軌道角運動
量の大きさを表している．式で書けば，軌道角運動量の 2 乗の固有値は

$$\hat{\boldsymbol{l}}^2 Y_{l,m} = l(l+1)\hbar^2 Y_{l,m} \tag{4.10}$$

と表せる．ここで軌道角運動量の演算子を $\hat{\boldsymbol{l}}$ とおいた．球対称なポテンシャル
中では角運動量は保存しており，電子が原子核の周りを 1 周したときに波動関
数が不変であるために，角運動量が離散化していると考えられる．

　磁気量子数 m は，与えられた方位量子数 l に対して $m = 0, \pm 1, \pm 2, \cdots, \pm l$
までの $2l + 1$ 個の値をとる．方位量子数と磁気量子数は球面調和関数として波
動関数の角度部分の形状を決める．$l = 0$ の s 軌道に対しては $m = 0$ の 1 つの
軌道，p 軌道（$l = 1$）については 3 つの軌道（$m = -1, 0, 1$），d 軌道（$l = 2$）に
ついては 5 つの軌道（$m = -2, -1, 0, 1, 2$），$\cdots$ があることになる．磁気量子
数は，電子の軌道角運動量の z 軸成分を特徴付ける量子数である．式で書けば，

$$\hat{l}_z Y_{l,m} = m\hbar Y_{l,m} \tag{4.11}$$

である．このように球面調和関数は軌道角運動量の固有関数である．$2l + 1$ 通
りの状態のエネルギーは縮退しているが，磁場がかかると縮退が解け，異なる

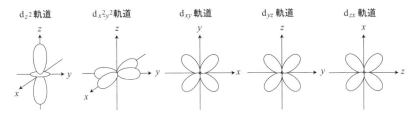

| d_{z^2} 軌道 | $d_{x^2y^2}$ 軌道 | d_{xy} 軌道 | d_{yz} 軌道 | d_{zx} 軌道 |

図 4.2 5 つの d 軌道の概形.

エネルギーに分裂する.

　波動関数の形状は, 波動関数の角度部分, つまり球面調和関数の「形」で決まる. しかし, 球面調和関数は一般に複素数なのでそのままでは実空間で軌道の形を図示できない. そこで $Y_{l,m}$ と $Y_{l,-m}$ の線形結合 $Y_{l,m} + Y_{l,-m}$ や $Y_{l,m} - Y_{l,-m}$ を用いて実関数にすることにより軌道の形が図示される.

　s 軌道の球面調和関数は球状の丸い波動関数である [*2]. 一方で, p 軌道は $x/r, y/r, z/r$ に比例する, 各軸に伸びた形の 3 つの軌道からなる. それぞれ p_x 軌道, p_y 軌道, p_z 軌道と呼ぶ. 5 つの d 軌道は, $d_{x^2-y^2} \propto (x^2 - y^2)/r^2$, $d_{z^2} \propto (3z^2 - r^2)/r^2$, $d_{xy} \propto xy/r^2$, $d_{yz} \propto yz/r^2$, $d_{zx} \propto zx/r^2$ である. 軸方向（x 軸, y 軸, z 軸）に波動関数が伸びている $d_{x^2-y^2}$ 軌道と d_{z^2} 軌道, 軸の間を向く 3 つの d_{xy} 軌道, d_{yz} 軌道, d_{zx} 軌道に大別される（図 4.2）. このような波動関数の形は, 多数の原子が規則性をもって配列している実際の結晶において重要になる. 例えば, 立方体の頂点に原子が配列した結晶では x 軸, y 軸, z 軸方向に隣の原子が存在する. よって d 軌道のように異方的な形をしている場合には, 隣り合う原子の電子との波動関数の重なり合い具合が, 軌道の種類によって異なってくる.

　水素型原子では電子を 1 つのみ考えたが, 実際の原子は, 1 つ以上の電子をもつ. 電子が 1 つの場合には, 電子のエネルギーは主量子数のみで決まっていた. つまり, 例えば $3s$ 軌道と $3p$ 軌道, $3d$ 軌道のエネルギーは等しい. 電子が複数ある場合には, 他の電子による原子核の正電荷の遮蔽と電子間のクーロン相互作用のために, 電子が受ける静電ポテンシャルは原子核からの距離によって異なる. そのため, 主量子数が同じでも方位量子数が異なれば, 原子核付近での電子の存在確率が異なるためエネルギーは異なる. パウリの排他原理のた

[*2]　s 軌道のみが原点（原子核の位置）での波動関数が零でない. つまり, s 電子だけが原子核と接触する. これは $l \neq 0$ だと遠心力がはたらくと見なすこともできる.

めに同じ状態をとることができない電子は，$1s$ 軌道，$2s$ 軌道，$2p$ 軌道，$3s$ 軌道，$3p$ 軌道，$4s$ 軌道，$3d$ 軌道，$\cdots$ の順番に詰まっていくことが知られる．電子が収容される軌道で一番外側の軌道を**最外殻**と呼び，それ以外を**内殻**と呼ぶ．

さらに，物質中には原子がたくさん並んでおり，1 原子の状況ではない．この場合，周囲の原子のポテンシャルの影響で，静電ポテンシャルが球対称からずれることになる [*3)]．このため孤立原子において電子軌道のエネルギーが縮退していたとしても，縮退が解けて分裂する．これを一般に**配位子場分裂**と呼ぶ．特に周囲の原子からの静電ポテンシャル（クーロン相互作用）によりエネルギー分裂が起きるとする機構を**結晶場分裂**と呼ぶ．例えば，立方体を構成するように原子が配列した結晶では，$3d$ 軌道は二重（$d_{x^2-y^2}, d_{z^2}$）と三重（d_{xy}, d_{yz}, d_{zx}）にエネルギーが分裂する．これは前述の通り，隣の原子が存在する軸方向に波動関数が伸びているか否か（隣の原子の電子の波動関数との重なり具合）でエネルギーが異なるということから理解できる．

▍フントの規則

Fe, Co, Ni に代表される**遷移金属**を考える．例えば Fe においては 26 個の電子があり，$(1s)^2(2s)^2(2p)^6(3s)^2(3p)^6(3d)^6(4s)^2$ の電子配置をとる．これらの原子では全部で 10 個の電子が入り得る $3d$ 軌道が中途半端に詰まった状態となっている．これが磁性などの特徴的な物性の原因となっており（第 10 章参照），**不完全殻**と呼ばれる．原子の電子配置が不完全殻をなしている他の例は希土類元素の $4f$ 軌道がある．

配位子場分裂を考えないと，$3d$ 軌道は五重に縮退している．先に述べた Fe の場合，スピン自由度を入れて 10 個の座席があるところに 6 個の電子を詰めるのには複数の選択肢がある．この選択肢の内で自然が選ぶ最も安定な状態を決める経験的規則が**フントの規則**である．

フントの規則は，電子配置の全軌道角運動量 L と全スピン角運動量 S に関する規則である．「全」軌道あるいは「全」スピン角運動量とは，電子が複数ある場合にそれぞれの角運動量をベクトル和（合成）したものである（その大きさが L または S）．例えば，$3d$ 軌道に電子が 2 つ入る場合には，$\boldsymbol{L} = \boldsymbol{l}_1 + \boldsymbol{l}_2$，$\boldsymbol{S} = \boldsymbol{s}_1 + \boldsymbol{s}_2$ のようにそれぞれの角運動量のベクトル和をとる．全軌道角運動

[*3)] 周囲の原子からの静電ポテンシャルの影響に加え，電子軌道が混成する効果もあり得る．$4f$ 軌道のような局在性の強い軌道では前者の効果，より広がった $3d$ 軌道では隣の原子の軌道との重なりが大きく後者の効果がより重要である．

量の演算子 $\hat{\boldsymbol{L}}$ の固有値問題

$$\hat{L}^2 \Psi_{LM} = L(L+1)\hbar^2 \Psi_{LM},$$

$$\hat{L}_z \Psi_{LM} = M\hbar\Psi_{LM} \quad (M = -L, -L+1, \cdots, L) \qquad (4.12)$$

に対しては，許される L の大きさは $L = l_1+l_2, \cdots, l_1-l_2$ で与えられる．$3d$ 軌道の場合には $l=2$ なので $L = 4,3,2,1,0$ である．全スピン角運動量の場合も同様にして，$S = 1,0$ となる（$s_1 = s_2 = 1/2$）．全スピン角運動量の z 成分を表す M_s は $S = 1$ に対して $M_s = 1,0,-1$，$S = 0$ に対して $M_s = 0$ であり，それぞれ三重項，一重項と呼ばれる．$3d$ 軌道への電子の詰まり方によって L や S の値が異なり，逆に言えば，電子の配置を (L, S) で指定することができる．これを LS 多重項と呼ぶ．例えば $(3d)^2$ の場合には，多重項の縮退を考慮して全部で 45 個の項があり，10 個の席に 2 個の電子を詰める場合の数，45 通りと対応している．

　フントの規則は，可能な電子配置の中でエネルギーが最も低いのは (1) 最大の S をもつ多重項であり，(2) 最大の S をもつ場合がいくつか存在する場合には，それらのなかで最大の L をもつ多重項がエネルギー的に最も安定であることを主張する．これは実験結果から得られた経験則である．

　直感的には，最初の規則 (1) は，パウリの排他原理のためにスピンが平行な電子同士は互いに近づく確率がスピンが反平行の場合より小さく，クーロン斥力の損が小さくなることから理解される．また，(2) の規則は電子が同じ方向に回転運動したほうが電子が出会う機会が少なくエネルギー的に得であることを表すと考えられる．このような古典的解釈は伝統的なものであるが，最近の計算によると，このような電子間の斥力の低下による説明は必ずしも正しくないことが指摘されている．つまり，電子間の斥力の相互作用よりも電子と原子核間の引力の相互作用のほうが一般に重要であり，主要エネルギー項である原子核–電子間引力エネルギーが低下することが安定化の鍵となる．

　実際に原子における電子配置を考える際には，全角運動量の最大値は z 成分の最大値に等しいから，全スピン磁気量子数 M_s と全磁気量子数 M が最大となるような配置を考える．例えば，3 価のＶイオン（V^{3+} イオン）は，$(3d)^2$ の電子配置をとる（図 4.3）．最大の S は $1/2+1/2 = 1$ である．つまり (1)

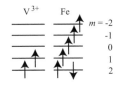

図 4.3　V^{3+} と Fe の電子配置．

の規則により，スピンの方向が揃って電子が詰まる．これだけだと複数の L の状態があり得るが，最大の L は $2+1=3$ である．つまり，エネルギーが低い状態は $L=3, S=1$ である．$3d$ 電子が 6 個ある Fe の場合も同様に電子の詰め方を考えればよい（図 4.3）．$L=2, S=2$ である．

最後に，フントの規則が配位子場分裂と競合することに触れておこう．図 4.3 の Fe の例（d^6 の配置）において，配位子場分裂によって五重に縮退していた d 軌道がより低エネルギーの三重縮退と高エネルギーの二重縮退に分裂したとしよう．このとき，もしエネルギー分裂が非常に大きければ，6 つの電子は低エネルギーの三重縮退軌道をすべて占有するように（つまり上向きスピン 3 つと下向きスピン 3 つで）配置されるだろう．これは**低スピン**と呼ばれる状況である．対して，フントの規則が優勢な場合には，配位子場分裂があっても図 4.3 に示されたような**高スピン**の状態となる．

▍スピン軌道相互作用

軌道角運動量 L とスピン角運動量 S（1 電子の場合は l と s）は相互作用する．これを**スピン軌道相互作用**と呼び，$L \cdot S$（あるいは $l \cdot s$）の形で書けることが知られる．孤立原子にお

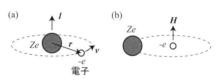

図 4.4　原子核の相対運動により 1 電子が感じる有効磁場．

けるスピン軌道相互作用は，直感的には，原子核から電子にはたらく有効磁場の効果として理解できる（図 4.4）．電子が原子核の周りを軌道運動する状況は，電子から見ると原子核が電子の周りを軌道運動するように見える．このとき，電子は軌道角運動量に比例する有効的な磁場を感じ，スピンを磁場の方向に向ける．スピン軌道相互作用により L と S は結合して全角運動量 $J = L + S$ を作る．これも角運動量の合成である．L と S の相互作用により系の球対称性は壊されそれぞれの角運動量保存則は成り立たなくなるが，全系の角運動量 J は保存量のままである．

同じ軌道角運動量をもち，スピンの上向き・下向きで二重に縮退していた状態は，スピン軌道相互作用により縮退が解ける．これらの状態を指定する量子数には全角運動量が用いられる．全角運動量の演算子 $\hat{J}$ に対する固有値問題を解くことになり，スピン軌道相互作用まで考えれば L と S は良い量子数ではなく，$\hat{J}^2, \hat{J}_z$ を指定する量子数

$$J = |L - S|,\ |L - S| + 1,\ \cdots,\ L + S,\quad M_J = -J,\ -J + 1,\ \cdots,\ J \quad (4.13)$$

が良い量子数となる[*4]. LS 多重項の縮退はスピン軌道相互作用により縮退が解けて, **J 多重項**に分裂する. フントの規則の第 3 法則は, 次の通りである.
(3) 最も外側の軌道が半数占有以下の場合においては, 最も低い値の全角運動量量子数 $J = |L - S|$ の状態が最低エネルギーをとる. 最外殻が半数より多く占有されているならば, 最も高い値の $J = L + S$ の状態がエネルギー的に最も低い.

▌原子の凝集と電子　　　天然に存在する元素の種類は約 100 種類であり, 世の中に存在する物質は, これらの元素の組み合わせによって構成される. 元素の組み合わせによって生成される物質の性質は多種多様である. 炭素のみで構成されるダイヤモンドのように単一元素からなる物質を**単体**という. 一方, ほとんどの物質は何種類もの元素が混じりあってできており, **化合物**と呼ばれる.
　物質中で原子 (や分子) が凝集するという事実は, 原子間 (や分子間) に引力がはたらくことを意味する. その引力は主として, 個々の原子の最外殻電子に由来する. 原子が互いに接近すると, 最外殻電子が隣の原子に飛び移ることで引力が発生するが, 近くなりすぎると内部の閉殻電子が互いに接近し反発する. このように原子間の引力と斥力のトレードオフで, ある原子間距離が安定化される.
　原子の凝集機構は物質によって様々であり, **イオン結合**や**共有結合**, **金属結合**などに分類される. NaCl は典型的なイオン結晶であり, 金属原子 Na が最外殻電子を放出して陽イオンとなり, ハロゲン原子 Cl は電子を捕獲して陰イオンになる. 陽イオンと陰イオンが交互に規則的に凝集することでイオン結晶が形成される. 一方, 1 種類の元素からなる物質 (**単体**) がイオン化するのはエネルギーが高く不安定である.
　単体の金属の場合は, 最外殻の電子は特定の原子の束縛を離れ, 凝集したすべての原子の間を自由に動き回るようになる. これを**自由電子**と呼ぶ. 典型的な金属では, イオン化した原子が自由電子の海の中に浸っている状態が生じる.
　このような状況になるのは, 自由電子になった方が運動エネルギーが下がる

[*4]　ある物理量の固有状態が時間発展しても同じ固有値の固有状態であり続けるとき (運動の恒量であるとき), その物理量の固有値を良い量子数という.

からである．量子力学によると，電子の運動量 p は，電子波の波長を λ，プランク定数を h として $p = h/\lambda$ で表される．よって波長が長いほど運動量は小さく，運動エネルギー $p^2/(2m)$ も小さくなる．電子が特定の原子に束縛されている場合には電子の波長は原子の大きさ程度と見積もられるが，電子が結晶の中で広がって存在する場合には波長は結晶サイズの大きさ程度になるので，運動エネルギーは非常に小さくなる．

□■ 4.2　フーリエ変換と不確定性関係　■□

　原子の振動（フォノン）を扱った前章で，周期境界条件を満たす複雑な振動運動が基準モードの重ね合わせで書けることを見た．このような考え方は振動の問題に限らず，一般的な周期関数 $f(x)$ にも適用できる．この**フーリエ級数展開**は物性物理学において重要な概念である．

　周期 L のなめらかな周期関数 $f(x)$ は

$$f(x) = \sum_k \Big(A_k \cos(kx) + B_k \sin(kx) \Big) \quad \Big(k = \frac{2\pi}{L}n,\ n = 0, 1, 2, \cdots \Big) \quad (4.14)$$

という級数で展開できる．周期関数 $f(x)$ が与えられて，そこから係数 A_k と B_k を求める式は，

$$A_0 = \frac{1}{L}\int_0^L f(x)dx, \tag{4.15}$$

$$A_k = \frac{2}{L}\int_0^L f(x)\cos(kx)dx \quad \Big(k = \frac{2\pi}{L}n,\ n = 1, 2, \cdots \Big), \tag{4.16}$$

$$B_k = \frac{2}{L}\int_0^L f(x)\sin(kx)dx \quad \Big(k = \frac{2\pi}{L}n,\ n = 1, 2, \cdots \Big) \tag{4.17}$$

である．

　フーリエ級数展開の意味は，ベクトルに例えられることがある．任意の 3 次元のベクトル $\boldsymbol{a}$ は，3 つの単位ベクトル $\boldsymbol{e}_x, \boldsymbol{e}_y, \boldsymbol{e}_z$ を使って

$$\boldsymbol{a} = a_x \boldsymbol{e}_x + a_y \boldsymbol{e}_y + a_z \boldsymbol{e}_z \tag{4.18}$$

と展開できる．この展開が可能になるのは，$\boldsymbol{e}_x, \boldsymbol{e}_y, \boldsymbol{e}_z$ が互いに直交しており（内積が零になり），完全である（どんなベクトルもこの 3 つの線形結合で表せる）からである．フーリエ級数展開の場合も，$k \neq k'$ のとき

$$\frac{2}{L} \int_0^L \cos(k'x)\cos(kx)dx = \frac{1}{L} \int_0^L \{\cos[(k+k')x] + \cos[(k-k')x]\}dx = 0,$$
(4.19)

$$\frac{2}{L} \int_0^L \sin(k'x)\sin(kx)dx = -\frac{1}{L} \int_0^L \{\cos[(k+k')x] - \cos[(k-k')x]\}dx = 0$$
(4.20)

であり，互いに直交していることがわかる．ある意味で，無限次元の「ベクトル」で関数を展開していることになる．

　上記の議論は，周期的でない一般の関数 $g(x)$ に拡張できる．この場合には k は離散的でなく連続的になり，和は積分に置き換えられる（フーリエ積分表示）．

$$g(x) = \frac{1}{\pi} \int_0^\infty A(k)\cos(kx)dk + \frac{1}{\pi} \int_0^\infty B(k)\sin(kx)dk,$$
(4.21)

$$A(k) = \int_{-\infty}^\infty g(x)\cos(kx)dx,$$
(4.22)

$$B(k) = \int_{-\infty}^\infty g(x)\sin(kx)dx.$$
(4.23)

この変換は複素数 e^{ikx} を用いて表すこともできる．オイラーの関係式 $e^{ikx} = \cos(kx) + i\sin(kx)$ を使って，$g(x)$ のフーリエ変換 $G(k)$ を

$$G(k) = \int_{-\infty}^\infty g(x)e^{-ikx}dx$$
(4.24)

で定義する．指数関数の肩に負符号を付けるのが通例である．ここで

$$G(k) = \int_{-\infty}^\infty g(x)(\cos(kx) - i\sin(kx))dx = A(k) - iB(k),$$

$$G(-k) = \int_{-\infty}^\infty g(x)(\cos(kx) + i\sin(kx))dx = A(k) + iB(k)$$
(4.25)

より，式 (4.21) において $A(k)$ と $B(k)$ を $G(k)$ で置き換えると，

$$g(x) = \frac{1}{2\pi} \int_0^\infty (G(k)e^{ikx} + G(-k)e^{-ikx})dk$$

$$= \frac{1}{2\pi} \left(\int_0^\infty G(k)e^{ikx}dk + \int_{-\infty}^0 G(k)e^{ikx}dk \right)$$

$$= \frac{1}{2\pi} \int_{-\infty}^\infty G(k)e^{ikx}dk.$$
(4.26)

このように複素数を使った関数 $G(k)$ を用いるこ
とで，フーリエ変換は x と k の間で対称的な形
に書くことができる．

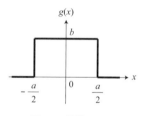

図 4.5　関数 $g(x)$.

　フーリエ級数展開やフーリエ変換は，実空間の
変数 x（3次元の場合は r）の関数を，k（3次元の
場合は k）を変数とする関数に写す変換である．
物性物理学では，r で表される実空間と同じくら
い，k で表される k 空間は重要である．k 空間は逆格子空間や波数空間とも呼
ばれ，次章以降で頻繁に現れる．有用な理由は複数あるが，例えば実空間の周
期性を反映しており，結晶の周期性を調べるのに好都合であることが挙げられ
る．また，k は運動量 [*5] に相当しており，電子の状態を表すエネルギーは運
動量の2乗を使って表せる．前章でのフォノンの議論の際にも波数 k は頻繁に
登場した．このときに行ったのが正にフーリエ級数展開であり，離散的な波数
k が登場したのは原子が結晶中で周期的に配列しているからである．

　フーリエ変換や k 空間の概念は，これから結晶中の電子を扱うのにも重要に
なる．実空間と k 空間の間の関係を確認するために，以下の箱型の関数のフー
リエ変換を考えよう．図 4.5 のように $x = 0$ の周りに局在した $g(x)$ を考え，そ
のフーリエ変換を考えると，

$$A(k) = \int_{-a/2}^{a/2} b\cos(kx)dx = \frac{2b}{k}\sin\left(\frac{ka}{2}\right), \tag{4.27}$$

$$B(k) = \int_{-a/2}^{a/2} b\sin(kx)dx = 0. \tag{4.28}$$

フーリエ変換で得られた関数 $A(k)$ は $k = 0$ で最大値 ab をとり，$|k|$ が大きく
なるにつれて振動しながら減衰していく．つまり，$k = 0$ の付近で大きな値を
とる関数である．

　仮に箱の幅 a を非常に大きくすると，実空間では非常に平らな関数になり
（$g(x) \approx b$），一方で，$A(k)$ は $k = 0$ 付近でのみ値をもつ関数になる．これは，
実空間での平らな関数を $\cos(kx)$ の波で分解したときに $k = 0$ の成分だけで展
開できることに対応する．このように実空間で遠方まで広がった関数 $g(x)$ は，
k 空間では $k = 0$ に局在した関数へと写る．今度は，a を小さくすると，実空間

[*5]　正確には，**結晶運動量**である．

では $g(x)$ は $x = 0$ 付近に局在した関数であるが, k 空間の関数 $A(k)$ は広がった関数になる（図 4.6）.

この議論は結晶中において $\boldsymbol{k}$ が運動量に対応していることを思い出すと, 電子の位置と運動量との間の不確定性関係に対応している. 結晶中で「自由な」電子はどの原子に近くにいるか特定できないため, 位置の不確定性は非

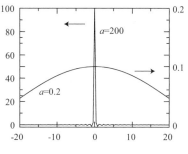

図 4.6 $b = 0.5$ のときの $A(k)$.

常に大きいと見なせる（**遍歴性**：電子が自由に動き回る性質）. これは電子の波動関数が広がっていることを意味し, 先の議論によると $\boldsymbol{k}$ 空間では 1 つの値に定まる. これは運動量が確定したことを意味する. 波数 $\boldsymbol{k}$ が 1 つに定まるということは 1 つの波長の波で波動関数が書けるということである. 簡単のため 1 次元の（ポテンシャルエネルギーが零の）自由電子に対するシュレディンガー方程式

$$-\frac{\hbar^2}{2m}\frac{d^2}{dx^2}\psi(x) = E\psi(x) \tag{4.29}$$

を考えると, 解として平面波の形の波動関数 $\psi(x) \propto e^{ikx}$ が得られる. これは 1 つの波長の波が無限遠まで広がっていることを意味し, 位置の不確定性の別の表現である. 結晶中では有限サイズに制限されるが, その場合でも後で見るように位置が不確定で運動量が確定した状態が実現される.

一方, 電子が原子核に束縛される場合（**局在性**）は, **絶縁体**に対応する. このときは, 電子の位置の不確定性は零に近づき, 運動量は不確定となる. これは電子の波動関数が様々な波長の波の重ね合わせで書けることに対応する.

□■ 4.3 自由電子近似 ■□

物質中の電子は, 物質を構成する原子から供給される. 原子に属する電子は, 電子の収容場所となる**電子殻**に配置される. 電子殻は原子核の周りに球殻状に存在すると見なされる. 電子殻は複数あり, 原子核から近い順に主量子数 $n = 1, 2, 3, \cdots$ で指定され, 原則として電子は主量子数の小さい電子殻から順番に占める. $n = 1$ の電子殻は s 軌道, $n = 2$ の電子殻は s 軌道と p 軌道, $n = 3$

の電子殻は s 軌道と p 軌道と d 軌道，$n=4$ の電子殻は s 軌道と p 軌道と d 軌道と f 軌道をもつ．それぞれの軌道は電子の収容可能数が決まっており，s 軌道は 2 個，p 軌道は 6 個，d 軌道は 10 個，f 軌道は 14 個の電子が入り得る．

　1 つの状態を複数の電子が占有できないのは**パウリの排他原理**の帰結である．電子数を表す原子番号が 1 つ違うだけでも元素は大きく異なる性質をもち，世の中の物質は多彩な物性を示すことになる．

　電子は，原子に束縛された**内殻電子**と最も外側にある**価電子**に分類される．物質は原子が周期的に配列して構成されるから，1 つの原子に収容されていた価電子は，隣の原子の電子殻に飛び移ることで，物質中を伝搬できる．一方で，原子核は正に帯電しており，飛び回る電子を留めようとするポテンシャルを生む．電子は原子核付近に束縛されたほうがポテンシャルエネルギーを得をするが，留まることにより運動エネルギーを損をする．逆に，電子は飛び回ることで運動エネルギーを得をするが，ポテンシャルエネルギーは損をする．このように電子は遍歴するか局在するかという点で，エネルギー的にトレードオフの関係にある．

　1 価の金属であるアルカリ金属（Li, Na, K など）は，最外殻に 1 つの s 軌道の電子をもつ．この価電子は原子核から離れた位置にあり，運動エネルギーが原子核からのポテンシャルエネルギーよりも十分大きい．この場合は，電子の感じるポテンシャルを無視する**自由電子モデル**が良い近似となる．一方で，自由電子モデルからのずれが大きいのは遷移金属系列である．価電子の d 軌道，特に $3d$ 軌道においては原子軌道の固有の性質が顕著に現れる（6.6 節参照）．

　量子力学的な基礎方程式はシュレディンガー方程式であり，電子の波動関数を $\psi(\boldsymbol{r})$ とおくとシュレディンガー方程式は

$$H\psi(\boldsymbol{r}) = E\psi(\boldsymbol{r}) \tag{4.30}$$

と書ける．ここでハミルトニアンを H，固有エネルギーを E とおいた．自由電子モデルではハミルトニアンを構成するのは運動エネルギーだけなので，換算プランク定数 $\hbar = h/2\pi$ と質量 m を用いて

$$H = -\frac{\hbar^2}{2m}\nabla^2 \tag{4.31}$$

より

$$-\frac{\hbar^2}{2m}\nabla^2\psi(\boldsymbol{r}) = -\frac{\hbar^2}{2m}\left(\frac{\partial^2}{\partial x^2} + \frac{\partial^2}{\partial y^2} + \frac{\partial^2}{\partial z^2}\right)\psi(\boldsymbol{r}) = E\psi(\boldsymbol{r}). \tag{4.32}$$

この微分方程式の解は，

$$\psi(\boldsymbol{r}) = \frac{1}{\sqrt{V}} e^{i\boldsymbol{k}\cdot\boldsymbol{r}}, \tag{4.33}$$

$$E = E(\boldsymbol{k}) = \frac{\hbar^2 \boldsymbol{k}^2}{2m} \tag{4.34}$$

であることが代入すればわかる．ここで電子の存在する空間の体積を V として波動関数を規格化した．電子の存在確率 $|\psi(\boldsymbol{r})|^2$ はすべての場所で $1/V$ である．この解はいわゆる平面波であり，波数 $\boldsymbol{k}$ の波である．前節でみたように，電子が遍歴性をもつと，波数 $\boldsymbol{k}$ は１つに定まる．エネルギーは波数 $\boldsymbol{k}$ の２乗に比例する．

■変数分離法　このシュレディンガー方程式を解くには，固有関数となる波動関数を $\psi(\boldsymbol{r}) = X(x)Y(y)Z(z)$ と変数分離し代入したうえで，両辺を $X(x)Y(y)Z(z)$ で割ると

$$-\frac{\hbar^2}{2m}\left\{ \frac{1}{X(x)}\frac{d^2 X(x)}{dx^2} + \frac{1}{Y(y)}\frac{d^2 Y(y)}{dy^2} + \frac{1}{Z(z)}\frac{d^2 Z(z)}{dz^2} \right\} = E. \tag{4.35}$$

左辺のそれぞれの項は x,y,z の関数であるが，右辺は定数である．そこで $E = E_x + E_y + E_z$ とすると以下の３つの微分方程式に分解できる．

$$-\frac{\hbar^2}{2m}\frac{d^2 X(x)}{dx^2} = E_x X(x), \quad -\frac{\hbar^2}{2m}\frac{d^2 Y(y)}{dy^2} = E_y Y(y), \quad -\frac{\hbar^2}{2m}\frac{d^2 Z(z)}{dz^2} = E_z Z(z) \tag{4.36}$$

この方程式を解いて，波動関数を規格化すると式 (4.33) を得る．このような変数分離の方法は式 (4.8) を解く際にも用いられた．

フォノンの議論のときと同じように波数 $\boldsymbol{k}$ はとびとびの値をとる．電子の存在する空間を一辺 L の立方体に限ると，周期境界条件

$$\psi(0, y, z) = \psi(L, y, z),$$
$$\psi(x, 0, z) = \psi(x, L, z),$$
$$\psi(x, y, 0) = \psi(x, y, L) \tag{4.37}$$

により，

$$k_x = \frac{2\pi}{L} n_x \quad (n_x : 整数),$$
$$k_y = \frac{2\pi}{L} n_y \quad (n_y : 整数),$$
$$k_z = \frac{2\pi}{L} n_z \quad (n_z : 整数) \tag{4.38}$$

を得る. 電子はフェルミ粒子であり, パウリの排他原理により, 1つの状態に1つの電子しか占有できない. 電子のスピン自由度を考慮すると, 1つの $\boldsymbol{k}$ 状態に2つの電子が占有できる.

エネルギー $E(\boldsymbol{k}) = \hbar^2 \boldsymbol{k}^2/(2m)$ は, $\boldsymbol{k} = 0$ で最小値0をとり, $|\boldsymbol{k}|$ が大きくなるにつれて大きくなる. 巨視的な数の電子をエネルギーの低い状態から詰めていくと, あるエネルギーの値のところまで占有される. そのエネルギーを**フェルミエネルギー**（フェルミ準位）と呼び, 通常 E_{F} で表す. また, この状態の波数を**フェルミ波数** k_{F} と呼ぶ. フェルミエネルギーの式を

$$k_x^2 + k_y^2 + k_z^2 = \frac{2mE_{\mathrm{F}}}{\hbar^2} \tag{4.39}$$

と変形すると, $\boldsymbol{k}$ 空間で球を表すことがわかる. この球の中の状態が電子で占有されている. この球を**フェルミ球**と呼び, 球面を**フェルミ面**と呼ぶ. 1つ次元を落とした2次元の場合にはフェルミ「球」でなくフェルミ「円」になることもすぐわかる.

▌**状 態 密 度**　あるエネルギー E にある（実空間での単位体積あたりの）状態の数を表す**状態密度**（DOS）$D(E)$ は物性物理学において重要な量である. あるエネルギーにおいて状態密度が大きいということは, そのエネルギーを占有する状態が多いことを意味する. 一方, 状態密度が零のときは, そのエネルギー準位を占有し得ないことを意味する.

状態密度 $D(E)$ をエネルギーで積分すると, あるエネルギー E 以下の状態数 $N(E)$ が求まる（図4.7）. つまり

$$N(E) = \int_0^E D(E)dE. \tag{4.40}$$

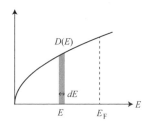

図 4.7 状態密度.

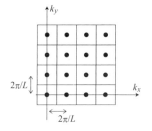

図 4.8 1つの $\boldsymbol{k}$ 状態の面積（2次元の例）.

一方，全状態数は，とり得る k の値が先述の通り $k = (2\pi/L)(n_x, n_y, n_z)$ であり，1つの状態が占める k 空間の体積が $(2\pi/L)^3$ で与えられると見なすと（2次元の場合は図4.8），以下のように計算できる [*6)]．

$$VN(E) = 2 \cdot \frac{(4\pi/3)(2mE/\hbar^2)^{3/2}}{(2\pi/L)^3} = V\frac{1}{3\pi^2}\left(\frac{2mE}{\hbar^2}\right)^{3/2}. \tag{4.41}$$

ここで，途中式の分数の分子においては，エネルギー E 以下の k 空間の体積は球で与えられることを用いた．つまり，エネルギー E 以下の k 空間内の全体積を1つの状態が占める体積で割り算して状態数を計算している．なお，2がかかっているのは1つの k 状態にはスピン自由度を考えると2つの電子が占有可能であるからである．

よって，まとめると

$$N(E) = \int_0^E D(E)dE = \frac{1}{3\pi^2}\left(\frac{2mE}{\hbar^2}\right)^{3/2} \tag{4.42}$$

からエネルギー E で微分して

$$D(E) = \frac{1}{2\pi^2}\left(\frac{2m}{\hbar^2}\right)^{3/2}\sqrt{E} \tag{4.43}$$

を得る．このように，エネルギーが大きくなるとその平方根で状態密度は増加する（図4.7）．

状態密度のこの特徴的なエネルギー依存性は系の次元性に依存する．例えば層状物質の1層だけを取り出す（単原子層物質）方法や薄膜作製技術を駆使することなどにより，2次元空間に存在する電子の集団もつくり出すことができる．このような2次元電子系の状態密度は，z 方向の自由度をなくすと

$$k_x^2 + k_y^2 = \frac{2mE_{\mathrm{F}}}{\hbar^2} \tag{4.44}$$

とフェルミ面が球でなく円になることを用いると，以下のように計算できる．

$$V\int_0^E D(E)dE = 2 \cdot \frac{\pi\left(\sqrt{2mE/\hbar^2}\right)^2}{(2\pi/L)^2} = V\frac{mE}{\pi\hbar^2} \tag{4.45}$$

より

[*6)] フェルミエネルギーまで電子が詰まっているとすると，単位体積あたりの $N(E_F)$ は電子密度に相当する．よって，この式から $N(E_\mathrm{F}) = \{1/(3\pi^2)\}(2mE_\mathrm{F}/\hbar^2)^{3/2}$ を得ることができ，金属の電子密度 $N \sim 1 \times 10^{22}$ cm^{-3} を代入すると，$E_\mathrm{F} = 1.7$ eV を得る．この値は，古典的な自由粒子の平均エネルギー $(3/2)k_\mathrm{B}T \sim 0.039$ eV よりはるかに大きい．

$$D(E) = \frac{m}{\pi \hbar^2}. \tag{4.46}$$

半径 $k = \sqrt{k_x^2 + k_y^2}$ の円の面積を 1 つの状態が占める面積 $(2\pi/L)^2$ で割り算している. V は 2 次元の体積(つまり面積)で, $V = L^2$ である. この結果は, 2 次元系の状態密度はエネルギーによらずに一定になることを意味している.

さらに, 1 次元の電子系においては, y 方向と z 方向の自由度を落とすと

$$k_x^2 = \frac{2mE_F}{\hbar^2} \tag{4.47}$$

とフェルミ面は 2 本の直線になることから, 以下のように計算できる.

$$L \int_0^E D(E)dE = 2 \cdot \frac{2\sqrt{2mE/\hbar^2}}{2\pi/L} = L\frac{2}{\pi}\sqrt{\frac{2mE}{\hbar^2}} \tag{4.48}$$

より

$$D(E) = \frac{1}{\pi}\sqrt{\frac{2m}{\hbar^2}} E^{-1/2} \tag{4.49}$$

を得る. このように 1 次元の状態密度はエネルギーの $-1/2$ 乗という特徴的な依存性を示す. 近年のナノ物質試料合成技術や微細加工技術を用いると, 電子を 1 次元的に閉じ込める細線試料は実験的に作製可能である.

┃ ブリルアンゾーン　　結晶中の電子は, 真空中に電子がいるのとは状況が異なり, 結晶の周期性という対称性をもつ [*7]. このとき実空間の対称性を反映して, 電子のエネルギー固有値は $\boldsymbol{k}$ 空間で周期性をもつ.

簡単のため, 1 次元系を考え, 原子間隔が a で原子が配列しているとする. これまで見たようにポテンシャルがない場合のハミルトニアンは

$$H = -\frac{\hbar^2}{2m}\frac{d^2}{dx^2} \tag{4.50}$$

と書けるので, シュレディンガー方程式 $H\psi(x) = E\psi(x)$ より

$$E = \frac{\hbar^2}{2m}k_x^2. \tag{4.51}$$

また, 固有状態 $\psi(x) = (1/\sqrt{V})e^{ik_x x}$ と計算することができる (V は系の体積). 周期境界条件は, x 方向に N 個の原子が間隔 a で配列しているとして

[*7]　周期ポテンシャルは無視できるが, 周期性という対称性がある状況(周期ポテンシャルを零の極限に飛ばした状況)を **空格子** と呼ぶ. 周期ポテンシャルの影響は第 6 章で詳しく学ぶ.

$$\psi(0) = \psi(Na) \tag{4.52}$$

と書ける．よって，波数 k_x は以下のようにとびとびの値をとる．

$$k_x = \frac{2\pi}{Na} n_x \quad (n_x : 整数). \tag{4.53}$$

さて，考えている系は原子間隔が a で原子が 1 次元的に配列しており，x 方向に a の整数倍座標をずらしても何も変わらないという対称性をもつ．このとき，系の固有関数は，上記の平面波のような単純なものではなく，原子の配列の周期性を反映したものになるはずである．実際に第 6 章で見るように，この場合の固有関数は自由電子の場合の固有関数である平面波が，配列の周期をもつ関数で変調された形となる（ブロッホ関数）．この実空間での対称性は，k 空間にも対称性をもたらし，エネルギー固有値は k 空間において $2\pi/a$ の周期性をもつ．実空間で周期性をもつために波数空間でも周期性が現れるという事実は，次章で学ぶ**逆格子**の観点から理解できる．

k 空間でのエネルギー固有値の周期性を確認するために，$\tilde{n}_x = n_x + N$ とおいてみると，

$$\tilde{k}_x = \frac{2\pi}{Na}(n_x + N) = \frac{2\pi}{Na} n_x + \frac{2\pi}{a} = k_x + \frac{2\pi}{a}. \tag{4.54}$$

よって，エネルギー固有値は

$$E_{\tilde{n}_x} = \frac{\hbar^2}{2m}\Big(k_x + \frac{2\pi}{a}\Big)^2. \tag{4.55}$$

これは $k = 0$ を原点とする $E_{n_x} = \{\hbar^2/(2m)\}k_x^2$ のエネルギーの原点を k_x 軸に沿って $-2\pi/a$ ずらしたものである．$\tilde{n}_x = n_x \pm N, n_x \pm 2N, \cdots$ とすれば，$k_x = \cdots, -2(2\pi/a), -2\pi/a, 0, 2\pi/a, 2(2\pi/a), \cdots$ を原点とする放物線状のエネルギー曲線をたくさん描くことができる（図 4.9）．

エネルギー固有値は $\boldsymbol{k}$ 空間において $2\pi/a$ の周期性をもつ．図 4.9 を見ると，周期性のおかげで波数 k_x の値は最も小さい値，つまり $-\pi/a < k_x \le \pi/a$ の範囲だけ考えれば十分なことがわかる．これは $-N/2 < n_x \le N/2$ に対応し，n_x の意味のある値の数が原子数に

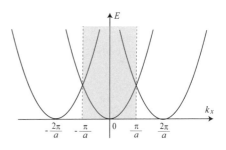

図 4.9 第 1 ブリルアンゾーン．

対応する N 個であることを示している. このように状態の数が自由度の数で規定されるのはフォノンの場合でも見られた. $-\pi/a < k_x \le \pi/a$ の領域を**第1ブリルアンゾーン**と呼ぶ.

有限温度 $(T > 0)$ の場合

ここまでは絶対零度の状況を考えてきた. 絶対零度では, 電子はフェルミエネルギー E_F までの状態を占有し, $E > E_F$ のエネルギーをもつ電子は存在しない. フェルミ分布関数において $T \to 0$ とすると

$$\frac{1}{\exp\left[\frac{E-\mu}{k_B T}\right] + 1} = \begin{cases} 1 & (E < \mu) \\ 1/2 & (E = \mu) \\ 0 & (E > \mu) \end{cases} \tag{4.56}$$

と完全に階段型の関数となる. 化学ポテンシャル μ は電子が入っている最大のエネルギーに対応しており, 絶対零度の化学ポテンシャルはフェルミエネルギー E_F に一致することがわかる.

$T > 0$ では, 化学ポテンシャルはフェルミエネルギーからずれる. フェルミ分布関数を見ると, 電子は $E \le \mu$ の状態を完全には占有しておらず, $E > \mu$ のエネルギー範囲にも電子が分布している. とはいっても, 室温のエネルギースケールはフェルミエネルギーより数桁小さく ($k_B T \ll E_F$), この「低温」の状況ではフェルミ分布関数は階段関数に近い振る舞いを残す. この状況を**フェルミ縮退**していると呼ぶ. 図 4.10 において, $E < \mu$ にいた電子が $E > \mu$ の領域に移動したと見せる. $T > 0$ でのフェルミ分布関数の階段関数からのずれが $E = \mu$ を境に対称的な形をしているのはそのためである.

十分に低温であるという条件を使うと, 物理量を温度 T のべきに展開できる (**ゾンマーフェルト展開**). すなわち, $E < 0$ で $h(E) = 0$ となる任意のなめらかな関数 $h(E)$ に対して,

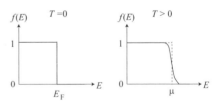

図 4.10 フェルミ分布関数.

$$\int_0^\infty h(E) \frac{1}{\exp\left[\frac{E-\mu}{k_B T}\right]+1} dE = \int_0^\mu h(E)dE + \frac{\pi^2}{6}(k_B T)^2 h'(\mu) + O\left(\frac{k_B T}{\mu}\right)^4$$

$$(4.57)$$

が成り立つ.

■ゾンマーフェルト展開の導出　　フェルミ分布関数を $f_T(E)$ と温度を明示して書くと，$T=0$ では上記の通り $E < \mu$ で $f_0(E) = 1$ となる階段関数である．すると右辺第1項は

$$\int_0^\mu h(E)dE = \int_0^\infty h(E)f_0(E)dE \tag{4.58}$$

と表せるから，右辺の第2項と第3項は $T=0$ での積分値からのずれを表していると見なせる．図4.10に示した通り，$T > 0$ では $E \sim \mu$ 付近での階段関数からのずれの影響を評価する必要がある．

$E < 0$ で $h(E) = 0$ であることを利用して，積分範囲の下限を $-\infty$ に変更すると

$$(\text{左辺}) - (\text{右辺第1項}) = \int_{-\infty}^\infty h(E)\left[\frac{1}{\exp\left[\frac{E-\mu}{k_B T}\right]+1} - f_0(E)\right]dE. \tag{4.59}$$

[ ] 括弧の中がフェルミ分布関数の階段関数からのずれを表しており，$E \sim \mu$ 付近だけ無視できない値をとる．よって，$h(E)$ を μ の周りでテイラー展開した

$$h(E) = h(\mu) + h'(\mu)(E-\mu) + \frac{h''(\mu)}{2}(E-\mu)^2 + \cdots \tag{4.60}$$

を使って計算を進めると，$x = (E-\mu)/(k_B T)$ と変数変換して

$$(4.59) = \int_{-\infty}^\infty \left[h(\mu) + h'(\mu)xk_B T + \frac{h''(\mu)}{2}(xk_B T)^2 + \cdots\right]\left[\frac{1}{e^x+1} - f_0(x)\right]k_B T dx. \tag{4.61}$$

ここで，$x < 0$ で $f_0(x) = 1$，$x > 0$ で $f_0(x) = 0$ である．階段関数からのずれ

$$\frac{1}{e^x+1} - f_0(x) = \begin{cases} -\frac{1}{e^{-x}+1} & (x < 0) \\ 0 & (x = 0) \\ \frac{1}{e^x+1} & (x > 0) \end{cases} \tag{4.62}$$

が奇関数であることに注意すると，積分が残るのは x の奇数次項のべきだけであり，最低次の項は

$$h'(\mu)(k_B T)^2\left(\int_{-\infty}^0 \frac{-x}{e^{-x}+1}dx + \int_0^\infty \frac{x}{e^x+1}dx\right) = 2h'(\mu)(k_B T)^2 \int_0^\infty \frac{x}{e^x+1}dx. \tag{4.63}$$

最後の積分は $\pi^2/12$ に一致するので，式 (4.57) を得る．なお，x の奇数次のべきしか積分が残らないことから，次の次数の項は T^4 の項である．

化学ポテンシャルの温度変化   低温では，$\mu \sim E_F$ であるから展開式は E_F を使って以下のように書くこともできる.

$$\int_0^\infty h(E) \frac{1}{\exp\left[\frac{E-\mu}{k_B T}\right]+1} dE = \int_0^{E_F} h(E)dE + (\mu - E_F)h(E_F)$$
$$+ \frac{\pi^2}{6}(k_B T)^2 h'(E_F) + \cdots. \qquad (4.64)$$

$h(E)$ に状態密度 $D(E)$ を入れて計算すると，状態数（つまり粒子の数）が計算できる．$T = 0$ での粒子数が

$$\int_0^{E_F} D(E)dE \qquad (4.65)$$

で書け，温度変化で粒子数が変化しないことを要請すると左辺と右辺第1項が打ち消しあって近似式

$$0 = (\mu - E_F)D(E_F) + \frac{\pi^2}{6}(k_B T)^2 D'(E_F) \qquad (4.66)$$

を得る．変形すると化学ポテンシャル μ の温度変化の式

$$\mu = E_F - \frac{\pi^2}{6}(k_B T)^2 \frac{D'(E_F)}{D(E_F)} \qquad (4.67)$$

が得られる．$D(E)$ のエネルギー微分は，3次元の場合は $D(E) \propto E^{1/2}$ より正，2次元の場合は $D(E) \propto E^0$ より0，1次元の場合は $D(E) \propto E^{-1/2}$ より負の値をとる．よって次元によって化学ポテンシャルの温度変化は異なり，温度が上がると3次元の場合には化学ポテンシャルは低エネルギー側にシフトするが，2次元の場合はそのまま，1次元の場合は高エネルギー側にシフトする．

電 子 の 比 熱   別の例として，エネルギー密度を計算しよう．式(4.64)で $h(E) = ED(E)$ とおくとエネルギー密度は

$$\int_0^{E_F} ED(E)dE + (\mu - E_F)E_F D(E_F) + \frac{\pi^2}{6}(k_B T)^2 \frac{d(ED(E))}{dE}\Big|_{E_F} + \cdots$$
$$= \int_0^{E_F} ED(E)dE + \frac{\pi^2}{6}(k_B T)^2 D(E_F) + \cdots \qquad (4.68)$$

と計算できる．ここで，式(4.66)を使った．最後の式の第1項は $T = 0$ でのエネルギー密度であり，第2項が $T > 0$ での効果である．第2項の直感的理解としては，$T > 0$ では $k_B T$ 程度の熱エネルギーをもつ電子の数が $D(E_F) \times k_B T$ だけ

あると解釈できる．E_F まで電子が詰まっているのだから，E_F 付近の $k_B T$ 程度の幅のエネルギーの電子しか熱励起できず，この数は $D(E_F)\Delta E = D(E_F)k_B T$ で評価できるからである．このように物理量にフェルミエネルギー付近の電子しか寄与できないという事実は，金属における電子の物性を考えるうえで今後も重要になる．

エネルギーを温度で一階微分すると比熱が得られ，電子比熱は（低温で）T に比例することになる．この結果は，ボーズ粒子であるフォノン比熱の T^3 則と好対照である．電子とフォノンの比熱の寄与を合わせると，金属の低温比熱 C は $C = \alpha T + \beta T^3$ のように足し算で表すことができ，実験結果から α を求められれば E_F での状態密度 $D(E_F)$ の情報を得ることができる．

第2章で格子振動による比熱（格子比熱）を扱ったが，その際には電子の比熱を無視していた．本来，金属固体であれば自由電子による電子比熱の寄与もあるはずであり，エネルギー等分配則を使えば古典的にはその大きさはアボガドロ数 N_A として $\frac{3}{2}N_A k_B$ 程度はあるはずである．これは決して格子比熱に対して無視できる大きさではない．金属に対してデュロン–プティの法則が成立するのは，E_F 付近の $k_B T$ 程度の幅のエネルギーの電子しか比熱に寄与しないためである．

▪5▪
結晶構造と逆格子

　我々の世界の物質は有機物と無機物に大別される．有機物とは，炭素を含む化合物の大部分（一酸化炭素や二酸化炭素など以外）を指す．それ以外の物質を無機物と呼ぶ．本書の対象は主として無機物である．無機物は有機物に比べて構成原子数が少なく，構造が比較的単純で合成も容易であるという特徴をもつ．また一般に無機物は硬く有機物は柔らかい．

　より科学的な物質の分類法として，構造および内部組織に基づくものがあり，それを本章で取り扱う．無機物は，かつては**結晶**，**アモルファス**，**準結晶**の3種類に分類されていたが，現在では結晶の定義が変更され結晶の中に準結晶が含まれるようになった．従来の意味での結晶（並進対称性をもつ結晶）を特に古典的結晶と呼ぶことがある．

□■ 5.1　結 晶 の 構 造 ■□

　まずは古典的結晶を考える．結晶中では原子が規則正しく並んでいるのであった[*1]．これまでの章では主に簡単な配列の場合，たとえば周期 a で1次元的に原子が配列した系や，碁盤の目のように正方形状に原子が配列した2次元系を考えてきた．実際の物質は主として3

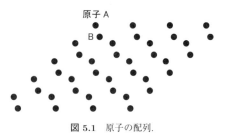

原子 A
B

図 5.1　原子の配列.

[*1]　結晶性物質は，単結晶と多結晶に分けられる．単結晶ではすべての場所で結晶の方向が揃っているが，多結晶では様々な方位の結晶に細かく分かれており結晶内部に境界がある．ダイヤモンドなどの宝石は単結晶であるが，実用的に使われる鉄鋼材料などの多くは多結晶である．本書では原則として結晶という場合には単結晶を想定する．

次元であり，複数の元素を含む化合
物である場合も多い．またその内
部構造においては複雑に原子が配
列している場合も多い．例として
2次元の原子配列で少し複雑な場合
を図5.1に示す．この配列は単元素
から構成されるが，AとBでラベ
ル付けされた原子の組が周期的に
配列しているのがわかる．AとB
の原子は周囲の環境が異なるとい
う意味で等価ではない．

　このような一般の結晶の構造を議
論するために，先ほどの原子配列を

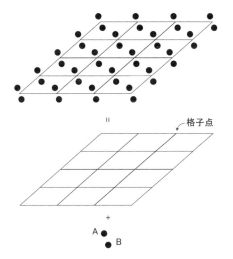

図5.2　格子と基本構造への分解.

図5.2のように**格子**と**基本構造（単
位構造）**に分解する．格子は「枠」であり，原子の配列の規則性を反映した周期
性をもっている．枠の頂点は**格子点**であり，どの格子点も周囲の環境が同一で
ある．言い方を代えれば，格子点の集合全体を平行移動させる**並進操作**によっ
て元の格子を再現できる．1つの格子点に原子Aと原子Bからなる基本構造が
付随する．原子の位置は，格子点からの相対座標によって指定できる．

　格子点のとり方は周囲の環境が同一であるという条件を満たせば無数にある．
例えば，図5.2の格子を斜めに少しずらして，原子A（や原子B）を通るように
格子をとり直すこともできる．図5.2から明らかなように格子点上に原子があ
るとは限らず，枠である格子には繰り返しの様子の情報が抽出されている．前
章までで考えてきた単純な場合，例えば正方系の格子の頂点に原子が位置する
系は，格子点上に原子があるという単純な場合である．格子という概念は，複
雑に原子が配列する場合でも同様に単純化した取り扱いを可能にする便利な概
念である．原子の代わりに，基本構造を1つの点とみなした格子点を考えれば，
物質に特有の周期性を組み込んだ議論が可能になる．また，すぐ後で見るよう
に，原子の位置にこだわらずに「枠」である格子に着目することで，格子の有
する対称性により物質を分類することができる．

　格子点は周期的に配列している．これは並進操作に対する対称性をもつとい
う意味で**並進対称性**をもつと言い換えられる．古典的結晶であるための必要十

分条件は並進対称性である．このとき数学的には格子点の位置を

$$\boldsymbol{R}_{n_1,n_2} = n_1\boldsymbol{a}_1 + n_2\boldsymbol{a}_2 \quad (n_1,n_2:整数) \tag{5.1}$$

と指定できる．ここで，$\boldsymbol{a}_1$ と $\boldsymbol{a}_2$ を**基本並進ベクトル**という．2次元平面のある一点を指定するのに基底ベクトルのとり方が一意でないことと対応して，基本並進ベクトルのとり方もたくさんあるが，一番使いやすい（対称性がよい場合が多い）とり方をとる．3次元の格子の場合は

$$\boldsymbol{R}_{n_1,n_2,n_3} = n_1\boldsymbol{a}_1 + n_2\boldsymbol{a}_2 + n_3\boldsymbol{a}_3 \quad (n_1,n_2,n_3:整数) \tag{5.2}$$

である．並進対称操作 $\boldsymbol{T}$ は

$$\boldsymbol{T} = m_1\boldsymbol{a}_1 + m_2\boldsymbol{a}_2 + m_3\boldsymbol{a}_3 \quad (m_1,m_2,m_3:整数) \tag{5.3}$$

と同じ形で表せるので，格子が並進対称性をもつのは明らかである．

■ 単 位 胞　格子の周期性の単位を**単位胞（ユニットセル）**と呼ぶ．図5.2においては，格子を構成する1つの平行四辺形が単位胞であり，その中には原子 A と B が1つずつ含まれる．ただ，図5.3に示す通り，単位胞のとり方は1種類でなく，自由に選択ができる．単位胞はいくつ格子点を含んでいてもよいので大きくとることもできる．あるいは図には示していないが直線でなく曲線で囲まれた図形でも構わない．単位胞は並進対称操作により全空間を埋め尽くせる．格子点を1つ含む最小の単位胞を**基本単位胞（プリミティブ単位胞）**と呼ぶ．図5.2の平行四辺形は基本単位胞を表している．

単位胞を**単位格子**と呼ぶことがある．2次元の場合を図5.3に示した．3次元格子の場合においては3つの基本並進ベクトル $\boldsymbol{a}_1, \boldsymbol{a}_2, \boldsymbol{a}_3$ によってできる平行六面体を**基本単位格子**と呼ぶ．基本単位格子は格子点を1つ含む．単位格子の辺の長さ（通常，a, b, c で表す）と角度（b–c 軸の挟角を α, c–a 軸の挟角を β, a–b 軸の挟角を γ と定義）をまとめて**格子定数**と呼ぶ．格子定数は6個の定数で構成されるが，例えば立方体の格子の場合は辺の長さはすべて等しく，角度はすべて 90° であるから，一辺の長さ（$a = b = c$）を指定すれば十分であり，一部の値

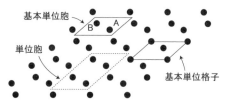

図5.3 単位胞，基本単位胞，基本単位格子の例．

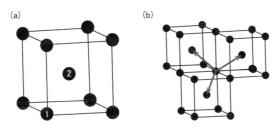

図 5.4 (a) 体心立方格子の慣用単位胞と (b) 基本並進ベクトルの例.

のみが必要である.

　3 次元の場合の格子の例として，体心立方格子を考える．典型的な単位胞は図 5.4(a) のようなものであり，立方体の各頂点と中心に原子が位置する．これは格子点が 2 つ含まれており基本単位胞とは呼べない．しかし理解しやすい立体図形であり，**慣用単位胞**と呼ばれる．一方，基本単位胞は図 5.4(b) に示した立方体の対角線方向を向く 3 つの基本並進ベクトルで構成される平行六面体である．一辺を a とおくとき，体心立方格子の基本並進ベクトルは

$$\boldsymbol{a}_1 = \frac{a}{2}(-1, 1, 1), \quad \boldsymbol{a}_2 = \frac{a}{2}(1, -1, 1), \quad \boldsymbol{a}_3 = \frac{a}{2}(1, 1, -1) \tag{5.4}$$

と表せる．基本並進ベクトルは他のとり方もあるが，このとり方が最も対称的である.

　物性物理学で重要な単位胞は，**ウィグナーザイツ胞**である．これは 1 つの格子点を原点にとり，隣接する周囲の格子点を結ぶ垂直二等分面を描くことで得られる (図 5.5)．ここで垂直二等分「面」と言っているのは 3 次元を想定しているからであり，2 次元の場合は垂直二等分線である．垂直二等分面で囲まれる領域がウィグナーザイツ胞であり，自動的にその結晶の基本単位胞となる．図 5.5 の例では，基本単位胞に比べて，ウィグナーザイツ胞においては格子のもつ六回対称性 (ある格子点を中心に $60°$ 回転すると元の図形に重なる対称性) がわかりやすい．一方，3 次元の場合の例として先ほどの体心立方格子を考えると，ウィグナーザイツ胞は，原点 $(0, 0, 0)$ と体心にある 8 つの格子点 $(\pm a/2, \pm a/2, \pm a/2)$ を結ぶ線分，および原点と 6 つの格子点 $(\pm a, 0, 0)$, $(0, \pm a, 0)$, $(0, 0, \pm a)$ を結ぶ線分の垂直二等分面で囲まれる図形であり，明らかに慣用単位胞よりも複雑な形状になる.

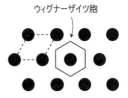

図 5.5 ウィグナーザイツ胞.

結晶系とブラベー格子

格子には並進対称性に加えて，**回転対称性**もある．その名の通り，ある中心（2 次元の場合）または軸（3 次元の場合）の周りを $360°/n$ 回転（n：整数）させたときに元の格子と重なる性質である．例えば，正方形の 2 次元格子が 4 回回転対称性をもつのは明らかである．格子点は離散的なので，許される回転角も離散的である．並進対称操作と両立するのは，$n = 1, 2, 3, 4, 6$ だけであることが知られている．

正五角形が 2 次元平面を埋め尽くせないように，任意の図形が空間全体を埋め尽くせるわけではない．3 次元の場合に平行六面体で表される結晶の単位格子の辺の長さ a, b, c と軸角 α, β, γ（格子定数）には制限がある．実際に，3 次元の結晶は 7 つの**結晶系**と 14 個の**ブラベー格子**に分類されることがわかっている．

結晶系とは，回転対称性によって結晶を分類したものである．結晶系がわかれば結晶構造の詳細によらずに物質のもつ対称性がわかる．以下に 7 つの結晶系の種類と有する回転対称性（回転軸の種類と数）を表の形で示す（表 5.1）．

立方晶はその形状から 4 回回転軸をもつと思いがちだが，立方晶は必ずしも 4 回回転軸をもつ必要がない．辺の長さがすべて等しく，かつすべて互いに直交するという条件は，3 回回転軸の条件から要請されるものである．実際，4 回回転軸をもたない立方晶の物質が存在する．つまり，結晶系の定義は対称性の条件で定義されており，格子定数の条件は結果として導かれるものである．三方晶と六方晶の格子定数の条件は同じになっているが，これも対称性の条件から導かれる結果論である．三方晶は菱面体の形に結晶軸を選ぶこともあり，表 5.1 では括弧書きで付記してある．**菱面体晶**（rhombohedral）系とも呼ばれる．

7 つの結晶系に対応する 7 個の基本単位格子に加えて，適当な位置に新しい格子点を付け加えることで新しい格子が得られることがある．「適当な位置」といっ

表 5.1　7 種類の結晶系とブラベー格子

結晶系	対称要素（回転軸）	格子定数の条件	ブラベー格子
三斜晶 (triclinic)	なし	$a \neq b \neq c,\ \alpha \neq \beta \neq \gamma \neq 90°$	単純
単斜晶 (monoclinic)	1 つの 2 回回転軸	$a \neq b \neq c,\ \alpha = \gamma = 90°,\ \beta \neq 90°$	単純, 底心
直方晶 (orthorhombic)	互いに直交した	$a \neq b \neq c,\ \alpha = \beta = \gamma = 90°$	単純, 底心, 体心, 面心
	3 つの 2 回回転軸		
正方晶 (tetragonal)	1 つの 4 回回転軸	$a = b \neq c,\ \alpha = \beta = \gamma = 90°$	単純, 体心
三方晶 (trigonal)	1 つの 3 回回転軸	$a = b \neq c,\ \alpha = \beta = 90°,\ \gamma = 120°$	単純
		$(a = b = c,\ \alpha = \beta = \gamma \neq 90°)$	
六方晶 (hexagonal)	1 つの 6 回回転軸	$a = b \neq c,\ \alpha = \beta = 90°,\ \gamma = 120°$	単純
立方晶 (cubic)	4 つの 3 回回転軸	$a = b = c,\ \alpha = \beta = \gamma = 90°$	単純, 体心, 面心

てもどこでもいいわけでなく，対称性から許されるのは体心，面心，低心（側心）の位置である．例えば，1辺の長さ a の立方晶の面心の位置（各面の中心の位置）に格子点を加えるとする．基本単位格子においては $(a, 0, 0), (0, a, 0), (0, 0, a)$ の並進対称性があるが，面心の位置に格子点を加えることで，例えば $(\frac{a}{2}, \frac{a}{2}, 0)$ という並進対称性が生まれる．これは元々なかった並進対称性なので新しい格子として考える．これがブラベー格子の考え方である．結晶系という観点では，回転対称性は面心に格子点を付け加えても変化していないことに注意しよう．

　並進対称性を満たすためには「適当な位置」は任意の位置ではない．なぜなら，格子点である以上，各点の周りの環境が同じでないといけないからである．以上より，7つの結晶系にそれぞれ4種（単純，体心，面心，底心）の格子があるとすると全部で28種類考えられるが，重複を除くと14種類しかないことが知られる．ここで，単位格子の中に格子点を1個のみ含むものを単純格子といい，格子点を2個以上含むものを複合格子ということがある．

　14種類のブラベー格子は図5.6の通りである．記号として，P（単純）格子，C（底心）格子，F（面心）格子，I（体心）格子が使用される．また，菱面体格子には記号 R が与えられる．ある物質をもってきたとき，その結晶構造を不変にするような並進対称操作を抜き出せば，どれかのブラベー格子に属することになる．

▌代表的な結晶の構造　　単体物質は主に次の4つの構造をとる．面心立方構造（fcc），体心立方構造（bcc），六方最密構造（hcp），ダイヤモンド構造である．金属結合の物質は前者の3つの構造，ダイヤモンド（C）や Si などの共有結合物質は4番目のダイヤモンド構造をとる．fcc と hcp は最密充填構造である．化合物になると，その数が膨大であることから推察されるように，結晶構造の種類も増え，十分に研究がなされていないものも未だ多くある．

　特に重要な結晶構造は，**ペロブスカイト型構造**である（図5.7）．組成式 RMO_3 で表現される，酸素以外に2種類の金属イオンを含む遷移金属酸化物などがこの構造をとる．基本的には立方晶であり，立方晶の頂点位置に金属 R イオン，体心位置に金属 M イオン，面心位置に酸素イオンが占める．ペロブスカイト型構造のブラベー格子は単純立方格子である [*2)]．立方晶から少し歪んだ正方

[*2)]　格子点の密度は {100} に平行な面で最大となり，結晶成長においてこの面がよく出現する（格

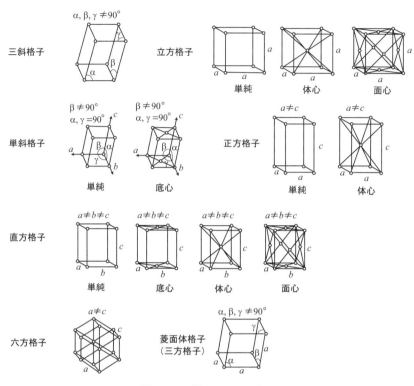

図 5.6 14 種類のブラベー格子.

晶や直方晶の構造も一般にペロブスカイト型構造
と呼ばれる. 結晶構造の変化 (相転移) により物
性が劇的に変化することが知られ, 物性物理学で
広く研究されている.

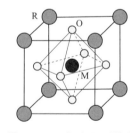

図 5.7 ペロブスカイト型構造.

□■ 5.2 逆 格 子 ■□

3 次元の結晶格子の格子点は $R = n_1 a_1 + n_2 a_2 + n_3 a_3$ (n_1, n_2, n_3 は整数)

子面の表記についてはミラー指数の節 (5.3 節) を参照のこと). 大きく発達する結晶面が格子
点密度の大きい面であることをブラベーの法則と呼ぶ.

で表される. この現実の空間を物性物理学では**実空間**と呼ぶことがある. それに対して, **逆格子空間**とは, 波数ベクトル $\boldsymbol{k}$ を座標とする空間である. 逆格子は格子と名が付くように, 実空間での結晶の周期性を反映した周期性をもつ. 波数を用いることで, 波の性質を記述することができる.

▌逆格子点の求め方

逆格子は $e^{i\boldsymbol{G}\cdot\boldsymbol{R}} = 1$ となる点 $\boldsymbol{G}$ の集合である.

$$\boldsymbol{G} = m_1\boldsymbol{b}_1 + m_2\boldsymbol{b}_2 + m_3\boldsymbol{b}_3. \tag{5.5}$$

ここで m_1, m_2, m_3 は整数である. 逆格子の基本ベクトル $\boldsymbol{b}_1, \boldsymbol{b}_2, \boldsymbol{b}_3$ は

$$\boldsymbol{b}_1 = 2\pi\frac{\boldsymbol{a}_2 \times \boldsymbol{a}_3}{\boldsymbol{a}_1 \cdot (\boldsymbol{a}_2 \times \boldsymbol{a}_3)},$$

$$\boldsymbol{b}_2 = 2\pi\frac{\boldsymbol{a}_3 \times \boldsymbol{a}_1}{\boldsymbol{a}_1 \cdot (\boldsymbol{a}_2 \times \boldsymbol{a}_3)},$$

$$\boldsymbol{b}_3 = 2\pi\frac{\boldsymbol{a}_1 \times \boldsymbol{a}_2}{\boldsymbol{a}_1 \cdot (\boldsymbol{a}_2 \times \boldsymbol{a}_3)} \tag{5.6}$$

を計算することで求められる. この $\boldsymbol{G}$ が $e^{i\boldsymbol{G}\cdot\boldsymbol{R}} = 1$ を満たすことは, $\boldsymbol{a}_i \cdot \boldsymbol{b}_j = 2\pi\delta_{ij}$ を満たすことから以下のように確認できる.

$$e^{i\boldsymbol{G}\cdot\boldsymbol{R}} = e^{i(m_1\boldsymbol{b}_1+m_2\boldsymbol{b}_2+m_3\boldsymbol{b}_3)\cdot(n_1\boldsymbol{a}_1+n_2\boldsymbol{a}_2+n_3\boldsymbol{a}_3)}$$

$$= e^{2\pi i(n_1m_1+n_2m_2+n_3m_3)} = 1. \tag{5.7}$$

逆格子の有用性は今後明らかになる.

例として, 一辺 a をもつ慣用単位胞の体心立方格子を考える. 図 5.4(a) のとおり体心立方格子は複合格子であり, 格子点を複数含む. 基本単位胞を取り直したときの基本並進ベクトルは,

$$\boldsymbol{a}_1 = \frac{a}{2}(-1,1,1), \quad \boldsymbol{a}_2 = \frac{a}{2}(1,-1,1), \quad \boldsymbol{a}_3 = \frac{a}{2}(1,1,-1) \tag{5.8}$$

であった. このとき上記の定義式に従って, $\boldsymbol{b}_1, \boldsymbol{b}_2, \boldsymbol{b}_3$ を求めると, $\boldsymbol{a}_1 \cdot (\boldsymbol{a}_2 \times \boldsymbol{a}_3) = a^3/2$ などを使って,

$$\boldsymbol{b}_1 = \frac{2\pi}{a}(0,1,1), \quad \boldsymbol{b}_2 = \frac{2\pi}{a}(1,0,1), \quad \boldsymbol{b}_3 = \frac{2\pi}{a}(1,1,0) \tag{5.9}$$

を得る. これは 1 辺が $4\pi/a$ である慣用単位胞の面心立方格子を表す[3].

逆格子空間のウィグナーザイツ胞を**ブリルアンゾーン**という. 実空間のウィグナーザイツ胞の求め方を思い出すと, 隣接するすべての逆格子点への線分を引き, それらを垂直二等分する平面で囲まれた多面体に対応する.

---

[3] 基本並進ベクトルが対称的となるように, 面心立方格子の基本単位胞を取り直したときの基本並進ベクトルである. この結果と反対に, 面心立方格子の逆格子は体心立方格子である.

格子と逆格子の関係　　重要なことに，格子と逆格子は互いにフーリエ変換したものに対応している．格子点は $\boldsymbol{R} = n_1\boldsymbol{a}_1 + n_2\boldsymbol{a}_2 + n_3\boldsymbol{a}_3$（$n_1, n_2, n_3$ は整数）で表され，格子点の密度をデルタ関数を使って

$$\rho(\boldsymbol{r}) = \sum_{n_1, n_2, n_3} \delta(\boldsymbol{r} - \boldsymbol{R}) \tag{5.10}$$

とおく．この関数をフーリエ変換することを考える．ここで，$\delta(\boldsymbol{r})$ はデルタ関数の記号である．

■デルタ関数　　デルタ関数を使うと，空間の一点に存在する場合を数式で表現できる．例えば $\delta(x)$ は $x = 0$ で無限大だが，それ以外の x の値で 0 になる．ある関数 $f(x)$ に対して

$$\int_{-\infty}^{\infty} f(x)\delta(x)dx = f(0) \tag{5.11}$$

が成り立つ．特にすべての x に対して $f(x) = 1$ と定数である場合には，

$$\int_{-\infty}^{\infty} \delta(x)dx = 1 \tag{5.12}$$

が成り立つ．デルタ関数の性質から $x = 0$ の値しか積分に寄与しないことから，積分区間は $x = 0$ を含んでいれば無限遠でなくても構わない．

　　まず，簡単のため $R = na$ で与えられる 1 次元の格子を考え，関数 $\rho(x)$ のフーリエ変換を考える．無限空間の関数としてフーリエ積分表示すると，一般に

$$\rho(x) = \frac{1}{\pi} \int_0^{\infty} \left(A(k)\cos(kx) + B(k)\sin(kx) \right) dk \tag{5.13}$$

と表せる．この式をオイラーの関係式を用いて複素数を使って表すと

$$\rho(x) = \frac{1}{2\pi} \int_{-\infty}^{\infty} \tilde{\rho}_k e^{ikx} dk \tag{5.14}$$

と書ける．ここで，$\cos(kx) = (e^{ikx} + e^{-ikx})/2$, $\sin(kx) = (e^{ikx} - e^{-ikx})/(2i)$ を代入して整理した．これを逆フーリエ変換と呼ぶ．係数 $\tilde{\rho}_k$ は

$$\tilde{\rho}_k = \int_{-\infty}^{\infty} \rho(x)e^{-ikx} dx \tag{5.15}$$

で与えられる．これがフーリエ変換である．1 次元の格子点密度は

$$\rho(x) = \sum_{n=-\infty}^{\infty} \delta(x - na) \tag{5.16}$$

なので，フーリエ変換は

$$\tilde{\rho}_k = \sum_{n=-\infty}^{\infty} e^{-ikna} = \sum_{n=-\infty}^{\infty} e^{ikna}. \tag{5.17}$$

ここで以下の公式

$$\sum_{n=-\infty}^{\infty} \delta(x - nL) = \frac{1}{L} \sum_{m=-\infty}^{\infty} e^{i2\pi mx/L} \tag{5.18}$$

を使うと *4)

$$\tilde{\rho}_k = \sum_{n=-\infty}^{\infty} e^{ikna} = \frac{2\pi}{a} \sum_{m=-\infty}^{\infty} \delta\left(k - \frac{2\pi}{a}m\right) \tag{5.19}$$

となる．これは $k = (2\pi/a)m$ の格子を表す．

一方で，$e^{i\boldsymbol{G}\cdot\boldsymbol{R}} = 1$ は 1 次元の場合 $e^{iGna} = 1$ となり，逆格子は

$$G = \frac{2\pi}{a}m \quad (m：整数) \tag{5.20}$$

となる．これは先ほど求めたフーリエ変換の結果と一致している．

3 次元の場合に拡張すると，フーリエ変換の式は

$$\tilde{\rho}_{\boldsymbol{k}} = \iiint_{-\infty}^{\infty} \rho(\boldsymbol{r})e^{-i\boldsymbol{k}\cdot\boldsymbol{r}}d\boldsymbol{r} \tag{5.21}$$

であり，3 次元の $\rho(\boldsymbol{r})$ の式 (5.10) を代入すると

$$\tilde{\rho}_{\boldsymbol{k}} = \sum_{\boldsymbol{R}} e^{-i\boldsymbol{k}\cdot\boldsymbol{R}} = \sum_{\boldsymbol{R}} e^{i\boldsymbol{k}\cdot\boldsymbol{R}} = \sum_{n_1} e^{ik_x n_1 a_1} \sum_{n_2} e^{ik_y n_2 a_2} \sum_{n_3} e^{ik_z n_3 a_3}. \tag{5.22}$$

この場合も 1 次元の場合と同様に式変形できて

$$k_x = \frac{2\pi}{a_1}m_1, \quad k_y = \frac{2\pi}{a_2}m_2, \quad k_z = \frac{2\pi}{a_3}m_3 \quad (m_1, m_2, m_3：整数) \tag{5.23}$$

の格子に対応することが示せる．この結果は $e^{i\boldsymbol{G}\cdot\boldsymbol{R}} = 1$ から得られる逆格子点

$$G_x = \frac{2\pi}{a_1}m_1, \quad G_y = \frac{2\pi}{a_2}m_2, \quad G_z = \frac{2\pi}{a_3}m_3 \quad (m_1, m_2, m_3：整数) \tag{5.24}$$

に一致する．このように逆格子は実空間の格子のフーリエ変換に相当している．

---

*4)　この公式は左辺を $g(x)$ とおくとき

$$g(x+L) = \sum_{n=-\infty}^{\infty} \delta(x+L-nL) = \sum_{n=-\infty}^{\infty} \delta(x-(n-1)L) = \sum_{n=-\infty}^{\infty} \delta(x-nL) = g(x)$$

より $g(x)$ は周期 L の周期関数となることからフーリエ級数展開できて，

$$g(x) = \sum_{m=-\infty}^{\infty} \hat{g}(m)e^{i2\pi mx/L}, \quad \hat{g}(m) = \frac{1}{L} \int_{-L/2}^{L/2} dx g(x)e^{-i2\pi mx/L} = \frac{1}{L}$$

から得られる．ここで，最後の積分は積分範囲で $g(x) = \delta(x)$ となることを使った．

□■ 5.3   結晶構造の判定法 ■□

　今日では，技術の進歩によって固体の中で原子が並んでいる様子を直接観察できるようになった[*5]．その一方で，長らく原子の配列を知るための手段として，X 線や電子線などの波を結晶に入射し，それが反射してくる様子から間接的に構造を決定する方法が利用されてきた．この方法は回折理論の裏付けのもとに現代でも広く用いられている．

　固体の結晶構造を調べられるために用いられる **X 線**は，電波や光と同じ電磁波の一種である．X 線の波長は 1 Å 程度であり，結晶中の原子間隔と同程度であるため，固体の構造を調べるのに都合がよい．X 線は電磁波なので，原子の中心に高い密度で存在する内殻電子の電場によって散乱される．原子が規則的に並んでいると，色々な場所で散乱された波が干渉を起こし，原子の配列の仕方に応じて特徴的な回折図形が得られる．その回折図形をもとに原子配列を求める．なお，X 線の他に電子線や中性子線も構造解析に用いられる．電子線や中性子線は物質波であり，同じ波長（例えば 1 Å）の波のエネルギーは電磁波とは異なる．このようにそれぞれの波の性質の違いを利用して結晶構造以外にも物質の様々な情報が取得できる．

　そもそも回折とは，波に対して障害物が存在するとき，波がその障害物の背後など，つまり一見すると幾何学的には到達できない領域に回り込んで伝わっていく現象のことである．仮についたてに小さい穴を複数開け，左から波を送り込むと，それぞれの穴を通って回折が起きる．穴が複数ある場合は，回折波が強め合う方向と打ち消し合う方向が生じ，右遠方についたてを置くと，そこに縞模様が観測される．この模様を回折図形と呼ぶ．この現象を理解するために重要な点は，2 つの波の位相関係をつかむことである．回折や干渉は，音波や水面波のみならず，電磁波である X 線や物質波（電子線や中性子線）でも見られる．このように構造を決定するための回折の基礎は波の干渉である．

[*5]　例えば，高分解能透過電子顕微鏡法（HRTEM 法）や走査トンネル顕微鏡法（STM 法）などが知られる．HRTEM 法は透過電子顕微鏡を用いた観察法の一種であり，STM 法は先のとがった短針を試料表面で走査することで表面の原子配列を調べる方法である．

ミラー指数 具体的な回折理論の説明に入る前に，結晶の方位の表し方について整理する．結晶は具体的な原子の位置を考えずに骨格（枠）を考えることで，いずれかのブラベー格子に分類されることを見た．格子中の任意の方向は，その方向に平行で原点を通る直線を引き，その直線上の任意の点の座標で指定できる．例えば単純立方格子の a 軸方向は，[100] と表すことができる．[200] でも同じ方向を表せるが，約分して [100] と表さ

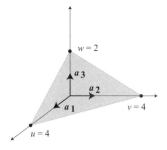

図 5.8 面を表すミラー指数：(112) 面の例．

れる．また，負の方向は数字の上にバーを付けて表すのが慣習である．例えば，[$\bar{1}$00] とかである．数字の区切りを表す「，」は入れないことになっている．

　方位を表すために用いた括弧 [ ] には意味があり，他の括弧を使うことは許されない．対称関係にある方向は 〈 〉 の形の括弧で表される．対称関係にある方向とは例えば以下のような場合である．立方晶においては a, b, c 軸が等価なので，単純立方格子の体対角線 [111] は他の体対角線方向 [1$\bar{1}$1]，[$\bar{1}\bar{1}$1]，[$\bar{1}$11] と同等であり，すべて 〈111〉 によって代表される．

　格子面の方向も，ミラーによる表現法によって記号を使って表せる．一般に格子面は面上にある 3 つの格子点の座標（計 9 つの座標）で指定できるが 9 つの座標を使うのは煩雑である．そこでミラーの表現法では，格子面が結晶軸と交わる点に注目する．例えば，その座標を (u, v, w) と表すことにしよう．この方法は格子面も格子点と同じく 3 つの座標で指定できるため簡潔であるが，面が結晶軸と平行な場合には交わる点の座標が ∞ となってしまう．そこで逆数をとり $h = 1/u, k = 1/v, l = 1/w$ を使って (hkl) で格子面を表す（図 5.8）．面が軸に平行なときは (100) のように座標が 0 になる．この表示を**ミラー指数**という[*6)]．よく出現する結晶面では h, k, l は小さな整数となる（有理指数の法則）．(100) 面と (200) 面は平行な面であるが，通常は最小の整数に約分された (100) がミラー指数として用いられる．また，方位の場合と同様に，負の数は上

[*6)] 六方晶系に関しては，ミラー–ブラベー指数と呼ばれる少し異なった面指数 $(hkil)$ が慣用的に使われる．回転軸に加えて，それに直交してそれぞれが角度 120° をなすような 3 つの座標軸を加えた 4 つの座標軸を考え，格子面との交点を用いて指数とする．3 つで十分なのに 4 つの結晶軸を用いており冗長な表現になるが，同類の面との関係が見やすくなるという利点をもつ．

付きバーで表す（例 $(\bar{1}10)$）．この場合
も数字の区切りを表す「,」は入れない．

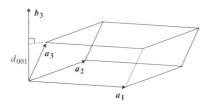

図 5.9 面間隔 d_{001} の決定．

　方位の場合と同じく括弧の形（ ）
にも意味がある．例えば立方晶の表
面 (100), (010), (001), $(\bar{1}00)$, $(0\bar{1}0)$,
$(00\bar{1})$ は対称関係にある同等な面であ
り，$\{100\}$ のように $\{\ \}$ 形の括弧で表
す．なお，立方晶においては方向 $[hkl]$ は同じ指数の面 (hkl) に垂直であるが，
他の結晶系では当てはまらない．

　結晶幾何学の問題に対して，逆格子は幾何学的手段として有用である．特に，
平行な格子面の間隔は，逆格子ベクトルを用いて表すことができる．これは実
空間での基本並進ベクトル $\boldsymbol{a}_1, \boldsymbol{a}_2, \boldsymbol{a}_3$ からなる平行六面体（基本単位格子）を
考えると理解できる（図 5.9）．逆格子ベクトルの定義を使うと，例えば $\boldsymbol{b}_3$ は
$\boldsymbol{a}_1$ と $\boldsymbol{a}_2$ の両方に垂直な方向を向き，その長さは

$$|\boldsymbol{b}_3| = 2\pi \frac{|\boldsymbol{a}_1 \times \boldsymbol{a}_2|}{\boldsymbol{a}_1 \cdot (\boldsymbol{a}_2 \times \boldsymbol{a}_3)} = 2\pi \frac{\text{底面の平行四辺形の面積}}{\text{平行六面体の体積}} \tag{5.25}$$

で表され，最後の割り算は $(1/\text{高さ})$ に等しい．つまり，(001) 面の面間隔 d_{001}
は，$2\pi/|\boldsymbol{b}_3|$ で表される．

　一般に，逆格子ベクトル $\boldsymbol{G}_{hkl} = h\boldsymbol{b}_1 + k\boldsymbol{b}_2 + l\boldsymbol{b}_3$ は，ミラー指数が (hkl) で
ある結晶格子面に垂直である [*7]．上の議論を一般化すると，(hkl) 面の面間隔
d_{hkl} は，

$$d_{hkl} = \frac{2\pi}{|\boldsymbol{G}_{hkl}|} \tag{5.26}$$

で与えられる．これは (hkl) 面が各結晶軸と $\boldsymbol{a}_1/h$, $\boldsymbol{a}_2/k$, $\boldsymbol{a}_3/l$ と交わることを
用いて幾何学的に示せる．(hkl) 面の単位法線ベクトル $\boldsymbol{n}$ は $\boldsymbol{G}_{hkl}/|\boldsymbol{G}_{hkl}|$ と書
ける．面間隔 d_{hkl} は原点から (hkl) 面までの距離で求められ，ベクトル $\boldsymbol{a}_1/h$（あ
るいは $\boldsymbol{a}_2/k$ や $\boldsymbol{a}_3/l$）の $\boldsymbol{n}$ 方向の射影成分で表せるので $\boldsymbol{n} \cdot \boldsymbol{a}_1/h = 2\pi/|\boldsymbol{G}_{hkl}|$
と計算できる．

[*7] (hkl) 面内のベクトル $\boldsymbol{a}_2/k - \boldsymbol{a}_1/h$ と $\boldsymbol{G}_{hkl}$ は，内積 $\boldsymbol{G}_{hkl} \cdot (\boldsymbol{a}_2/k - \boldsymbol{a}_1/h) = 0$ となる
ので直交している．直交性は (hkl) 面内の別のベクトル $\boldsymbol{a}_3/l - \boldsymbol{a}_1/h$ についても示せるから，
$\boldsymbol{G}_{hkl}$ は (hkl) 面に垂直である．

ブラッグ反射

さて, 実際に結晶に入射した平面波が結晶中の原子により回折される場合を考える (図5.10). 先ほど述べた通り, 回折において重要なのは2つ (以上) の波の位相差であり, 位相が一致する場合に波は強め合う. この位相差を生じさせる原因は行路の長さの差である.

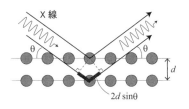

図 5.10 ブラッグ反射.

結晶格子の各格子面からの反射波が強め合う条件は, 格子面と入射波のなす角度を θ, 入射波の波長を λ, 格子面の間隔を d とおくとき,

$$2d \sin \theta = n\lambda \tag{5.27}$$

で与えられる. ここで, n は自然数である. この条件を**ブラッグ条件** (ブラッグの式) という. この式は, 隣り合う波の行路差が波長の整数倍になり位相が揃う条件である.

通常, X線回折の測定は入射波の角度 θ を連続的に変化させ, 反射波の強度が極大を示す角度を検出することで行われる. ここで波長 λ は一定であり, ブラッグの式から, 格子面間隔 d に対応した角度 θ で回折が観測される. 特定の平行な (hkl) 面の組の格子面間隔は d_{hkl} により表される. それぞれの格子面の同系列の面である $(nh\ nk\ nl)$ 面は $1/n$ 倍 (n は整数) の面間隔をもち, 高次の (より θ が大きいところで) 回折を示す.

ブラッグの式が成立するためには $n\lambda \leq 2d$ である必要があり, これは使用する波の波長の上限を与える. つまり, 物質では $d \sim$ Å 程度であるので, λ も同程度に短い必要がある. 一方, 波長が短すぎると, 対応するブラッグ角 θ は小さくなりすぎ, 実験が困難になる. このような理由でちょうどよい波長をもつX線が結晶構造解析の手法として広く用いられる. X線回折法は歴史が長く様々な測定法が開発されている. なお, X線以外でも適切な波長をもつ波であればブラッグ反射を示し, 構造解析に用いることができる. X線以外でよく用いられるのは電子線と中性子線であり, 波長とエネルギーは以下の関係にある.

$$\text{X 線} \quad \lambda\,[\text{nm}] = \frac{1.24}{E\,[\text{keV}]} \tag{5.28}$$

$$\text{中性子線} \quad \lambda\,[\text{nm}] = \frac{0.0286}{\sqrt{E\,[\text{eV}]}} \tag{5.29}$$

電子線　$\lambda\,[\mathrm{nm}] = \dfrac{1.23}{\sqrt{E\,[\mathrm{eV}]}}.$ (5.30)

つまり，同じ波長の波を用いる場合，それ
ぞれのエネルギーは異なる．エネルギー依
存性の違いは電磁波であるか物質波である
かに由来する．また，中性子線は電荷がな
く，スピン 1/2 をもつため物質の磁性（磁
気構造）の解析に有用である．このように

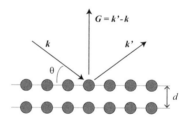

図 5.11　ラウエ条件とブラッグ条件の等価性.

有する性質の違いを利用して調べたい物理に対して使い分けられる.

　ブラッグ条件は，**ラウエ条件**と呼ばれる結晶運動量保存則と等価である．ラ
ウエ条件は，入射波の波数を $\boldsymbol{k}$，反射波の波数を $\boldsymbol{k'}$ とおくとき

$$\boldsymbol{k'} - \boldsymbol{k} = \boldsymbol{G} \tag{5.31}$$

で表される．ブラッグ条件との等価性は以下のように幾何学的に示すことがで
きる（図 5.11）．ラウエ条件を仮定してブラッグ条件を導こう．まず，$\sin\theta$ は
幾何学的に

$$\sin\theta = -\frac{\boldsymbol{k}\cdot\boldsymbol{G}}{|\boldsymbol{k}||\boldsymbol{G}|} = \frac{\boldsymbol{k'}\cdot\boldsymbol{G}}{|\boldsymbol{k'}||\boldsymbol{G}|} \tag{5.32}$$

と表せる．$d = 2\pi/|\boldsymbol{G}|$，およびラウエ条件 $\boldsymbol{k'} - \boldsymbol{k} = \boldsymbol{G}$ とエネルギー保存則に
対応する $|\boldsymbol{k}| = |\boldsymbol{k'}|$ を使うと，

$$2d\sin\theta = 2\frac{2\pi}{|\boldsymbol{G}|}\sin\theta = \frac{2\pi}{|\boldsymbol{G}|}2\sin\theta = \frac{2\pi}{|\boldsymbol{G}|}\frac{(\boldsymbol{k'}-\boldsymbol{k})\cdot\boldsymbol{G}}{|\boldsymbol{k}||\boldsymbol{G}|} = \frac{2\pi}{|\boldsymbol{k}|} = \lambda \tag{5.33}$$

となり，ブラッグの式が得られた.

┃構造因子と消滅則　　ブラッグの式は結晶格子，つまり結晶の骨格（枠組み）
に対する議論であり，原子の位置の詳細にはよらない．つまり，回折線の現れ
る角度 θ は格子に対するブラッグの式で決まる．では基本構造である原子の内
部位置（単位格子内の相対座標）は回折にどういう影響を与えるのか．実は，
原子の内部位置は回折された波の強度に影響を与える．それは異なる位置にあ
る原子により反射された波の位相が異なるためである.

　単位格子内で位置 $\boldsymbol{x}$ だけ離れた 2 つの原子における散乱を考えるとき，その行
路差 Δ は波数 $\boldsymbol{k}, \boldsymbol{k'}$ 方向の単位ベクトルを $\boldsymbol{e}, \boldsymbol{e'}$ とおくとき，$\Delta = \boldsymbol{x}\cdot\boldsymbol{e} - \boldsymbol{x}\cdot\boldsymbol{e'}$

で与えられる (図 5.12). これを波の位相差 δ
に直すと

$$\delta = 2\pi \frac{\Delta}{\lambda} = |\mathbf{k}|(\mathbf{x} \cdot \mathbf{e} - \mathbf{x} \cdot \mathbf{e}') = \mathbf{x} \cdot (\mathbf{k} - \mathbf{k}')$$

$$= -\mathbf{G} \cdot \mathbf{x} \tag{5.34}$$

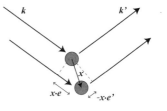

図 5.12 2つの原子に対する行路差.

となる. 入射波を $e^{i(\mathbf{k}\cdot\mathbf{r}-\omega t)}$ のように複素数
表記の平面波の形で表すとき, この位相差は
指数関数の肩に乗り, 単位格子内の各原子に対して足し上げると

$$\sum_i e^{-i\mathbf{G}\cdot\mathbf{x}_i} \tag{5.35}$$

と書ける. ここで各原子をラベル i で表した. 散乱体が原子であるとし, それ
を点として扱うと上記の和の形で書けるが, 実際は散乱体は電子であり, ある
程度の広がりをもつ. 電子密度を $\rho(\mathbf{r})$ とおくと, この場合は和ではなく空間積
分の形で書くのが正確である. また, 一般には単位格子内に異なる種類の原子
が含まれる場合もあり, その場合は位相だけでなく振幅にも影響を与える. こ
のことを考慮すると, 一般に**構造因子**と呼ばれる量 $S(\mathbf{G})$ は

$$S(\mathbf{G}) = \int_{\text{unit cell}} d\mathbf{x}\, e^{-i\mathbf{G}\cdot\mathbf{x}} V(\mathbf{x}) \tag{5.36}$$

の形で与えられる. $V(\mathbf{x})$ は X 線回折の場合には電子密度 $\rho(\mathbf{r})$ であるが, 電
子線や中性子線では散乱機構が異なるため中身が異なる.

波の散乱強度は $|S(\mathbf{G})|^2$ に比例する. 回折強度から $V(\mathbf{x})$ を求めるのが結晶
構造の判定 (原子配列の決定) であるともいえる. 実験的な観測量である回折
強度は位相の情報が落ちており, 逆フーリエ変換して $V(\mathbf{x})$ を一義的に得るこ
とは一般にはできない. しかし, 回折の起きる $\mathbf{G}$ の値とその回折強度から, 物
理的に妥当な解は大抵の場合一意に求まる.

単位格子に複数の原子が含まれていたりすると, 個々の原子からの散乱波は
干渉して強め合ったり, 弱めあったりする. 特に, 対称性が高い場合には, ブ
ラッグの条件から回折が見られるはずの方向でも, 構造因子が零になるために
特定の回折が実際には見られない場合がある. これを**消滅則**と呼ぶ. 例として
体心立方格子を考え, 1種類の原子から構成されるとする. 慣用単位胞をとる
と基本構造は $\mathbf{x} = (0,0,0)$, $(1/2,1/2,1/2)$ の2つの原子からなる. 1種類の原
子の場合のため V を定数とすると, 構造因子は

$$S(\boldsymbol{G}) = \int_{\text{unit cell}} d\boldsymbol{x} e^{-i\boldsymbol{G}\cdot\boldsymbol{x}} V(\boldsymbol{x}) = V\{1 + e^{-i(m_1\boldsymbol{b}_1 + m_2\boldsymbol{b}_2 + m_3\boldsymbol{b}_3)\cdot\frac{\boldsymbol{a}_1 + \boldsymbol{a}_2 + \boldsymbol{a}_3}{2}}\}$$

$$= V\{1 + e^{-i\pi(m_1 + m_2 + m_3)}\} = V\{1 + (-1)^{m_1 + m_2 + m_3}\}. \tag{5.37}$$

よって，$m_1 + m_2 + m_3 = $ 奇数のときに回折が消えることになる（例えば (100)
や (111)）．体心にある原子と頂点（角）の原子による散乱が干渉したと見なせ
る．ただし，構成元素が 1 種類でない場合には回折は弱め合うが消えない．

□■ 5.4 対 称 性 と 群 ■□

結晶中では原子や分子が規則正しく配列している．この規則正しさを**対称性**
と呼び，より規則正しいほど対称性が高いと表現する．結晶の構造には並進対
称性や回転対称性以外にも様々な対称性が共存する．鏡映対称（ある平面に関
して鏡に映すような対称操作をしても元の構造に重なること），反転対称（ある
反転中心に対して $(x, y, z) \rightarrow (-x, -y, -z)$ の操作をしても元の構造に重なる
こと）が例である（図 5.13）．ただ，結晶の場合，周期的に同じ基本構造が配
列しているので，対称操作の結果必ずしも自分自身に戻らず，隣りの単位胞の
同一位置に戻る場合も許される．このような並進操作を含むような対称操作に
は，らせん対称 [*8)]（回転と並進を組み合わせた対称操作），映進対称 [*9)]（鏡映
と並進を組み合わせた対称操作）がある．群論に基づく数学的に厳密な議論を
用いて，結晶の構造は対称性により分類される．

物体に特定の操作をしたときに同一の物体が得られる（操作後の物体が操作
前の物体と区別できない）とき，その操作を対称操作と呼ぶ．対称操作の内，
重心の移動を伴わないもの（反転，
n 回回転，鏡映，回反（ある軸のま
わりに回転し，引き続いてその軸の
1 点に関し反転させること））だけ
が作る集合を考え，それにより結晶
の対称性を分類したものを**点群**と

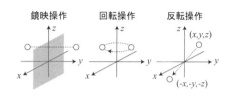

図 5.13 点群操作の例.

[*8)] 例えば，ある軸の周りに $180°$ 回転させた後に，軸に沿って $1/2$ 周期だけ進ませる操作を 2_1
らせんと呼ぶ．2 回操作すれば隣の単位胞の同一位置に戻る．

[*9)] ある面で鏡映させた後に，面に平行な軸に沿って $1/2$ 周期進ませる操作．2 回操作すれば隣の
単位胞の同一位置に戻る．

呼ぶ．3 次元結晶の点群は 32 種類ある．対称操作は記号によって表記され，n 回回転を n，鏡映を m，空間反転を $\bar{1}$，n 回回反を $\bar{n}$ と表す．

　例えば xy 平面にある 2 次元物体を y 軸に対して左右反転する（鏡映操作）という対称操作 $(x, y) \to (x', y')$ は，行列で書くと

$$\begin{pmatrix} x' \\ y' \end{pmatrix} = \begin{pmatrix} -1 & 0 \\ 0 & 1 \end{pmatrix} \begin{pmatrix} x \\ y \end{pmatrix} \tag{5.38}$$

で表される．このような変換行列の集合が点群である．言い換えれば，変換行列を A とおくと，対称性の観点から $\{x\}$ と $\{x'|x' = Ax\}$ が区別できないとき，A を対称操作という．対称操作の数が多いほど対称性が高いという．対称操作の結合はやはり対称操作であり，このような特別な性質をもつ集合を群と呼ぶことから点群と呼ばれる．なお，A は必ず原点を原点に変換するので，点群の対称操作には並進操作は含まれない．

　点群の要素となる対称操作に原点をずらすような操作を加えてできる集合を**空間群**と呼ぶ．新しい操作として，らせん対称操作と映進対称操作がある．結晶における対称操作の集合は，純粋な点対称操作，純粋な並進対称操作，らせん対称操作，映進対称操作およびこれらの組み合わせからなる．

　数学的に並進操作を表現するには $x' = Ax$ という線形変換では不可能であり，$x' = Ax + b$ のように定数項を付け加える必要がある．これを疑似的な線形変換で表すために，余計な次元を 1 つ付け加えて拡大行列とする．

$$\begin{pmatrix} A & b \\ 0 & 1 \end{pmatrix} \begin{pmatrix} x \\ 1 \end{pmatrix}. \tag{5.39}$$

4 次元ベクトルの第 4 成分である「1」は平行移動 b を表すためのダミー次元である．このような変換を**アフィン変換**といい，

$$\begin{pmatrix} A & b \\ 0 & 1 \end{pmatrix} \equiv (A|b) \tag{5.40}$$

の記号で表す（ザイツの記法）．ザイツの記法においては純粋な点対称操作は $(A|0)$ と表せる．

　結晶の周期性と両立する空間群は 230 種類ある．点群の対称操作と単純な並進操作のみからなる群を**シンモルフィック**な空間群（73 種類），らせん対称操作や映進対称操作を含む群を**ノンシンモルフィック**な空間群（157 種類）とい

う．また，互いに鏡像の関係にある**キラル**な空間群が 11 対 22 種類ある．

シンモルフィックとノンシンモルフィックの違いは，空間群の対称操作 $(A|b)$ のすべての要素において $b = 0$ とおくと理解される．ノンシンモルフィックな場合にはらせんや映進対称操作が含まれるため，$(A|0)$ の形の操作には結晶の対称操作でないものが含まれる．シンモルフィックな場合にはそのようなことは起きない．

▎ノイマンの原理

点群が物性において重要なのは，「結晶の巨視的な物理的性質は少なくともその結晶の点群の対称性をもたないといけない」という**ノイマンの原理**のためである．これは原理であり証明はできない．「少なくとも」とあるので，物性の対称性は結晶の対称性より高くてもよい．原点をずらす操作が重要でないという点については，並進を含む対称操作はたかだか結晶の格子定数程度の微小な移動であり，結晶の巨視的性質には影響を与えないと解釈できる．

例として，電気伝導を考えよう．伝導性をもつ試料に電流密度 j を印加すると，電場ベクトル E が生じる．その比が電気伝導率テンソルであり，一般に

$$j = \begin{pmatrix} j_x \\ j_y \\ j_z \end{pmatrix} = \sigma E = \begin{pmatrix} \sigma_{xx} & \sigma_{xy} & \sigma_{xz} \\ \sigma_{yx} & \sigma_{yy} & \sigma_{yz} \\ \sigma_{zx} & \sigma_{zy} & \sigma_{zz} \end{pmatrix} \begin{pmatrix} E_x \\ E_y \\ E_z \end{pmatrix} \tag{5.41}$$

と表せる．このとき例えば直方晶の点群 222 の結晶の場合には，電気伝導率の行列は多くの成分が 0 になり，

$$\sigma = \begin{pmatrix} \sigma_{xx} & \sigma_{xy} & \sigma_{xz} \\ \sigma_{yx} & \sigma_{yy} & \sigma_{yz} \\ \sigma_{zx} & \sigma_{zy} & \sigma_{zz} \end{pmatrix} = \begin{pmatrix} \sigma_1 & 0 & 0 \\ 0 & \sigma_2 & 0 \\ 0 & 0 & \sigma_3 \end{pmatrix} \tag{5.42}$$

と表せる．このことを示すには，222 という点群が，直交した 3 つの軸方向 $(x, y, z$ 方向$)$ の周りの 2 回回転（180° 回転）で不変になる対称性であることに注目する．つまり点群表記の中の数字の 2 は 2 回回転を表している．この 3 つの回転操作を行列で書くと，

$$C_{2x} = \begin{pmatrix} 1 & 0 & 0 \\ 0 & -1 & 0 \\ 0 & 0 & -1 \end{pmatrix}, \ C_{2y} = \begin{pmatrix} -1 & 0 & 0 \\ 0 & 1 & 0 \\ 0 & 0 & -1 \end{pmatrix}, \ C_{2z} = \begin{pmatrix} -1 & 0 & 0 \\ 0 & -1 & 0 \\ 0 & 0 & 1 \end{pmatrix}.$$

$$\tag{5.43}$$

これは例えば z 軸の周りに $180°$ 回転すると $x \rightarrow -x,\, y \rightarrow -y$ となることからわかる. さて, ノイマンの原理により電気伝導率テンソルも 222 の対称性をもたなければならない. これにより,

$$\sigma C_{2x} = C_{2x}\sigma, \quad \sigma C_{2y} = C_{2y}\sigma, \quad \sigma C_{2z} = C_{2z}\sigma \tag{5.44}$$

が要請される. 具体的に各成分を計算すると, 行列の非対角項はすべて 0 になり, 式 (5.42) が得られる. このようにノイマンの原理に基づいて対称性を用いると, 物性テンソルがどのように振る舞うかを予想できる.

▌強 誘 電 性

強誘電性や圧電性など空間反転対称性が破れていないと生じない性質もある. 電気を流さない絶縁体では, 電場を印加しても電流は流れないが, 物質を構成する原子核と電子あるいは反対符号をもつイオンが反対方向に移動し電気双極子がつくられることで, 電場により電気分極が生じることがある. このような絶縁体を**誘電体**と呼ぶ. 誘電体の中でも, 外部電場がなくてもある温度以下で自発的に電気分極をもつ（**焦電性**）物質を焦電体と呼ぶ. このうち, 印加する電場の方向によって自発分極の方向を反転させられるものが強誘電体である. 焦電性を例にとり, 考えている結晶に反転対称性があると電気分極が零になることを示そう.

結晶に反転対称性がある場合には, 互いに反転した関係にある座標系で焦電性を測定しても結果が同じになるはずである. これは電気分極を $\boldsymbol{P}$ とおくとき, 式で書くと

$$\boldsymbol{P} = \begin{pmatrix} P_x \\ P_y \\ P_z \end{pmatrix} = \begin{pmatrix} -1 & 0 & 0 \\ 0 & -1 & 0 \\ 0 & 0 & -1 \end{pmatrix} \begin{pmatrix} P_x \\ P_y \\ P_z \end{pmatrix} = \begin{pmatrix} -P_x \\ -P_y \\ -P_z \end{pmatrix} = -\boldsymbol{P} \tag{5.45}$$

である. よって電気分極のすべての成分は零になる. 一方で, 空間反転対称性がなければ, 反転したもの同士が一致する理由はないため, 電気分極は零でない値をとり得る.

圧電性とは, 誘電体に圧力を加えると圧力に比例した電気分極が現れる性質であり, その性質をもつ物質を**圧電体**と呼ぶ. 逆に電場を加えると物質が変形する（逆圧電効果）. この効果も対称性

図 5.14 誘電体の分類.

が破れた結晶でのみ発現する．圧電体，焦電体，強誘電体の関係を整理すると
図 5.14 のようになる．強誘電体は焦電性と圧電性を示す．

▌マルチフェロイクス

マルチフェロイクス　　物質は電気的性質として伝導性や誘電性をもつだけで
なく，磁気的な性質である磁性ももち得る．その中で，強磁性（ferromagnetic）
や強誘電性（ferroelectric）のような強的（ferroic）秩序を複数有する物質を**マ
ルチフェロイクス**と呼ぶ[10]．ここで強磁性体とは結晶内で隣り合う原子の磁
気モーメントが同じ方向に整列し，全体として自発磁化 M をもつ物質のこと
である（10.1 節参照）．磁石をイメージするとわかりやすいかもしれない．通
常，電気的性質である誘電性と磁気的性質である磁性の起源は異なるから，強
誘電性と強磁性は別々の物質で観測されることが多い．しかしそれらをあわせ
もつという意味で物質の特殊性がある．誘電性をもつことから，一般にマルチ
フェロイクスは伝導性のない絶縁体である．近年では，本来の意味を離れて，
強磁性以外の磁気秩序と強誘電秩序をあわせもつ物質のこともマルチフェロイ
クスと呼ぶことが多い．

　マルチフェロイクスにおいては電気的な性質である強誘電性を磁場で制御で
きたり，通常磁場で制御される磁性を電場で制御できる可能性がある．これを**電
気磁気効果**と呼ぶ．式で書けば，外部磁束密度 B，外部電場 E，電気分極 P，
磁化 M として

$$P = \alpha B, \tag{5.46}$$

$$M = {}^t\alpha E \tag{5.47}$$

である．ここで係数を α とおいた．それぞれの式の係数が α とその転置行列
${}^t\alpha$ で表され，互いに相関があるという事実は，この 2 つの電気磁気効果が同じ
起源を有することを示唆する．実際，これらの 2 つの電気磁気効果は，自由エ
ネルギーにおける電場 E と磁束密度 B の結合項から導かれる．当然，マクス
ウェル方程式だけからは，このような静的な（時間変化しない）電気と磁気の
関係式は導かれない．

---

[10]　フェロイクスとは，強磁性や強誘電性などの強的秩序に物理的な類似性（共通性）があることに
　　　着目して提案された概念である．強磁性と強誘電性は，それぞれ磁場あるいは電場という外場で
　　　磁化あるいは分極の向きを制御できること，外場と平行な向きと反対向きという 2 つの状態が
　　　あることという共通点をもつ．

■**物質中のマクスウェル方程式** ここでマクスウェル方程式を確認しておこう. 真空中のマクスウェル方程式は

$$\text{div}\,\boldsymbol{E}(\boldsymbol{r}, t) = \frac{1}{\epsilon_0}\rho(\boldsymbol{r}, t), \tag{5.48}$$

$$\text{div}\,\boldsymbol{B}(\boldsymbol{r}, t) = 0, \tag{5.49}$$

$$\text{rot}\,\boldsymbol{B}(\boldsymbol{r}, t) = \mu_0\Big\{\boldsymbol{j}(\boldsymbol{r}, t) + \epsilon_0 \frac{\partial \boldsymbol{E}(\boldsymbol{r}, t)}{\partial t}\Big\}, \tag{5.50}$$

$$\text{rot}\,\boldsymbol{E}(\boldsymbol{r}, t) = -\frac{\partial \boldsymbol{B}(\boldsymbol{r}, t)}{\partial t}. \tag{5.51}$$

ここで ϵ_0 と μ_0 は真空の誘電率と透磁率をそれぞれ表す. $\rho(\boldsymbol{r}, t)$ は電荷密度, $\boldsymbol{j}(\boldsymbol{r}, t)$ は電流密度である. 上から順に, 電場のガウスの法則, 磁場のガウスの法則, アンペールの法則, ファラデーの電磁誘導の法則に対応する.

今の場合のように物質中の電気分極 $\boldsymbol{P}$ や磁化 $\boldsymbol{M}$ が存在する場合には, 電束密度 $\boldsymbol{D} = \epsilon_0\boldsymbol{E} + \boldsymbol{P}$, 磁束密度 $\boldsymbol{B} = \mu_0\boldsymbol{H} + \mu_0\boldsymbol{M}$ として

$$\text{div}\,\boldsymbol{D}(\boldsymbol{r}, t) = 0, \tag{5.52}$$

$$\text{div}\,\boldsymbol{B}(\boldsymbol{r}, t) = 0, \tag{5.53}$$

$$\text{rot}\,\boldsymbol{H}(\boldsymbol{r}, t) = \frac{\partial \boldsymbol{D}(\boldsymbol{r}, t)}{\partial t}, \tag{5.54}$$

$$\text{rot}\,\boldsymbol{E}(\boldsymbol{r}, t) = -\frac{\partial \boldsymbol{B}(\boldsymbol{r}, t)}{\partial t} \tag{5.55}$$

で表される. ここで式 (5.54) において $\boldsymbol{j} = \partial \boldsymbol{P}/\partial t + \text{rot}\,\boldsymbol{M}$ を用いている. ガウスの法則を表す式 (5.52) においては電気的中性条件を仮定して, 電荷密度を零とおいた. 物質にもともと存在していた電荷以外の電荷がある場合には式 (5.52) の右辺に電荷密度の項が付け加わるし, 外部から電流を印加した場合には式 (5.54) の右辺に外部電流密度の項が付け加わる. いずれにせよ磁性と誘電性の間の静的な結合はこれらの式には見られない.

なお, 外場との線形関係を仮定して電束密度を $\boldsymbol{D} = \epsilon_0\boldsymbol{E} + \boldsymbol{P} = \epsilon\boldsymbol{E} = \epsilon_0\epsilon_r\boldsymbol{E}$, 磁束密度を $\boldsymbol{B} = \mu_0\boldsymbol{H} + \mu_0\boldsymbol{M} = \mu\boldsymbol{H} = \mu_0\mu_r\boldsymbol{H}$ と表したときの ϵ は (物質中の) 誘電率, ϵ_r は**比誘電率**である. また μ は (物質中の) 透磁率, μ_r は**比透磁率**と呼ばれる.

電気磁気効果の発現には, 対称性の破れが必要である. 上述の通り, 電気分極の出現には空間反転対称性の破れが必要である. 一方, 磁化の出現には**時間反転対称性**の破れが関係している. 時間反転対称性とは時間を逆向きに進める変換であり, 動画の逆再生をイメージすればわかりやすい. 数学的には $t \to -t$ としたときの対称性を議論することになる. 静止している物質を考える場合には時間反転対称性は関係ないようにも思えるが, 実際は物質中の電子の運動を考える必要がある. 電子は原子核の周りを公転しており, また自転もしている. これらの回転運動による角運動量が磁化 (磁気モーメント) と関係しており,

電子の回転運動の方向が時間反転操作により逆回転になると磁化（磁気モーメ
ント）の向きは反対向きに変化することになる．強磁性体においてある方向に
磁化があるということはこの対称性を破っていることになり，強磁性は時間反
転対称性が破れた状態であるといえる（一方で，電子の自転や公転は，円環電
流と考えれば空間反転によって回転方向が変わらず，空間反転対称性をもつ）．
このように電気的性質は空間反転対称性と結び付いており，磁気的性質は時間
反転対称性を結び付いていることから，対称性の高い（守られた）物質におい
ては電気的性質と磁気的性質が相関した電気磁気効果は発現しない．

　しかし，時間反転対称性と空間反転対称性の両方が破れている物質が用意で
きれば，磁場印加による電気分極の出現や電場印加による磁化の出現が許され
る可能性がある．このような対称性に基づく電気磁気効果の予測のもとで多く
の検証実験が行われ，現在では多くの物質で電気磁気効果の発現が確認されて
いる．

□■ 5.5　準　結　晶　■□

　図 5.15 に示す通り，物質は（内部）構造によって，結晶とアモルファスに分
類される．アモルファスは非晶質とも呼ばれ，規則的な原子配列がない状態で
ある．卑近な例は透明ガラスである．ガラスは SiO_2 が主成分であり，溶融状
態の SiO_2 を冷却する過程で結晶の生成が行われず，液体の構造がそのまま凍
結される．アモルファスは熱力学的に非平衡状態にある物質である．

　一方で結晶は安定平衡状態として存在し，古典的結晶と非周期結晶に分類さ
れる．結晶の定義は「本質的に離散的な回折を与える固体」である．そのうち
古典的結晶は並進対称性を有する．一方，非周期結晶とは「3 次元の格子の周
期性をもっていない結晶」であり，その代表例が準結晶である．準結晶は，並
進対称性を欠くにもかかわらず，X 線を回折する高度に規則的な構造をもつ．
準結晶においては，古典的結晶
ではありえない 5 回対称性をも
つ回折図形が見られるものもあ
り，周期構造に許されない回転
対称軸をもつ．

　構造因子の議論に戻り，散乱

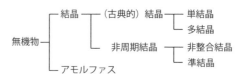

図 5.15　無機物の分類.

ベクトル

$$\boldsymbol{S} = \boldsymbol{k}' - \boldsymbol{k} \tag{5.56}$$

を定義すると，構造因子の式は一般に

$$F(\boldsymbol{S}) = \int_{\text{unit cell}} d\boldsymbol{x} e^{-i\boldsymbol{S}\cdot\boldsymbol{x}} V(\boldsymbol{x}) \tag{5.57}$$

の形で書ける．二乗が回折強度に対応することから回折強度関数とも呼ばれる．周期的な結晶（古典的結晶）の場合は逆格子が定義され，$\boldsymbol{S} = \boldsymbol{G}$ となる．散乱ベクトル $\boldsymbol{S}$ が逆格子ベクトル $\boldsymbol{G}$ と一致することが X 線回折を起こすための条件となっており，これはラウエ条件そのものである．一方，アモルファスの場合には原子の配列に周期性がなく，回折波の位相が揃う $\boldsymbol{S}$ は $\boldsymbol{S}$ を除いて存在せず，ブラッグ回折は起こらない [*11]．

　準結晶の最も単純な例は 1 次元フィボナッチ格子である．図 5.16 において，長さの比が黄金比 $(1 + \sqrt{5})/2$ の 2 種類の間隔 L と S（Long と Short）がフィボナッチ配列している [*12]．この配列には，周期性はない．しかし，この場合でも回折波の位相が揃う $\boldsymbol{S}$ が存在し，ブラッグ反射が起きる．これは周期性ではないがある種の長距離秩序があることに起因する．また，回折強度関数の横軸スケール（$\boldsymbol{S}$ の大きさ）を黄金比倍にして元の関数と比較すると両者が類似するという**フラクタル**（自己相似）性をもつことが知られる．

　結晶においては，基本並進ベクトルの数は次元数と一致する（3 次元の場合は 3 個）が，準結晶の場合は基本並進ベクトルの数は次元数よりも多くなる．例えば，フィボナッチ格子の場合には，次元数は 1 であるが，長さが異なる 2 個のベクトルが必要である．ここで長さの比は黄金比（無理数）であり，1 つのベクトルを整数倍してもう一方のベクトルに一致させることはできない．このような並進秩序を周期性と対比して**準周期性**と呼ぶ．

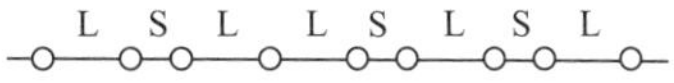

L S L L S L S L

図 5.16 1 次元フィボナッチ格子．

[*11] 実際のアモルファスでは，2 つの原子が極端に離れたり近づいたりすることは起きず，ある程度の短距離の秩序はもつ．このため回折強度関数はある $\boldsymbol{S}$ の値で弱い極大を（いくつか）もつ．

[*12] 具体的には，最初に L1 つから始めて，L→LS，S→L の変換を繰り返し行っていく配列．

バンド理論

電気伝導は最も基本的な物性の1つであり，電気伝導のしやすさを表す物性量が電気伝導率である．金属の示す高い電気伝導率は自由電子モデルで大まかに説明できるが，不導体である絶縁体の低い電気伝導率は説明できない．電気伝導の統一的な理解のためには，電子の量子力学的なエネルギー準位を記述するバンド理論が必要となる．バンド理論は電気伝導のみならず電子が示す様々な物性の理解の基礎となる．

□■ 6.1 ブロッホ電子とエネルギーバンド ■□

結晶中では原子が周期的に配列している．原子の束縛から離れた電子は，原子核と内殻電子からなる**格子**の中を伝搬する．前章で見たように，格子の座標 $\boldsymbol{R}$ は基本並進ベクトル $\boldsymbol{a}_1, \boldsymbol{a}_2, \boldsymbol{a}_3$ を用いて

$$\boldsymbol{R} = n_1\boldsymbol{a}_1 + n_2\boldsymbol{a}_2 + n_3\boldsymbol{a}_3 \tag{6.1}$$

のように表せる．ここで，n_1, n_2, n_3 は整数である．

結晶中の電子が従う基礎方程式は，波動関数を $\psi(\boldsymbol{r})$ とおくと，シュレディンガー方程式

$$\left(-\frac{\hbar^2}{2m}\nabla^2 + V(\boldsymbol{r})\right)\psi(\boldsymbol{r}) = E\psi(\boldsymbol{r}) \tag{6.2}$$

で与えられる．結晶が周期的な構造をしていることから，ポテンシャルエネルギーに対して

$$V(\boldsymbol{r}) = V(\boldsymbol{r} + \boldsymbol{R}) \tag{6.3}$$

が成り立つと考えられる．この条件のもとで固有値問題を解くときエネルギー固有値 E と固有関数 $\psi(\boldsymbol{r})$ について何が言えるだろうか．

ブロッホは，固有関数が以下の形で書けることを示した．

$$\psi_k(r) = e^{ik \cdot r} u_k(r). \tag{6.4}$$

ただし，$u_k(r)$ は格子の周期をもつ関数

$$u_k(r) = u_k(r + R) \tag{6.5}$$

である．またこれらの式から得られる

$$\psi_k(r + R) = e^{ik \cdot R} \psi_k(r) \tag{6.6}$$

を**ブロッホの定理**と呼ぶ．波動関数 $\psi_k(r)$ は**ブロッホ関数**と呼ばれ，結晶中の電子の一電子状態を表すために用いられる．自由電子の波動関数は平面波 $e^{ik \cdot r}$ であったが，周期ポテンシャルの存在によって格子の周期性をもつ関数 $u_k(r)$ によって変調されている．後でみるように，ブロッホ関数は原子軌道の重なりから構成されることが多い．

■**ブロッホの定理の証明**　簡単のため 1 次元で考える．電子のハミルトニアンは

$$H = -\frac{\hbar^2}{2m}\frac{d^2}{dx^2} + V(x) \tag{6.7}$$

であり，ポテンシャルエネルギーは

$$V(x) = V(x + na) \quad (n : 整数) \tag{6.8}$$

という周期性をもつとする．$-(\hbar^2/(2m))d^2/dx^2$ はポテンシャルと同様に並進対称性をもつ（$x \to x + a$ という変換に対して不変）ので，ハミルトニアンは周期的である．つまり，

$$H(x) = H(x + na). \tag{6.9}$$

ここで，a だけ並進する並進演算子を T_a とおくと，

$$\begin{aligned} T_a\{H(x)\psi(x)\} &= H(x+a)\psi(x+a) \\ &= H(x)\psi(x+a) = H(x)\{T_a\psi(x)\}. \end{aligned} \tag{6.10}$$

よって

$$[T_a, H] = 0 \tag{6.11}$$

が成り立ち，T_a と H は互いに交換することから，同時固有関数をもつ．つまり以下のように書ける．

$$H\psi(x) = E\psi(x), \ T_a\psi(x) = C_a\psi(x). \tag{6.12}$$

ここで C_a は演算子 T_a に関する固有値である．この固有関数 $\psi(x)$ に $L = Na$ を周期とする周期境界条件を課すと

$$\psi(x + Na) = \psi(x). \tag{6.13}$$

並進演算子 T_a を N 回 $\psi(x)$ に作用させると

$$T_a \cdots T_a \psi(x) = \psi(x + Na) = C_a^N \psi(x). \tag{6.14}$$

周期境界条件の式と見比べると $C_a^N = 1$ なので,

$$C_a = e^{i(2\pi n/N)} = e^{i(2\pi n/(Na))a} \equiv e^{ika}. \tag{6.15}$$

ここで, n は整数であり, $k \equiv 2\pi n/(Na) = 2\pi n/L$ と定義した. よって

$$\psi(x + a) = e^{ika}\psi(x) \tag{6.16}$$

が示された.

　重要なことは, 周期的なポテンシャルがある場合も, 電子の量子状態は波数 $\boldsymbol{k}$ で指定されることである. 電子は各原子から強いポテンシャルを感じても平面波のような固有状態をもち, 波数 $\boldsymbol{k}$ で遍歴する. $\boldsymbol{k}$ は運動量 $\boldsymbol{p}$ と $\boldsymbol{k} = \boldsymbol{p}/\hbar$ の関係にあり, 運動量が良い量子数となった状態にある. $\boldsymbol{k}$ は逆格子の基本並進ベクトル $\boldsymbol{b}_1, \boldsymbol{b}_2, \boldsymbol{b}_3$ を用いて

$$\boldsymbol{k} = k_1\boldsymbol{b}_1 + k_2\boldsymbol{b}_2 + k_3\boldsymbol{b}_3 \tag{6.17}$$

と表せる. ただし, k_1, k_2, k_3 は一般に整数ではない. 波数 $\boldsymbol{k}$ は今後, 電気伝導などの輸送特性を考える上で重要となる.

　ブロッホ関数とエネルギー固有値は, 逆格子ベクトルに関する周期性をもつ. つまり, 逆格子ベクトルを $\boldsymbol{G}$ として

$$\psi_{\boldsymbol{k}}(\boldsymbol{r}) = \psi_{\boldsymbol{k}+\boldsymbol{G}}(\boldsymbol{r}), \quad E_{\boldsymbol{k}} = E_{\boldsymbol{k}+\boldsymbol{G}} \tag{6.18}$$

が成り立つ. これは $\boldsymbol{k}' = \boldsymbol{k} + \boldsymbol{G}$ とおき $e^{i\boldsymbol{G}\cdot\boldsymbol{R}} = 1$ を使うと

$$\psi_{\boldsymbol{k}}(\boldsymbol{r} + \boldsymbol{R}) = e^{i\boldsymbol{k}\cdot\boldsymbol{R}}\psi_{\boldsymbol{k}}(\boldsymbol{r}) = e^{i\boldsymbol{k}'\cdot\boldsymbol{R}}\psi_{\boldsymbol{k}}(\boldsymbol{r})$$

$$\psi_{\boldsymbol{k}'}(\boldsymbol{r} + \boldsymbol{R}) = e^{i\boldsymbol{k}'\cdot\boldsymbol{R}}\psi_{\boldsymbol{k}'}(\boldsymbol{r}) \tag{6.19}$$

が成り立ち, 見かけ上同じブロッホの定理を満たすことと, ハミルトニアンが $\boldsymbol{k}$ によらないことから理解される. 別の言い方をすれば, 波数 $\boldsymbol{k}$ の選び方には任意性があり, 通常, $\boldsymbol{k}$ は第 1 ブリルアンゾーンに限る. このような周期性の議論は第 4 章でも見られた (図 4.9 参照).

■逆格子空間での周期性　　逆格子ベクトルに関して周期的であることを数式でも確認しよう．波動関数を一般的に平面波展開（フーリエ級数展開）すると

$$\psi(\boldsymbol{r}) = \sum_{\boldsymbol{k}} C(\boldsymbol{k}) e^{i\boldsymbol{k}\cdot\boldsymbol{r}} \tag{6.20}$$

のように表せる．シュレディンガー方程式 $H\psi(\boldsymbol{r}) = E\psi(\boldsymbol{r})$ に代入し，ポテンシャル $V(\boldsymbol{r})$ を周期性を利用して逆格子ベクトルを用いて展開した $V(\boldsymbol{r}) = \sum_i V(\boldsymbol{G}_i)e^{i\boldsymbol{G}_i\cdot\boldsymbol{r}}$ の関係式を使うと（格子と逆格子は互いにフーリエ変換したものに対応していることに注意）

$$
\begin{aligned}
H\psi(\boldsymbol{r}) &= \sum_{\boldsymbol{k}} \frac{\hbar^2\boldsymbol{k}^2}{2m} C(\boldsymbol{k}) e^{i\boldsymbol{k}\cdot\boldsymbol{r}} + \sum_{\boldsymbol{k}'} \sum_{\boldsymbol{G}_i} C(\boldsymbol{k}')V(\boldsymbol{G}_i)e^{i(\boldsymbol{k}'+\boldsymbol{G}_i)\cdot\boldsymbol{r}} \\
&= E\sum_{\boldsymbol{k}} C(\boldsymbol{k}) e^{i\boldsymbol{k}\cdot\boldsymbol{r}}.
\end{aligned} \tag{6.21}
$$

第2式の第2項において $\boldsymbol{k}' + \boldsymbol{G}_i = \boldsymbol{k}$ と置き換えて和のインデックスを書き換えると

$$\sum_{\boldsymbol{k}} \left\{ \left(\frac{\hbar^2\boldsymbol{k}^2}{2m} - E \right) C(\boldsymbol{k}) + \sum_{\boldsymbol{G}_i} V(\boldsymbol{G}_i)C(\boldsymbol{k}-\boldsymbol{G}_i) \right\} e^{i\boldsymbol{k}\cdot\boldsymbol{r}} = 0 \tag{6.22}$$

と整理される．すべての位置 $\boldsymbol{r}$ に対して上式が成り立つには $\{\ \}$ 括弧内が零にならなくてはならないが，$\{\ \}$ 括弧内の式を見ると，$C(\boldsymbol{k})$ は逆格子ベクトルずれたもの同士と結び付いていることがわかる．つまり，波動関数は以下のような形で書けるはずである．

$$\psi_{\boldsymbol{k}}(\boldsymbol{r}) = \sum_{\boldsymbol{G}_i} C(\boldsymbol{k}-\boldsymbol{G}_i) e^{i(\boldsymbol{k}-\boldsymbol{G}_i)\cdot\boldsymbol{r}}. \tag{6.23}$$

この式はブロッホの定理を満たしている．右辺の和はすべての逆格子ベクトルに対してとられるから，仮に $\boldsymbol{k}$ を $\boldsymbol{k}+\boldsymbol{G}_j$ に置き換えた $\psi_{\boldsymbol{k}+\boldsymbol{G}_j}$ を考えても右辺の和の結果は一致する．つまり任意の逆格子ベクトル $\boldsymbol{G}_j$ に対して $\psi_{\boldsymbol{k}}(\boldsymbol{r}) = \psi_{\boldsymbol{k}+\boldsymbol{G}_j}(\boldsymbol{r})$ が成り立つ．逆格子ベクトルだけずれても同じ状態を表すということであり，エネルギー固有値についても $E_{\boldsymbol{k}} = E_{\boldsymbol{k}+\boldsymbol{G}_j}$ が成り立つ．

エネルギーバンド

エネルギー固有値はすべての値をとるわけでなく，とり得る値ととり得ない値が交互に現れる．これを帯になぞらえて**エネルギーバンド**と呼ぶ．とり得る値の領域は**許容帯**とも呼ばれ，結晶内の電子はフェルミ分布に従って許容帯を占める．とり得ない値の領域は禁止帯（禁制帯）と呼ばれ，禁止帯のエネルギー幅は**バンドギャップ**と呼ばれる．

　結晶中で電子がとり得ないエネルギーの値があること（エネルギーがとびとびであること）は，電子のエネルギー準位が $1s, 2s, 2p, \cdots$ と離散的であることを反映している．ただし，孤立した原子との違いは，$1s$「バンド」，$2s$「バンド」のように各エネルギー準位がエネルギー幅をもつことである．これを理解

するために，まず2個の原子が近づいて結合する
場合を考える．各原子に束縛されていた電子の波
動関数は重なりを生じ，等しかったエネルギー準
位は結合性と反結合性の2つに分裂する（図6.1）．
これは2個の原子の間に電子がいた方（結合性の
準位の方）が原子核からの静電引力ポテンシャル
を得するためであると直感的に説明される．別の
考え方としては，結合性の軌道の方がより空間的
に広がっており運動エネルギーの利得があるため
ともいえる．

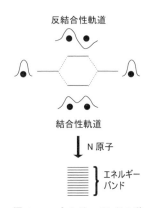

図 **6.1** エネルギーバンドの形成.

　同様に考えると一般に N 個の原子が集まれば
N 個の準位に分裂するが，それらのエネルギー
差は小さいのでほとんど連続的と見なせる（図6.1下）．これがエネルギーバン
ド（帯）である．波動関数の重なりが小さいほど，孤立系に近くバンドの幅（**バ
ンド幅**）は狭い．これは内殻電子の場合に相当する．一方，価電子の場合は波
動関数の重なりが大きくバンド幅は広い．

　原子が互いに接近していくにつれてエネル
ギー準位が広がりバンドが形成される様子を
図 6.2 に示した．例えば隣接原子の間隔が図
の r_1 の場合には，$1s$ バンド，$2s$ バンド，$2p$
バンドにバンドギャップが生じることがわか
る．さらに隣接原子が接近して r_2 の状態にな
ると，$2s$ バンドと $2p$ バンドが重なることで
バンドギャップは消失する．この例から想像
できるように原子の種類や結晶構造によって
バンド構造は多様であり，物質によって多彩
な物性が発現することになる．

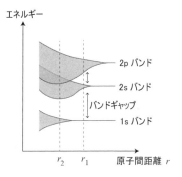

図 **6.2** 原子間距離とエネルギーバンド.

　エネルギーの低い方から何番目のバンドかを表すバンドの指数 n を導入する
と，ブロッホ関数は

$$\psi_{n,k}(r) = u_{n,k}(r)e^{ik \cdot r}$$
$$u_{n,k}(r + R) = u_{n,k}(r) \tag{6.24}$$

と表せる.

なお,1つのバンド内においては非常に多くのエネルギー準位が存在するため準位間のエネルギー間隔は無視できるが,準位の数はエネルギーに依存している.このことから**状態密度** $D(E)$ の概念(4.3節参照)が導かれる.つまり,$D(E)dE$ はエネルギー E と $E+dE$ の間で電子の存在が許される(単位体積あたりの)エネルギー準位の数である.当然,$D(E)$ はバンドギャップの中では零である.

□■ 6.2 物 質 の 分 類 ■□

バンド理論の重要な成果は,金属と絶縁体の違いを説明したことにある.電気伝導率の違いによって,物質は**金属**,**半導体**,**絶縁体**に区別される.よく知られるように,金属はよく電気を通し,絶縁体は電気を通さない.半導体は中間的な電気伝導を示す.これらの物質の分類はバンド構造の観点から整理される.

電気伝導は,物質中の電子が担う.電子はフェルミ粒子であるため同じエネルギー状態を複数の電子が占めることはできない(パウリの排他原理).よって物質中に多数存在する電子は,エネルギーバンドを低エネルギーの状態から順に占有する.内殻電子のバンドは完全に占有され,このバンドは以下にみるように電気を流さない.一方,最外殻電子(価電子)のバンドは,物質によっては部分的にしか占有されない場合があり,電気伝導を担う.

図 6.3 に示すように,最も高いエネルギーバンドの途中まで電子が占有されている場合が金属(導体),最も高いエネルギーのバンドが完全に占有され,その上のバンドが完全に空いている場合が絶縁体(不導体)や半導体である.絶縁体と半導体を分けるのはバンドギャップの大きさであり,半導体の方がバンドギャップが小さ

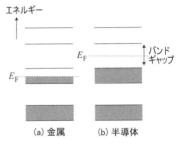

図 6.3 金属と半導体における電子の占有の仕方.

い.半導体においては,有限温度で電子は熱エネルギーをもらって,小さいながらもバンドギャップを超えて空のバンドに励起されることで電気伝導が生じる.典型的な半導体であるシリコンのバンドギャップは約 1.1 eV である.

以上のように電気を流すか流さないかは、電子が占有する最大エネルギーのバンドが中途半端に占有されているのか、完全に占有されているのかに関係する。このことを具体的な例で見てみる。1次元の格子を考え、格子間隔を a とおく（図 6.4 上）。簡単のため格子点に（1種類の）原子があるとしよう。$L = Na$ として、周期境界条件を課すと $k = (2\pi/L)n$ $(n = 0, \pm1, \pm2, \cdots)$ である。先述した通り、意味のある k の値は $-\pi/a < k \leq \pi/a$

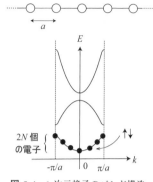

図 6.4　1次元格子のバンド構造.

$(-N/2 < n \leq N/2)$ の N 個ある。この N は系の自由度の数（つまり原子数）に対応し、1つのバンドに含まれる k 状態の数は N 個である。実際には、スピンの上向き/下向きの自由度もあるので、$2N$ 個の状態がある。これを最低エネルギーのバンドに対して表したのが、図 6.4 の下の図である。

▌原子 1 個あたり偶数個の電子がある場合

まず、原子 1 個が $2n$ 個（偶数個）の電子を有する場合を考える。このとき結晶全体で $2nN$ 個の電子があり、エネルギーバンドの低エネルギー状態から電子を詰めていく。このとき 1 つのバンドに対して $2N$ 個の電子が占有することができるので、下から n 番目のバンドまで完全に詰まり、$n+1$ 番目のバンドは空である。このとき、以下で示す通り、系は絶縁体になり、電気を流さない。

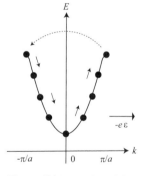

図 6.5　満杯のバンドの電子の運動.

完全に占有されたバンドが電気を流さないことを、電子の運動方程式の観点から説明する。電子が満杯まで詰まったバンドを図 6.5 に示した。電子の古典的な運動方程式（つまり F を力として $\dot{p} = F$）は、$p = \hbar k$ と電場 $\mathcal{E}$ により受ける力 $F = -e\mathcal{E}$ を使うと

$$\hbar\frac{dk}{dt} = -e\mathcal{E} \tag{6.25}$$

である。この式は電子が k 空間でどのように運動するかを表しており、k 軸に沿って一方向に電子が移動することを意味する。上式に従って個々の電子の k

は時間変化（k 軸上を運動）するが，電子が満杯にまで詰まっている場合には，全体としては何も変化しない．これは電気を流さないことを意味する．実際，電子の速度は群速度 dE/dk で与えられるので，$k < 0$ の領域で速度は負，$k > 0$ の領域で正となり，全体の平均速度は零になる．

▌原子1個あたり奇数個の電子がある場合

次に，1原子あたりの電子数が $2n+1$ 個（奇数個）の場合を考える．このとき全体の電子数は $(2n+1)N = 2nN + N$ 個である．エネルギーが低い状態から詰めていくと，n 番目まで満杯になり，$n+1$ 番目は下半分だけつまることになる．これは図 6.3 における金属の状況を表す．

運動方程式に基づくと，図 6.6 に示す通り，下半分だけ満たされたバンドの電子に電場（力）が加わると，電子の分布が図 6.6 右のようにずれることになる．これは正の群速度をもつ電子の数が負の群速度をもつ電子の数よりも多くなることを意味し，

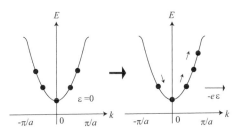

図 6.6 半分だけ満たされたバンドの電子の運動.

正の平均速度を生じて電流を流す．このように満杯でも空でもないバンドは電流を流すことができる．

以上の議論は1次元の場合に限らず，2次元の場合でも3次元の場合でも基本的に同じである．例えば，原子番号 11 の Na 原子を考えると，電子は奇数個あるために金属になると考えられる．電子配置は $(1s)^2(2s)^2(2p)^6(3s)^1$ の配置をとるので，伝導を担うのは $3s$ バンドである．

しかし，この議論のままだと，1原子あたり偶数個の電子をもつ物質は必ず絶縁体になる．例えば原子番号 12 の Mg は絶縁体なのかというと，そうではない（実際は，金属）．現実には2つのバンド間の重なり合いがあり，状況はもっと複雑になる．電子数が偶数個の場合は金属と絶縁体の両方の可能性があるが，電子数が奇数個であれば（バンド理論が適用できる限り）必ず金属的である．

▌シ リ コ ン

原子番号が 14 のシリコン（Si, ケイ素）は地球上で酸素の次に多い元素であり，典型的な半導体として電気製品にも多く用いられてい

る．Si は半導体であり，先ほど述べた
通り絶縁体のエネルギーギャップが小
さい場合で，電子がエネルギーギャッ
プを越えて励起されることにより電気
が少し流れる．

　Si は単位格子に 2 個の原子を含むダ
イヤモンド構造をとる．電子の配置は
$(1s)^2 \cdots (3s)^2(3p)^2$ であり，最大 6 個
の電子が占有可能な $3p$ 軌道に電子が

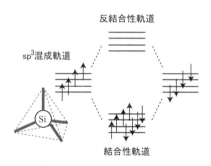

図 6.7　シリコンの場合．

中途半端に詰まっている．$(3s)^2(3p)^2$ の 4 つの外殻電子が 4 つの sp^3 混成軌道
を 1 つずつ占めていて，隣接原子と共有結合を形成すると見なせる．このよう
な混成軌道の考え方は，結合の方向性を説明するのに好都合である．なぜなら
球対称の $3s$ 軌道と各軸方向に方向性がある $3p_x$, $3p_y$, $3p_z$ 軌道では図 6.7 に
示すような斜め方向（正四面体の頂点方向）の結合の方向性を説明できないが，
それらの軌道を混ぜて正四面体をなすような方向に 4 つの等価な sp^3 混成軌道
を形成すれば自然と結合の方向性を説明できる．それぞれの混成軌道には電子
が 1 つだけ入っており，共有結合を作る際に結合状態と反結合状態に分裂し，
両者は小さなバンドギャップによって隔てられる．つまり，単位格子に 2 個の
原子を含むことから，単位格子あたり 8 個の外殻電子があり，結合状態のバン
ドを完全に占有する．このためエネルギーギャップの小さい絶縁体の状態，つ
まり半導体の状況になる．

　ただし，sp^3 混成軌道は化学結合の議論には適している一方で，一般にはハ
ミルトニアンの固有関数にはならないため，エネルギー準位の議論には向かな
い．あくまで人間が理解しやすくするためのものであり，現実のバンド構造で
は s 軌道と p 軌道はエネルギー的に分離している．Si の場合には，伝導帯（バ
ンドギャップの上のバンド）は s 軌道由来の反結合性軌道であり，価電子帯（電
子を含む一番エネルギーの高いバンド）は p 軌道由来の結合性軌道である．

　また，シリコンとは別の重要な例として，物質内部は半導体あるいは絶縁体
で低温において電気を流さないのにかかわらず，物質の表面に金属状態があり
電気伝導を示す場合がある．トポロジーと呼ばれる数学的な性質に由来してこ
のような非自明な状態が生じる場合が知られ，**トポロジカル絶縁体**と呼ばれる．

□■　6.3　ほとんど自由な電子の近似　■□

結晶中の電子のシュレディンガー方程式

$$\left(-\frac{\hbar^2}{2m}\nabla^2 + V(\boldsymbol{r})\right)\psi_{\boldsymbol{k}}(\boldsymbol{r}) = E_{\boldsymbol{k}}\psi_{\boldsymbol{k}}(\boldsymbol{r}) \tag{6.26}$$

において，周期ポテンシャル $V(\boldsymbol{r})$ が小さい場合を考える．これは空格子のモデルをわずかに修正する状況であり，ポテンシャル項を摂動として取り扱うことでエネルギーバンドを求める（摂動論とは，数学的に厳密に解くことのできない問題の近似解を求める手法の 1 つである）．まず，非摂動の場合はポテンシャル項が無いので自由電子の場合と同じで，固有関数は体積を V として $\psi_0(\boldsymbol{r}) = (1/\sqrt{V})e^{i\boldsymbol{k}\cdot\boldsymbol{r}}$，非摂動のエネルギーは $E_0(\boldsymbol{k}) = \hbar^2\boldsymbol{k}^2/(2m)$ である．

摂動計算は，量子力学で習う摂動論の手続きに沿って行われる．注意すべきなのは，縮退がある場合の摂動論が必要になることである．縮退は $\boldsymbol{k}$ 空間における周期性に起因し，具体的には波動関数 $\psi_{\boldsymbol{k}}(\boldsymbol{r})$ と $\psi_{\boldsymbol{k}+\boldsymbol{G}}(\boldsymbol{r})$ が縮退している（同じエネルギー固有値をもつ）ためである．実際，ポテンシャル項によって顕著な変化が見られるのは，以下で見るようにこの縮退した状況である．

■縮退がない場合の摂動論　　非摂動ハミルトニアンを $H_0 = -(\hbar^2/2m)\nabla^2$ とおくと，

$$H_0\psi_0(\boldsymbol{r}) = E_0\psi_0(\boldsymbol{r}) \tag{6.27}$$

であり，

$$(H_0 + \lambda V)\psi(\boldsymbol{r}) = E\psi(\boldsymbol{r}) \tag{6.28}$$

のようにおいて λ を 0 から徐々に大きくしてポテンシャルの影響を調べることにする．このときポテンシャルの影響は

$$\psi(\boldsymbol{r}) = \psi_0(\boldsymbol{r}) + \lambda\psi_1(\boldsymbol{r}) + \lambda^2\psi_2(\boldsymbol{r}) + \cdots,$$
$$E = E_0 + \lambda E_1 + \lambda^2 E_2 + \cdots \tag{6.29}$$

のようにべきの形で現れると仮定する．E_1 と E_2 を求めた後に $\lambda = 1$ とすればポテンシャル項の影響を受けたエネルギー E が求まる．

さて，上記をシュレディンガー方程式に代入して同じ λ の次数の項を比較すると，$\lambda^0, \lambda^1, \lambda^2$ の係数はそれぞれ

$$H_0\psi_0 = E_0\psi_0,$$
$$H_0\psi_1 + V\psi_0 = E_0\psi_1 + E_1\psi_0,$$
$$H_0\psi_2 + V\psi_1 = E_0\psi_2 + E_1\psi_1 + E_2\psi_0 \tag{6.30}$$

と求まる. まず 2 番目の式に着目する. ψ_1 は未知の関数だが, 任意の関数は異なる $\boldsymbol{k}$ の $\psi_0 = (1/\sqrt{V})e^{i\boldsymbol{k}\cdot\boldsymbol{r}}$ の重ね合わせで書けるので, ψ_1 も以下のように ψ_0 を使って表せる.

$$\psi_1(\boldsymbol{r}) = \sum_{\boldsymbol{k}'} C_{\boldsymbol{k}'}\psi_{0,\boldsymbol{k}'}. \tag{6.31}$$

ここで, 異なる $\boldsymbol{k}$ の ψ_0 を $\psi_{0,\boldsymbol{k}}$ のように表して区別した. よって, 式 (6.30) の 2 番目の式は, $\boldsymbol{k}$ 依存性をあらわに書くと

$$H_0 \sum_{\boldsymbol{k}'} C_{\boldsymbol{k}'}\psi_{0,\boldsymbol{k}'} + V\psi_{0,\boldsymbol{k}} = E_{0,\boldsymbol{k}} \sum_{\boldsymbol{k}'} C_{\boldsymbol{k}'}\psi_{0,\boldsymbol{k}'} + E_1\psi_{0,\boldsymbol{k}}. \tag{6.32}$$

左から $(\psi_{0,\boldsymbol{k}''})^* = (1/\sqrt{V})e^{-i\boldsymbol{k}''\cdot\boldsymbol{r}}$ をかけて空間積分すると, $\sum$ の和は $\boldsymbol{k}' = \boldsymbol{k}''$ のときのみ残る. $\boldsymbol{k}'' \neq \boldsymbol{k}$ のときは

$$C_{\boldsymbol{k}''}E_{0,\boldsymbol{k}''} + \int \psi_{0,\boldsymbol{k}''}^* V\psi_{0,\boldsymbol{k}}d\boldsymbol{r} = C_{\boldsymbol{k}''}E_{0,\boldsymbol{k}} + 0. \tag{6.33}$$

ここから $\boldsymbol{k}'' \neq \boldsymbol{k}$ のときの係数 $C_{\boldsymbol{k}''}$ は

$$C_{\boldsymbol{k}''} = -\frac{\langle\psi_{0,\boldsymbol{k}''}|V|\psi_{0,\boldsymbol{k}}\rangle}{E_{0,\boldsymbol{k}''} - E_{0,\boldsymbol{k}}} \tag{6.34}$$

と書ける. ここで表記の簡略化のため

$$\int \psi_{0,\boldsymbol{k}''}^*(\boldsymbol{r})V\psi_{0,\boldsymbol{k}}(\boldsymbol{r})d\boldsymbol{r} = \langle\psi_{0,\boldsymbol{k}''}|V|\psi_{0,\boldsymbol{k}}\rangle \tag{6.35}$$

とブラケット記号 $\langle\cdots|$ と $|\cdots\rangle$ を使って表した. $\boldsymbol{k}'' = \boldsymbol{k}$ のときは

$$\cancel{C_{\boldsymbol{k}}E_{0,\boldsymbol{k}}} + \int \psi_{0,\boldsymbol{k}}^* V\psi_{0,\boldsymbol{k}}d\boldsymbol{r} = \cancel{C_{\boldsymbol{k}}E_{0,\boldsymbol{k}}} + E_1. \tag{6.36}$$

これより 1 次の補正項 E_1 は

$$E_1 = \int \psi_{0,\boldsymbol{k}}^*(\boldsymbol{r})V\psi_{0,\boldsymbol{k}}(\boldsymbol{r})d\boldsymbol{r} = \langle\psi_{0,\boldsymbol{k}}|V|\psi_{0,\boldsymbol{k}}\rangle \tag{6.37}$$

と求まる. また式 (6.34) より

$$\psi_1(\boldsymbol{r}) = -\sum_{\boldsymbol{k}'\neq\boldsymbol{k}} \frac{\langle\psi_{0,\boldsymbol{k}'}|V|\psi_{0,\boldsymbol{k}}\rangle}{E_{0,\boldsymbol{k}'} - E_{0,\boldsymbol{k}}}\psi_{0,\boldsymbol{k}'}. \tag{6.38}$$

ここで, $\boldsymbol{k}' = \boldsymbol{k}$ である $C_{\boldsymbol{k}}$ については求まっていなかったが, どんな値でもよく $C_{\boldsymbol{k}} = 0$ とおけることを用いた. 詳しい理由は以下の通りである. ここまでの議論から

$$\psi(\boldsymbol{r}) = \psi_0(\boldsymbol{r}) + \lambda\psi_1(\boldsymbol{r}) + \cdots = (1 + \lambda C_{\boldsymbol{k}})\psi_{0,\boldsymbol{k}} + \lambda\sum_{\boldsymbol{k}'\neq\boldsymbol{k}} C_{\boldsymbol{k}'}\psi_{0,\boldsymbol{k}'} + \cdots \tag{6.39}$$

と書け, 規格化条件 $|\psi(\boldsymbol{r})|^2 = 1$ から (λ² 以降の項は無視して) $C_{\boldsymbol{k}}^* + C_{\boldsymbol{k}} = 0$ を得る. これは $C_{\boldsymbol{k}}$ が純虚数であることを意味し, $\psi_{0,\boldsymbol{k}}$ の位相を変更することで $C_{\boldsymbol{k}}$ は吸収できる. よって, $C_{\boldsymbol{k}} = 0$ とおいてよいことがわかった.

　2 次の補正項については, 式 (6.30) の 3 番目の式

$$H_0\psi_2 + V\psi_1 = E_0\psi_2 + E_1\psi_1 + E_2\psi_0 \tag{6.40}$$

に左から $(\psi_0)^*$ をかけて積分すると

$$E_0\langle\psi_0|\psi_2\rangle + \langle\psi_0|V|\psi_1\rangle = E_0\langle\psi_0|\psi_2\rangle + E_1\langle\psi_0|\psi_1\rangle + E_2 \tag{6.41}$$

となる. 先ほど求めた $\psi_1(\boldsymbol{r})$ の式を代入すると

$$
\begin{aligned}
E_2 &= \langle\psi_{0,\boldsymbol{k}}|V|\psi_1\rangle - E_1\langle\psi_{0,\boldsymbol{k}}|\psi_1\rangle \\
&= -\sum_{\boldsymbol{k}'\neq\boldsymbol{k}} \frac{\langle\psi_{0,\boldsymbol{k}'}|V|\psi_{0,\boldsymbol{k}}\rangle}{E_{0,\boldsymbol{k}'} - E_{0,\boldsymbol{k}}} \langle\psi_{0,\boldsymbol{k}}|V|\psi_{0,\boldsymbol{k}'}\rangle + E_1 \sum_{\boldsymbol{k}'\neq\boldsymbol{k}} \frac{\langle\psi_{0,\boldsymbol{k}'}|V|\psi_{0,\boldsymbol{k}}\rangle}{E_{0,\boldsymbol{k}'} - E_{0,\boldsymbol{k}}} \langle\psi_{0,\boldsymbol{k}}|\psi_{0,\boldsymbol{k}'}\rangle \\
&= -\sum_{\boldsymbol{k}'\neq\boldsymbol{k}} \frac{|\langle\psi_{0,\boldsymbol{k}'}|V|\psi_{0,\boldsymbol{k}}\rangle|^2}{E_{0,\boldsymbol{k}'} - E_{0,\boldsymbol{k}}} \tag{6.42}
\end{aligned}
$$

と求められる.

　さて，もとの話に戻ると，縮退のない場合の摂動論で求められた上記の式が今の場合に不都合であるのは明らかである．なぜならば $\boldsymbol{k}$ 空間での周期性により $E_{0,\boldsymbol{k}} = E_{0,\boldsymbol{k}+\boldsymbol{G}}$ が成り立つため，E_2 の分母が零になり発散するからである．つまりブリルアンゾーンの境界では縮退があるため，縮退のある場合の摂動論を用いて議論する必要がある．$\psi_1(\boldsymbol{r})$ の展開式をみれば分母に発散項があるため，1 次の摂動から見直す．分母の発散を回避するための戦略は E_2 の和の中に含まれる分子の項 $\langle\psi_{0,\boldsymbol{k}'}|V|\psi_{0,\boldsymbol{k}}\rangle$ が零になるように基底をとり直すことである．

　式 (6.30) の 2 番目の式

$$H_0\psi_1 + V\psi_0 = E_0\psi_1 + E_1\psi_0 \tag{6.43}$$

に戻って，再び

$$\psi_1(\boldsymbol{r}) = \sum_{\boldsymbol{k}'} C_{\boldsymbol{k}'}\psi_{0,\boldsymbol{k}'} \tag{6.44}$$

と表す．ここで，ブリルアンゾーン付近の $\boldsymbol{k}$ を考え，ψ_0 を縮退した $\psi_{0,\boldsymbol{k}}$ と $\psi_{0,\boldsymbol{k}+\boldsymbol{G}}$ の線形結合で表す．

$$\psi_0 \Rightarrow \tilde{\psi}_0 = a\psi_{0,\boldsymbol{k}} + b\psi_{0,\boldsymbol{k}+\boldsymbol{G}}. \tag{6.45}$$

縮退している $(E_{0,\boldsymbol{k}} = E_{0,\boldsymbol{k}+\boldsymbol{G}})$ おかげで，この関数 $\tilde{\psi}_0$ も元々のシュレディンガー方程式 $H_0\tilde{\psi}_0 = E_{0,\boldsymbol{k}}\tilde{\psi}_0$ を満たす．さて，これらを代入すると，

$$(H_0 - E_0)\sum_{\boldsymbol{k}'} C_{\boldsymbol{k}'}\psi_{0,\boldsymbol{k}'} = (E_1 - V)(a\psi_{0,\boldsymbol{k}} + b\psi_{0,\boldsymbol{k}+\boldsymbol{G}}). \tag{6.46}$$

左から $(\psi_{0,\boldsymbol{k}})^*$ をかけて空間積分すると左辺は零になり,

$$a\Big(E_1 - \langle\psi_{0,\boldsymbol{k}}|V|\psi_{0,\boldsymbol{k}}\rangle\Big) - b\langle\psi_{0,\boldsymbol{k}}|V|\psi_{0,\boldsymbol{k}+\boldsymbol{G}}\rangle = 0 \tag{6.47}$$

が得られる. 次に, 左から $(\psi_{0,\boldsymbol{k}+\boldsymbol{G}})^*$ をかけて空間積分すると再び左辺は零になり,

$$-a\langle\psi_{0,\boldsymbol{k}+\boldsymbol{G}}|V|\psi_{0,\boldsymbol{k}}\rangle + b\Big(E_1 - \langle\psi_{0,\boldsymbol{k}+\boldsymbol{G}}|V|\psi_{0,\boldsymbol{k}+\boldsymbol{G}}\rangle\Big) = 0. \tag{6.48}$$

まとめると

$$\begin{pmatrix} E_1 - \langle\psi_{0,\boldsymbol{k}}|V|\psi_{0,\boldsymbol{k}}\rangle & -\langle\psi_{0,\boldsymbol{k}}|V|\psi_{0,\boldsymbol{k}+\boldsymbol{G}}\rangle \\ -\langle\psi_{0,\boldsymbol{k}+\boldsymbol{G}}|V|\psi_{0,\boldsymbol{k}}\rangle & E_1 - \langle\psi_{0,\boldsymbol{k}+\boldsymbol{G}}|V|\psi_{0,\boldsymbol{k}+\boldsymbol{G}}\rangle \end{pmatrix} \begin{pmatrix} a \\ b \end{pmatrix} = 0. \tag{6.49}$$

$a = b = 0$ でない意味のある解をもつためには, 波線部の行列式が零になればよく, E_1 が計算できる. ここで, 見通しをよくするために

$$\langle\psi_{0,\boldsymbol{k}}|V|\psi_{0,\boldsymbol{k}}\rangle = \frac{1}{V}\int V(\boldsymbol{r})d\boldsymbol{r} \equiv V_0(\text{定数}),$$

$$\langle\psi_{0,\boldsymbol{k}+\boldsymbol{G}}|V|\psi_{0,\boldsymbol{k}+\boldsymbol{G}}\rangle = \frac{1}{V}\int V(\boldsymbol{r})d\boldsymbol{r} = V_0,$$

$$\langle\psi_{0,\boldsymbol{k}}|V|\psi_{0,\boldsymbol{k}+\boldsymbol{G}}\rangle = \frac{1}{V}\int V(\boldsymbol{r})e^{i\boldsymbol{G}\cdot\boldsymbol{r}}d\boldsymbol{r} \equiv V_G,$$

$$\langle\psi_{0,\boldsymbol{k}+\boldsymbol{G}}|V|\psi_{0,\boldsymbol{k}}\rangle = \frac{1}{V}\int V(\boldsymbol{r})e^{-i\boldsymbol{G}\cdot\boldsymbol{r}}d\boldsymbol{r} = V_G^* \tag{6.50}$$

と表すと (体積の V とポテンシャルを混同しないこと), ブリルアンゾーンの境界において E_1 は

$$E_1 = V_0 \pm |V_G| \tag{6.51}$$

と求められる. 通常 $\boldsymbol{k}$ に依存しない V_0 は0とおいて無視される. ポテンシャルがない場合には $E_0 = \hbar^2\boldsymbol{k}^2/(2m)$ であり, ブリルアンゾーンの境界においてエネルギーが縮退していたが (図4.9), ポテンシャルの影響で $2|V_{\boldsymbol{k}}|$ のバンドギャップが生じることを意味する. 電子の全エネルギーは, 1次元の場合について図6.8に示すように, 放物線状のエネルギー曲線がゾーン境界でギャップをもった構造となる.

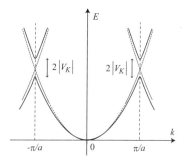

図 6.8　ほとんど自由な電子の近似により求められた電子のエネルギー.

ギャップの定性的理解

ブリルアンゾーン付近の固有関数を具体的に考えよう. 格子定数 a の 1 次元系を考え, $k = \pi/a$, $k' = k + G = -\pi/a$ とおく $(G = -2\pi/a)$. このとき, $E_1 = V_0 + |V_G| = |V_G|$ $(V_0 = 0$ とおいた) に対しては, 式 (6.49) から $(a, b) = (1/\sqrt{2}, 1/\sqrt{2})$ が得られるので, 固有関数 $\tilde{\psi}_0^+$ は

図 6.9 エネルギーギャップ生成のブラッグ反射による理解.

$$\tilde{\psi}_0^+ \sim \left(e^{i\frac{\pi}{a}x} + e^{-i\frac{\pi}{a}x} \right) \propto \cos\left(\frac{\pi}{a}x\right). \tag{6.52}$$

一方, $E_1 = V_0 - |V_G| = -|V_G|$ に対しては $(a, b) = (1/\sqrt{2}, -1/\sqrt{2})$ が得られるので, 固有関数 $\tilde{\psi}_0^-$ は

$$\tilde{\psi}_0^- \sim \left(e^{i\frac{\pi}{a}x} - e^{-i\frac{\pi}{a}x} \right) \propto \sin\left(\frac{\pi}{a}x\right). \tag{6.53}$$

振幅の 2 乗が電子の存在確率を表すことに注意すると, cos 関数を含む $\tilde{\psi}_0^+$ の方が各格子点での電子の存在確率が大きく, 強くポテンシャルの影響を受けると考えられるためエネルギーが高くなると理解できる.

また, ゾーン境界でエネルギーギャップが生じることは, ブラッグ反射の観点からも理解できる. 図 6.9 に示すように, 再び 1 次元の系を考え, 電子の波が格子点で周期ポテンシャルにより散乱され, 反射したとする. 図 6.9 の ① と ② に示すように隣接する格子点で反射される電子の波の行路差は $2a$ である. 一方, $k = \pi/a$ のとき, $k = 2\pi/(2a)(= 2\pi/\lambda)$ と書き換えるとこの電子の波は右に進む波長 $2a$ の波と見なせ, 行路差=波長の条件が成り立つ. このとき進行波と反射波は強い干渉効果によって静止した定在波が生じる. 強い干渉効果によってエネルギーは不連続になりギャップが生じるとともに, 群速度に相当する $dE/dk = 0$ となる.

対称性の高い点を表す記号

得られたエネルギー曲線は, 縦軸がエネルギー E, 横軸が波数 k で表されており, 通常は第 1 ブリルアンゾーンの範囲で描かれる. 研究論文などでは, ブリルアンゾーン内の対称性が高い波数の点には, Γ, K, M などと記号が付けられている場合があるのでここで注意しておく. 例えば, Γ 点とは $k = 0$ (第 1 ブリルアンゾーンの中心) を指す.

□■ 6.4 強 結 合 近 似 ■□

　金属の d 軌道，f 軌道，有機伝導体
の分子軌道においては，電子は原子や
分子の位置に強く束縛されている．こ
のような場合には，自由電子のような
平面波ではなく各格子点で振幅が大き
くなるような波動関数が，より正しく

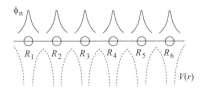

図 6.10 1 次元結晶の強結合近似.

電子状態を記述する．このような近似を**強結合近似**（強束縛近似，タイトバイ
ンディング近似）と呼ぶ．

　格子点 $\boldsymbol{R}_m$ にある原子のエネルギー準位 E_n に対応する電子の波動関数を
$\phi_n(\boldsymbol{r} - \boldsymbol{R}_m)$ とおく．他の準位のことは（十分エネルギーが離れているとして）
考えないことにする（図 6.10）．波動関数 $\phi_n(\boldsymbol{r} - \boldsymbol{R}_m)$ は格子点 $\boldsymbol{R}_m$ の周りに
局在しており，隣りの格子点の波動関数との重なりは小さいとする．隣り合う
原子（格子点）の波動関数が重なると，電子は重なりを利用して原子間を飛び
移れると考えられる．このとき電子の波動関数は各格子点の $\phi_n(\boldsymbol{r} - \boldsymbol{R}_m)$ の線
形結合（重ね合わせ）で書ける．

$$\psi_n(\boldsymbol{r}) = \frac{1}{\sqrt{N}} \sum_m C_m \phi_n(\boldsymbol{r} - \boldsymbol{R}_m). \tag{6.54}$$

結晶が N 個の原子からなるとすると和は 1 から N までの和をとる．E_n は N
重に縮退している．さて，この波動関数はブロッホ関数でないといけないので，
係数 C_m は波数 $\boldsymbol{k}$ をもつ $e^{i\boldsymbol{k}\cdot\boldsymbol{R}_m}$ であり，

$$\psi_{n,\boldsymbol{k}}(\boldsymbol{r}) = \frac{1}{\sqrt{N}} \sum_m e^{i\boldsymbol{k}\cdot\boldsymbol{R}_m} \phi_n(\boldsymbol{r} - \boldsymbol{R}_m). \tag{6.55}$$

この波動関数がブロッホの定理を満たすことは，

$$\psi_{n,\boldsymbol{k}}(\boldsymbol{r}) = e^{i\boldsymbol{k}\cdot\boldsymbol{r}} \frac{1}{\sqrt{N}} \sum_m e^{i\boldsymbol{k}\cdot(\boldsymbol{R}_m - \boldsymbol{r})} \phi_n(\boldsymbol{r} - \boldsymbol{R}_m) \tag{6.56}$$

と変形して波線部分を $u_{n,\boldsymbol{k}}(\boldsymbol{r})$ とおくと，任意の格子ベクトル $\boldsymbol{R}$ に対して
$u_{n,\boldsymbol{k}}(\boldsymbol{r}) = u_{n,\boldsymbol{k}}(\boldsymbol{r} + \boldsymbol{R})$ が成り立つことからわかる．なぜなら，

$$u_{n,\boldsymbol{k}}(\boldsymbol{r} + \boldsymbol{R}) = \frac{1}{\sqrt{N}} \sum_m e^{i\boldsymbol{k}\cdot\{(\boldsymbol{R}_m - \boldsymbol{R}) - \boldsymbol{r}\}} \phi_n(\boldsymbol{r} - (\boldsymbol{R}_m - \boldsymbol{R})) \tag{6.57}$$

は，和の中において $\boldsymbol{R}_m - \boldsymbol{R}$ が全格子点を網羅することから $u_{n,\boldsymbol{k}}(\boldsymbol{r})$ に等しいからである．なお，

$$\langle \psi_{n,\boldsymbol{k}} | \psi_{n,\boldsymbol{k}} \rangle = \frac{1}{N} \sum_{m,l} e^{i\boldsymbol{k}\cdot(\boldsymbol{R}_m - \boldsymbol{R}_l)} \int \phi^*(\boldsymbol{r} - \boldsymbol{R}_l)\phi(\boldsymbol{r} - \boldsymbol{R}_m)d\boldsymbol{r} \approx \frac{N}{N} = 1 \tag{6.58}$$

より，この波動関数は規格化されている．ここで $l = m$ が積分で主要であるとした．

ポテンシャルエネルギー $V(\boldsymbol{r})$ は，格子点 $\boldsymbol{R}_m$ にある原子のポテンシャルの和で書ける．

$$V(\boldsymbol{r}) = \sum_m V(\boldsymbol{r} - \boldsymbol{R}_m). \tag{6.59}$$

よって，ハミルトニアンは

$$H = -\frac{\hbar^2}{2m}\nabla^2 + \sum_m V(\boldsymbol{r} - \boldsymbol{R}_m) \tag{6.60}$$

であり，求めたいエネルギー準位 E_n は H のエネルギー固有値である．上の $\psi_{n,\boldsymbol{k}}(\boldsymbol{r})$ は必ずしも H の固有関数ではないが，固有関数をよく近似していると仮定する（強結合近似）．隣り合う原子の軌道のみが重なり合うとして，エネルギー固有値は近似的に以下のように求められる．

$$\begin{aligned} E_n(\boldsymbol{k}) &= \langle \psi_{n,\boldsymbol{k}} | H | \psi_{n,\boldsymbol{k}} \rangle \\ &= \frac{1}{N} \sum_{m,l} e^{i\boldsymbol{k}\cdot(\boldsymbol{R}_m - \boldsymbol{R}_l)} \int \phi^*(\boldsymbol{r} - \boldsymbol{R}_l)H\phi(\boldsymbol{r} - \boldsymbol{R}_m)d\boldsymbol{r} \\ &\approx \alpha + \sum_{l \neq m} e^{i\boldsymbol{k}\cdot(\boldsymbol{R}_m - \boldsymbol{R}_l)}\gamma. \end{aligned} \tag{6.61}$$

ここで，最後の式の和は最近接に対してのみとり，

$$\langle \phi_l | H | \phi_m \rangle = \begin{cases} \langle \phi_m | H | \phi_m \rangle = \alpha & (l = m) \\ \langle \phi_l | H | \phi_m \rangle = \gamma & (l \text{ と } m \text{ は最近接}) \\ \langle \phi_l | H | \phi_m \rangle = 0 & (\text{それ以外}) \end{cases}$$

であるとした．ここで簡略化した表記 $\langle \Phi^{\mathrm{A}} | H | \Phi^{\mathrm{B}} \rangle$ は

$$\langle \Phi^{\mathrm{A}} | H | \Phi^{\mathrm{B}} \rangle = \int \left(\Phi^{\mathrm{A}}(\boldsymbol{r})\right)^* H\Phi^{\mathrm{B}}(\boldsymbol{r})d\boldsymbol{r} \tag{6.62}$$

で定義される．格子点の位置は物質によって異なり，バンド分散は物質の対称性を反映する．これは結晶格子のつくるポテンシャルを取り入れていることに対応する．

具体例：1次元格子　具体例として，まず格子定数 a の1次元格子を考える（図 6.10）．簡単のためバンドの指数 n を無視して式 (6.61) を計算すると

$$E(k) = \alpha + e^{ika}\gamma + e^{-ika}\gamma = \alpha + 2\gamma\cos(ka) \tag{6.63}$$

と求まる（図 6.11）．k 依存性は cos 関数であり，$k \approx 0$ の近傍では自由電子的（$E(k) \sim k^2$）である．バンド幅は 4γ となり，波動関数の重なりが

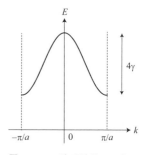

図 6.11　1次元結晶のエネルギー曲線.

大きいほど大きくなる．このようなバンド幅の議論は，例えば室温で磁性が見られる Fe, Co, Ni などの遷移金属の議論において重要である．これらの金属においては外殻電子として $3d$ 軌道の電子と $4s$ 軌道の電子がいるが，局在性の強い $3d$ バンドのバンド幅は狭く，遍歴性の強い $4s$ バンドのバンド幅は広い．磁性の詳細な議論は後回しにするが，このように強結合近似においては，バンド指数の意味が明確（$n = 1s, 2s, 2p, \cdots$）であることが特徴である．

具体例：2次元正方格子　次の例として，格子定数 a の2次元正方格子を考える．この場合も同様に計算して，

$$E(k_x, k_y) = \alpha + 2\gamma\cos(k_x a) + 2\gamma\cos(k_y a) \tag{6.64}$$

となる．k_x 軸方向，$(k_x, k_y) = (\pi/a, \pi/a)$ 方向を示す k' の方向のエネルギーバンドは図 6.12(a) のようになる．

フェルミ面は，

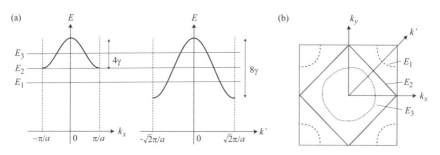

図 6.12　2次元結晶のエネルギー曲線とフェルミ面.

$$\cos(k_x a) + \cos(k_y a) = \frac{E_F - \alpha}{2\gamma} \tag{6.65}$$

の解である．フェルミ準位の位置によってフェルミ面の形状は異なる．図
6.12(a) でフェルミ準位が E_1, E_2, E_3 の場合のフェルミ面を図6.12(b) に示す．
$E_F = E_1$ においては k_x 軸方向にはフェルミ面は存在しないが，k' 軸方向には
フェルミ面が存在する．$E_F = E_2$ のときは $\cos(k_x a) + \cos(k_y a) = 0$ の状況に
相当し，フェルミ面はちょうどブリルアンゾーンの面積を半分にするような閉
曲線となる．この状況は電子のスピン自由度を含めると，各原子に電子が1つ
ずつ存在することに対応する．$E_F = E_3$ のときは，k_x 軸と k' 軸の両方の方向
でバンドが E_F を横切り，図に示すようなフェルミ面が得られる．

なお，フェルミ面という等エネルギー面において，式 (6.64) の k_x での偏微分

$$\frac{\partial E_F}{\partial k_x} = 0 = \frac{\partial}{\partial k_x}\Big(\alpha + 2\gamma\cos(k_x a) + 2\gamma\cos(k_y a)\Big) \tag{6.66}$$

より，

$$\frac{\partial k_y}{\partial k_x} = -\frac{\sin(k_x a)}{\sin(k_y a)} \tag{6.67}$$

が成り立つ．フェルミ準位 $E_F = E_1$ の場合，第1ブリルアンゾーン境界
$k_x = \pm\pi/a$ で $\partial k_y/\partial k_x = 0$ となり，フェルミ面がゾーン境界に垂直に交
わることがわかる．$k_y = \pm\pi/a$ の場合も同様である．$E_F = E_3$ のときは，k_x
軸と k_y 軸に対して垂直に交わる．

□■ 6.5　グラフェンのエネルギーバンド　■□

前節では，単位格子に1つの原子しかない場合を考えたが，単位格子に等価
でない2つの原子が存在する場合もある．この場合の強結合近似における原子
A と原子 B のブロッホ関数は

$$\psi_{\boldsymbol{k}}^{\mathrm{A}}(\boldsymbol{r}) = \frac{1}{\sqrt{N}} \sum_m e^{i\boldsymbol{k}\cdot\boldsymbol{R}_m}\phi^{\mathrm{A}}(\boldsymbol{r} - \boldsymbol{R}_m),$$

$$\psi_{\boldsymbol{k}}^{\mathrm{B}}(\boldsymbol{r}) = \frac{1}{\sqrt{N}} \sum_l e^{i\boldsymbol{k}\cdot\boldsymbol{R}_l}\phi^{\mathrm{B}}(\boldsymbol{r} - \boldsymbol{R}_l) \tag{6.68}$$

と書ける．全体の波動関数を

$$\psi_{\boldsymbol{k}}(\boldsymbol{r}) = C_A\psi_{\boldsymbol{k}}^{\mathrm{A}}(\boldsymbol{r}) + C_B\psi_{\boldsymbol{k}}^{\mathrm{B}}(\boldsymbol{r}) \tag{6.69}$$

と重ね合わせで表し，シュレディンガー方程式 $H\psi_{\boldsymbol{k}}(\boldsymbol{r}) = E\psi_{\boldsymbol{k}}(\boldsymbol{r})$ を満たすとする．

以下のようにシュレディンガー方程式に左から $\left(\psi_{\boldsymbol{k}}^{\mathrm{A}}(\boldsymbol{r})\right)^{*}$ あるいは $\left(\psi_{\boldsymbol{k}}^{\mathrm{B}}(\boldsymbol{r})\right)^{*}$ をかけて $\boldsymbol{r}$ で積分すると，表記の簡略化のためにブラケット記号を用いて

$$\langle\psi^{\mathrm{A}}|H|\psi\rangle = E\langle\psi^{\mathrm{A}}|\psi\rangle = C_{\mathrm{A}}\langle\psi^{\mathrm{A}}|H|\psi^{\mathrm{A}}\rangle + C_{\mathrm{B}}\langle\psi^{\mathrm{A}}|H|\psi^{\mathrm{B}}\rangle,$$

$$\langle\psi^{\mathrm{B}}|H|\psi\rangle = E\langle\psi^{\mathrm{B}}|\psi\rangle = C_{\mathrm{A}}\langle\psi^{\mathrm{B}}|H|\psi^{\mathrm{A}}\rangle + C_{\mathrm{B}}\langle\psi^{\mathrm{B}}|H|\psi^{\mathrm{B}}\rangle. \tag{6.70}$$

それぞれの積分は以下のように評価できる．まず，原子 A と原子 B の波動関数の重なりが小さいとして

$$\langle\psi^{\mathrm{A}}|\psi\rangle \approx C_{\mathrm{A}}, \quad \langle\psi^{\mathrm{B}}|\psi\rangle \approx C_{\mathrm{B}} \tag{6.71}$$

である．

$$\begin{aligned} \langle\psi^{\mathrm{A}}|H|\psi^{\mathrm{A}}\rangle &= \frac{1}{N}\sum_{m,m'} e^{i\boldsymbol{k}\cdot(\boldsymbol{R}_m - \boldsymbol{R}_{m'})}\langle\phi_{m'}^{\mathrm{A}}|H|\phi_m^{\mathrm{A}}\rangle \\ &\approx \frac{1}{N}\sum_{m,m'} e^{i\boldsymbol{k}\cdot(\boldsymbol{R}_m - \boldsymbol{R}_{m'})}E_{\mathrm{A}}\delta_{mm'} = E_{\mathrm{A}}. \end{aligned} \tag{6.72}$$

同様にして

$$\langle\psi^{\mathrm{B}}|H|\psi^{\mathrm{B}}\rangle = E_{\mathrm{B}}. \tag{6.73}$$

ここで $\phi^{\mathrm{A}}(\boldsymbol{r}-\boldsymbol{R}_m) \equiv \phi_m^{\mathrm{A}}$ などと表記し，$\langle\phi_m^{\mathrm{A}}|H|\phi_m^{\mathrm{A}}\rangle = E_{\mathrm{A}}$, $\langle\phi_m^{\mathrm{B}}|H|\phi_m^{\mathrm{B}}\rangle = E_{\mathrm{B}}$ とおいた．$\delta_{mm'}$ はクロネッカーのデルタである（$m = m'$ のとき 1，$m \neq m'$ のとき 0）．よって，式 (6.70) の 2 本の式は

$$\begin{pmatrix} E_{\mathrm{A}} - E & \langle\psi^{\mathrm{A}}|H|\psi^{\mathrm{B}}\rangle \\ \langle\psi^{\mathrm{B}}|H|\psi^{\mathrm{A}}\rangle & E_{\mathrm{B}} - E \end{pmatrix} \begin{pmatrix} C_{\mathrm{A}} \\ C_{\mathrm{B}} \end{pmatrix} = 0 \tag{6.74}$$

のようにまとめられる．$C_{\mathrm{A}} = C_{\mathrm{B}} = 0$ でない解が得られるためには波線部の行列式が零である必要がある．よって，

$$E = \frac{E_{\mathrm{A}} + E_{\mathrm{B}} \pm \sqrt{(E_{\mathrm{A}} - E_{\mathrm{B}})^2 + 4\left|\langle\psi^{\mathrm{A}}|H|\psi^{\mathrm{B}}\rangle\right|^2}}{2} \tag{6.75}$$

が得られる．ここで，残していた

$$\langle\psi^{\mathrm{A}}|H|\psi^{\mathrm{B}}\rangle = \frac{1}{N}\sum_{m,m'} e^{i\boldsymbol{k}\cdot(\boldsymbol{R}_m - \boldsymbol{R}_{m'})}\langle\phi_{m'}^{\mathrm{A}}|H|\phi_m^{\mathrm{B}}\rangle \tag{6.76}$$

の和は隣り合う場合のみ残す．

グラフェン　具体例として，グラフェンという物質を考える．グラフェンは代表的な2次元物質であり，炭素原子のみで構成される六角格子（ハニカム格子）をとる．炭素原子は6個の電子をもち，$1s$軌道に2つ，$2s$軌道に2つ，$2p$軌道に2つの電子が存在するが，$2s$軌道と格子面内に伸びたp_x, p_y軌道が混成し，sp^2混成軌道を形成する．この軌道はσ軌道と呼ばれ，グラフェンの2次元構造を安定化させる．一方，伝導を担うのは格子面に垂直に伸びるp_z軌道であり，これをπ軌

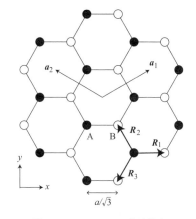

図 6.13　グラフェンの格子構造.

道と呼ぶ．各π軌道には電子が1つ入っている．図のA,Bサイトのπ軌道の波動関数を$\phi^{\mathrm{A}}(\boldsymbol{r})$, $\phi^{\mathrm{B}}(\boldsymbol{r})$とおけば上の議論がそのまま適用できる．また，炭素原子のみからなるので，$E_{\mathrm{A}} = E_{\mathrm{B}}$である．$\boldsymbol{k}$依存しないこの項を無視して$E_{\mathrm{A}} = E_{\mathrm{B}} = 0$とおく．このとき式 (6.75) より，$E = \pm \left| \langle \psi^{\mathrm{A}} | H | \psi^{\mathrm{B}} \rangle \right|$である．

エネルギーバンドを求めるには式 (6.76) の$\langle \psi^{\mathrm{A}} | H | \psi^{\mathrm{B}} \rangle$を評価すればよい．基本並進ベクトル$\boldsymbol{a}_1, \boldsymbol{a}_2$の長さを$a$とおくとき，Aサイトから隣り合うBサイトに向かう3つのベクトルが

$$\boldsymbol{R}_1 = \left(\frac{a}{\sqrt{3}}, 0 \right), \quad \boldsymbol{R}_2 = \left(-\frac{a}{2\sqrt{3}}, \frac{a}{2} \right), \quad \boldsymbol{R}_3 = \left(-\frac{a}{2\sqrt{3}}, -\frac{a}{2} \right) \tag{6.77}$$

で書けるので，

$$\langle \psi^{\mathrm{A}} | H | \psi^{\mathrm{B}} \rangle = \gamma \left(e^{i\boldsymbol{k} \cdot \boldsymbol{R}_1} + e^{i\boldsymbol{k} \cdot \boldsymbol{R}_2} + e^{i\boldsymbol{k} \cdot \boldsymbol{R}_3} \right). \tag{6.78}$$

よって

$$E_{\pm} = \pm \left| \langle \psi^{\mathrm{A}} | H | \psi^{\mathrm{B}} \rangle \right|$$

$$= \pm |\gamma| \sqrt{3 + 2\cos\left[\left(\frac{\sqrt{3}}{2}k_x - \frac{k_y}{2}\right)a\right] + 2\cos(k_y a) + 2\cos\left[\left(\frac{\sqrt{3}}{2}k_x + \frac{k_y}{2}\right)a\right]}. \tag{6.79}$$

AサイトとBサイトの2つの自由度があることに対応して2つのバンド（$E_- \leq 0$と$E_+ \geq 0$のバンド）が得られ，各π軌道に電子が1つ占有していることから，

E_- バンドだけが完全に占有された状態が実現している.

このエネルギーバンドは第1ブリルアンゾーンの境界にある点

$$\left(0, \frac{4\pi}{3a}\right), \left(\frac{2\pi}{\sqrt{3}a}, -\frac{2\pi}{3a}\right), \left(-\frac{2\pi}{\sqrt{3}a}, -\frac{2\pi}{3a}\right),$$

$$\left(\frac{2\pi}{\sqrt{3}a}, \frac{2\pi}{3a}\right), \left(0, -\frac{4\pi}{3a}\right), \left(-\frac{2\pi}{\sqrt{3}a}, \frac{2\pi}{3a}\right) \tag{6.80}$$

で $E_+ = E_- = 0$ となる (図 6.14). つまりエネルギーギャップは上記の点
(K 点と K' 点と呼ばれる) でのみ閉じてい

る. フェルミ準位は, このちょうどギャッ
プが閉じた点にある. エネルギーギャッ
プがないのでグラフェンは金属に分類さ
れる. 一方で, エネルギーバンドが k 空
間において1点で接しているので, フェル
ミエネルギーでの状態密度 $D(E_F)$ が零に
なる. このように他の物質にはない特徴を
もっている.

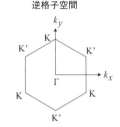

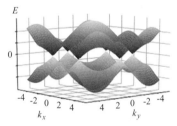

また, エネルギーが小さい領域で k に
ついて展開すると k に対して線形の分散,
つまり $E_\pm \propto |k|$ が得られる. このバン
ド構造を**ディラックコーン**, コーンの頂点
を**ディラック点**と呼ぶ. 通常のエネルギー
バンドはシュレディンガー方程式が2階
の空間微分を含むことから低エネルギーで

図 6.14 グラフェンの第1ブリルアン
ゾーンとエネルギー分散 ($a = 1$ と
して計算).

k^2 に比例するのとは好対照である. 実際にこの k に線形のバンド構造に起因
した特異な物性が発現することが知られている.

ファン・デル・ワールス超格子

一原子薄膜であ
るグラフェンのような二次元層状物質においては, 2
つの二次元物質を重ねることで人工物質を作製し元
の物理的性質を変化させることができる. ここで重
ね合わせる二次元物質は, グラフェンとグラフェン
のような同種物質の場合もあるし, 異種物質の場合

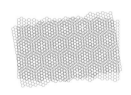

図 6.15 非整合二層グラ
フェンのモアレ模様.

もある．二次元物質同士はファン・デル・ワールス相互作用で結び付くため，**ファン・デル・ワールス接合**などと呼ぶ．複数の結晶格子を重ねたことにより長周期の新しい結晶格子を作ったという意味で**超格子**と呼ぶこともある．

さらに，二次元物質を2つ重ね合わせるとき，両者の結晶格子がずれた形で（結晶軸を揃えずに）積層させた人工物質を作製できる．このような状況を**非整合**と呼ぶ（図6.15）．グラフェンの格子定数は0.3 nm程度であるが，非整合に重ねることで結晶構造の面内方向に10 nm程度の長周期の**モアレ模様**（干渉縞）が現れ，モアレの長周期構造を反映してエネルギーバンドが大きく変調を受ける．例えば，2枚のグラフェンを約1°回転させて重ねると，原子構造の非整合によってモアレ模様が生じ，電子状態の変調の結果として超伝導が生じることが知られている．

□■ 6.6 強相関電子系 ■□

バンド理論においては，ポテンシャルの項を1個の電子が平均的に感じるポテンシャルの形に表していた．これは電子に比べて質量が大きい格子（原子核）からのポテンシャルを考慮する上では良い近似となり得るが，電子同士の相互作用が大きい場合にはこのような取り扱いは破綻する可能性がある．つまり，距離 r 離れた電子同士にはクーロン相互作用 $e^2/(4\pi\epsilon_0 r^2)$ がはたらいており，1つの電子の周りには電子がたくさんいることを考えると，ポテンシャル項を注目している電子の座標 $\boldsymbol{r}_i$ にのみ依存する $V(\boldsymbol{r}_i)$ の形に表すことはできない．また，電子間の距離 r が1Å程度と小さいとするとクーロンエネルギーはeVのオーダーにもなる．

しかし，バンド理論あるいは自由電子モデルは大抵の物質の性質をよく説明できることが知られる．これはクーロン相互作用が無力化されているからである．その原因の1つは**遮蔽効果**である．伝導電子の集団に外から1つ電子が加わったとすると，クーロン反発によるエネルギー損を回避するため他の電子はその近くから離れ

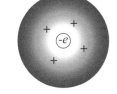

図 6.16 遮蔽効果.

る．その結果，その電子の周囲の電子密度が低くなり，背景にある格子（原子核）イオンの正電荷の密度が相対的に高くなる．つまり，電子の周りを正電荷が周囲を囲むような状態になっており（図6.16），遠くから見れば，電子の負電

荷が周りの正電荷により中和されて見える．これが遮蔽効果である．遮蔽効果
により，クーロン相互作用は遠い所には届かなくなる．

　しかし，遮蔽効果ではクーロン相互作用の短
距離力は無力化されない．もう1つ重要なのは，
フェルミ液体効果である．この効果により，クー
ロン相互作用により電子同士が相互作用しても，
（低エネルギー励起に関する限り）互いに独立の
ままであると見なせる．この基礎になるのは，基
底状態でフェルミ準位のエネルギーまで電子が詰
まっていることと，同じ状態を2つ以上の電子
が占有できないというパウリの排他原理である．

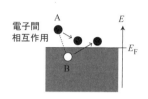

図6.17　フェルミ液体効果．電
子 A のエネルギーが E_F に
近いと，この2電子散乱は
起こりづらい．

今，フェルミ準位よりわずかに高いエネルギーに電子を1つ付け加えたとする
（仮に電子 A とする）．電子 A とフェルミ準位以下にいる電子 B が相互作用す
ると，エネルギー保存則を保った上で電子同士でエネルギーのやり取りをする
（図6.17）．フェルミ準位以下はとり得る状態が残っていないので，相互作用後
も電子 A はフェルミ準位より高いエネルギーの状態をとらないといけない．仮
に電子 A のエネルギーがフェルミエネルギー E_F に等しいときには，電子 B の
エネルギーも E_F でなければならず，相互作用した後の電子 A と電子 B のエネ
ルギーも E_F のままである．このように電子間の相互作用があっても電子 A は
1電子の固有状態のまま安定であり，電子の集団は独立粒子の集団のままであ
ると見なせる．これを別の言い方にすれば，短距離のクーロン相互作用も無力
化されている．これがフェルミ液体効果である．

┃モット絶縁体　　上記の2つの効果によって，電子間のクーロン反発を周囲
の電子から受ける平均的なポテンシャルに置き換え，電子1個に対するエネル
ギー固有値を求める問題へと単純化できる．このようなアプローチは産業上重
要な半導体材料を含めて，多くの物質の性質を説明できる．しかし，そのよう
な単純化が成功しない場合もまた数多く存在する．例えば NiO のような遷移金
属酸化物は絶縁体となるものも多いが，遷移金属の $3d$ 軌道は途中までしか占
有されていない．つまり，電子が部分的にしか占有されていないバンドでも絶
縁体となる場合があり，その説明には電子同士の相互作用（電子相関）が重要
である．

電子相関の影響が出やすいのが，$3d$ 軌道や $4f$ 軌道からつくられるエネルギーバンドを伝導帯（電気伝導に寄与するバンド）とする化合物である．s 軌道や p 軌道の電子に比べて，上記の軌道では電子の波動関数の原子核の周りの空間的広がりが小さく，電子が伝搬しづらいため運動エネルギーが小さい．電子の局在性が強いと，電荷の遮蔽効果も弱くなる．そのため運動エネルギーとクーロン相互作用のエネルギーの大きさが近いために，他の軌道に比べて電子相関の効果が効きやすい．このような場合には，バンド理論が破綻し，金属と予測された固体が現実には絶縁体になる場合がある．このような絶縁体を**モット絶縁体**と呼ぶ．

モット絶縁体は実空間描像では，電子相関が強いために，隣の原子に電子が移動できなくなるという状況である．図 6.18 に示すように，簡単のため $3d$ 軌道を 1 つに代表させて 1 原子あたり最大 2 個の電子が占有できるとしよう．また原子数と電子数が一致するとする．このとき図 6.18(a) に示すような 1 原子に 2 個の電子がある状況は強いクーロン反発のせいで不安定（高エネルギー）である．むしろ図 6.18(b) のように，各原子に電子を住み分けた状況の方がエネルギーが安定となる．電子は隣の原子に飛び移ろうにも強いクーロン反発によって飛び移れず，各原子に局在せざるを得ない．これがモット絶縁体の状況である．また，各サイトに孤立した電子のスピンは多くの場合交互に逆向き（反強磁性的）になる．なぜならば，励起状態として電子が隣の原子に飛び移るプロセスを考えると，電子が平行に配列してい

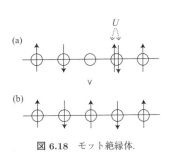

図 6.18 モット絶縁体.

たら（強磁性的）パウリの排他原理のために電子の飛び移りが禁じられるからである．

このようなモット絶縁体の 1 つの例は MnO である．Mn^{2+} は $3d$ 軌道に 5 つの電子がある．$3d$ 軌道には 10 個の電子が入り得るので，半分詰まった状態である．これは $3d$ 軌道を 1 つに代表させて描いた図 6.18 の状況に一致する．バンド理論によれば，低エネルギーから順に 1 つのエネルギー準位に対してスピンの向きの異なる 2 つの電子を占有させて詰めていくと，中途半端に詰まった場合には金属となるはずである．しかし，今回はクーロン反発の効果も考慮しないといけない．斥力相互作用が強いと 1 つのエネルギー準位を電子が二重

占有できなくなり，バンド理論が破綻する．バンド理論では $2N$ 個の電子が収容できるバンドであっても，各準位には電子を 1 個しか収容できず，N 個の電子しか収容できなくなる．N 個の電子が占有されたバンドに電子を 1 個付け加えようとするとクーロン相互作用分のエネルギーが必要であり，実質的にエネルギーギャップが存在すると見なせる（絶縁体になる）．また，前段落で述べたように，MnO は実際に反強磁性を示すことが知られる（磁性については第 10 章参照）．

.7.
外場に対する電子の応答

外場とは物質に対して外界から与えられる作用を指し，物質に電圧を印加するような場面を想像するとわかりやすい．外場の例としては，電圧（電場）以外にも温度勾配や光，圧力，磁場などが考えられる．電子系に限らずフォノンも外場に対して応答する場合があるが，ここでは電子系に限っていくつかの外場に対する基本的な応答を説明する．既に取り上げた電気伝導もより詳細に議論される．外部磁場の効果については第9章で取り上げる．

□■ 7.1 半古典近似 ■□

電子は $-e$ の電荷をもつ粒子であり，電場を印加すると電場と逆向きに運動する（**電気伝導**）．加速された電子は物質中で散乱されて，電場方向に定常的な電流を生み出す．定常的な電流の大きさは印加した電場に比例することが知られており，**オームの法則**と呼ばれる．

量子力学によると電子はフェルミ粒子であるから，物質中に多数ある電子はエネルギーの低い準位から順番に占有される．フェルミ準位から離れた低いところにある電子は身動きがとれず，フェルミ準位付近のエネルギーの高い電子だけが電場により運動する．フェルミ準位にある電子のエネルギーは E_F，速さは v_F（フェルミ速度）である．金属のフェルミエネルギーは非常に大きいから，個々の電子は熱エネルギー（$k_\mathrm{B}T$）よりもはるかに大きいエネルギーをもち，対応して非常に大きな速度をもって運動している．

電子のもつ量子力学的性質において見逃せない点は，電子は粒子だけでなく波の性質ももつことである．つまり，電子は波動の性質をもち，ブロッホ波で表される波としての電子が電場にどのように応答するのかを考える必要がある．電気伝導の完全に量子力学的な取り扱いは難しく，古典力学を援用した量子力学の近似理論である**半古典近似**が広く用いられている．

粒子としての電子の位置を r
とおく. 電子の状態を表すブロ
ッホ波 (や平面波) は空間的に広
がっており位置 r を指定できず,
電子の運動の速度 v も dr/dt で
は決定できない. そこで, 波数
の異なる多数の波の重ね合わせ

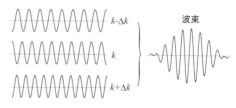

図 7.1　波束のイメージ.

であり, 空間のある 1 点の近傍にのみ波が残る**波束**の状態を考える. k の近く
の異なった波数 $(k - \Delta k/2 \sim k + \Delta k/2)$ のブロッホ波を重ね合わせた (混じ
りあった) 波束は, r 付近に局在した状態を表す. これを理解するために, 簡
単のために自由電子を表す 1 次元平面波 e^{ikx} を異なる k の値に対して重ね合
わせた状態 $\sum_k e^{ikx}$ を考える (図 7.1). このとき, $|x|$ が大きいときには異な
る k の値に対して e^{ikx} は異なる値をとるため重ね合わせる波の数が多いと和は
零に近づくと考えられる. 一方, $x = 0$ においてはそのような打ち消し合いは
起こらない. つまり, この波束は $x = 0$ 付近に局在した状態を表している. 運
動量 p をもち, 位置 r にある結晶中の電子は, 不確定性関係のため実空間の広
がり Δr と波数空間での広がり Δk をもつ. このような状況の波動関数は波束
を使って表現できる.

半古典近似では, 波束の中心位置と運動量の両方を時間の関数として (古典
的に) 追跡できるとする. このためには実空間の広がり Δr と波数空間での広
がり Δk がともにある程度小さいことが前提とされる. なぜなら仮に Δr が
非常に大きい場合には電子を「粒子」として見なすのは不適当であるためであ
る. また, k の値の不確定性が大きすぎる状況はブロッホ波として電子を記述
するのは無理があろう. なお, 1 次元のブロッホ波の場合に仮に第 1 ブリルア
ンゾーンのすべての波数 $\Delta k = 2\pi/a$ を Δk として採用すると, 不確定性関係
$\Delta r \Delta k \geq 1$ から, 実空間の広がり Δr は $\Delta r \geq a/(2\pi)$ と見積もられる. 波数の
不確定性が第 1 ブリルアンゾーンの幅よりも十分小さい場合には, 実空間にお
いては空間的な広がりが格子間隔の数倍程度以上になっていると考えられる.
このとき波数 k は良い量子数となり, 実空間の広がりも問題にしている長さス
ケール (電磁波の波長など) より十分小さければ電子を粒子として見なせる.
このような状況で半古典近似は用いられる.

半古典近似のもとで, 波束の中心座標 r の時間変化である電子の速度 v は,

波の群速度の式 $\boldsymbol{v} = d\omega(\boldsymbol{k})/d\boldsymbol{k}$ を用いて

$$\boldsymbol{v} = \frac{d\boldsymbol{r}}{dt} = \frac{1}{\hbar}\frac{\partial E}{\partial \boldsymbol{k}} \tag{7.1}$$

で与えられる. $E = E(\boldsymbol{k})$ はバンド分散である. また波束の中心波数 $\boldsymbol{k}$ の運動方程式は, ニュートンの運動方程式と同形の

$$\frac{d}{dt}(\hbar\boldsymbol{k}) = -e\vec{\mathcal{E}} \tag{7.2}$$

で与えられる. ここで, 一様かつ定常な電場 $\vec{\mathcal{E}}$ を仮定した (エネルギー E と混同しないようにこの節では電場に対して $\mathcal{E}$ の記号を用いる). $\boldsymbol{p} = \hbar\boldsymbol{k}$ とすれば古典力学の運動方程式と同じ形をしており, $\hbar\boldsymbol{k}$ を結晶運動量と呼ぶ. 自由電子の場合には $\hbar\boldsymbol{k}$ は運動量演算子 $-i\hbar\nabla$ の固有値であるが, 結晶の周期ポテンシャルがある場合には厳密な固有値ではない. それにもかかわらず $\hbar\boldsymbol{k}$ を運動量と見なして古典的運動方程式を考えればよいというのがこの式である.

上記の式より

$$\frac{d\boldsymbol{v}}{dt} = \frac{1}{\hbar}\frac{d\boldsymbol{k}}{dt}\frac{\partial^2 E}{\partial \boldsymbol{k}^2} = \frac{1}{\hbar^2}\frac{\partial^2 E}{\partial \boldsymbol{k}^2}(-e\vec{\mathcal{E}}) \tag{7.3}$$

となり,

$$\frac{1}{m^*} \equiv \frac{1}{\hbar^2}\frac{\partial^2 E}{\partial \boldsymbol{k}^2} \tag{7.4}$$

で**有効質量** m^* を定義すると, 運動方程式は非常に見慣れた

$$m^*\frac{d\boldsymbol{v}}{dt} = -e\vec{\mathcal{E}} \tag{7.5}$$

という形になる. つまり, 電場をかけたときの電子の運動は自由電子の場合と式の形は変わらないが, 周期ポテンシャルの効果により質量が有効質量へと変化する. なお, 式 (7.4) の右辺にはベクトル $\boldsymbol{k}$ が含まれており, m^* をスカラー量として定義するのは本来おかしい. 一般に3次元物質ではバンド分散に異方性があり得るため, 有効質量はテンソル量である. つまり,

$$\left(\frac{1}{m^*}\right)_{ij} = \frac{1}{\hbar^2}\frac{\partial^2 E}{\partial k_i \partial k_j} \tag{7.6}$$

である. ここで $i, j = x, y, z$ である.

ブロッホ振動　さて, 得られたブロッホ波束の運動方程式 (式 (7.2)) を一見すると, 電子は電場により常に加速され, その速度は増加し続けるように

見える．これは電流が時間
とともに増大し続けること
を意味する．しかし **k** は結
晶運動量であり，実際は一
様な電場では直流の電流を
流すことはできず，電子は
振動運動を行う．これを**ブ
ロッホ振動**と呼ぶ．

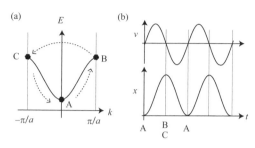

図 **7.2**　ブロッホ振動の (a) 波数空間と (b) 実空間のイ
メージ．

　簡単のため 1 次元系を考
えると，運動方程式は $\hbar dk/dt = -e\mathcal{E}$ より，$k(t) = k_0 - (e/\hbar)\mathcal{E}t$ の形の解とな
る（k_0 は初期値）．つまり，k は（$\mathcal{E} < 0$ のときに）時間とともに増加するが，第
1 ブリルアンゾーンの境界 $k = +\pi/a$ に達すると，逆格子ベクトル $G = -2\pi/a$
だけ離れた反対側の境界の値 $k = -\pi/a$ に運動量が変化する．このとき運動量
は結晶格子に放出される．$k = -\pi/a$ に飛んだ電子の運動量は再び電場の効果
で増加し，再び $k = +\pi/a$ に到達し先ほどと同じことが繰り返される．このよ
うに電子の運動量は波数空間で振動する（図 7.2(a)）．

　実空間においては，電子の速度がバンド分散の k 微分 dE/dk で与えられるこ
とから，各 k 点でのバンド分散の傾きが電子速度に対応する．第 1 ブリルアン
ゾーンの境界と原点で速度が零になり，途中に $E(k)$ の変曲点があることを踏
まえると，実空間で見ても電子の速度は振動的に正負を繰り返す．例えば，簡
単のため，バンド分散を $E = -W\cos(ka)$ とおくとき，速度 $v \propto \sin(ka)$ であ
る．つまり，電子の運動は実空間で見ても振動運動となる（図 7.2(b)）．

　一方で，現実の固体物質でブロッホ振動が見られることはまれである．なぜ
ならば物質中には不純物や欠陥といった不完全性があり，電子は散乱されるか
らである．現在最も純良な結晶が作製できる Si においても，平均して 10 μm
程度に 1 つの不純物が混入することが知られている．

┃オームの法則

　散乱の効果により，電子のブロッホ振動は抑えられ，直流
の電流が流れる．これが**オームの法則**である．現象論的な散乱項を加えた運動
方程式は

$$m^* \frac{d\boldsymbol{v}}{dt} + \frac{m^*}{\tau}\boldsymbol{v} + e\vec{\mathcal{E}} = 0 \tag{7.7}$$

である. ここで第2項が散乱項であり, τ は平均散乱時間である. この方程式の定常解は, $d\boldsymbol{v}/dt = 0$ として

$$\boldsymbol{v} = -\frac{e\tau}{m^*}\vec{\mathcal{E}} \tag{7.8}$$

という一定速度の運動である. 電子密度を n とおくと, 電場により物質中を流れる電流密度 $\boldsymbol{j}$ は

$$\boldsymbol{j} = -ne\boldsymbol{v} = \frac{ne^2\tau}{m^*}\vec{\mathcal{E}} \tag{7.9}$$

となり, 電場に比例した電流が流れるというオームの法則が得られる. 比例係数は**電気伝導率**であり,

$$\sigma = \frac{ne^2\tau}{m^*} \tag{7.10}$$

である. この逆数は**電気抵抗率** $\rho\,(\equiv 1/\sigma)$ である. なお, 後で説明するように, 電子だけでなく**正孔**も電流の担い手になる (8.1節参照). 正孔とは半導体の電気伝導で特に重要となる, 正の電荷を持ったキャリア (電荷を担う実体) である. 一般に, 密度, 有効質量, 平均散乱時間は正孔と電子で違う値をとる.

先に述べたように, フェルミ準位から離れたところにある電子は身動きがとれず, フェルミ準位付近の電子だけが電場により運動する. 電子がフェルミ速度 $\boldsymbol{v}_{\mathrm{F}}$ で運動するときに次の散乱までに動く距離 $l = v_{\mathrm{F}}\tau$ を**平均自由行程**と呼ぶ. 例えば, 銅の室温での平均散乱時間は, 電気抵抗率の測定結果とオームの法則を用いて, $\tau \sim 10^{-14}$ s 程度と見積もられる. このとき平均自由行程は $l \sim 10^{-8}$ m 程度である. 電場により加速された電子は非常に短い時間で散乱されることがわかる.

▍電気伝導率の温度変化

電気伝導率の表式 (7.10) を見ると, 電気伝導率の温度変化は, 電子密度 (キャリア密度) n と平均散乱時間 τ の温度変化に依存する. 金属の場合には, フェルミ準位付近の電子の数がほとんど温度変化しないことから, 平均散乱時間 τ の温度変化が重要になる. $T = 0$ の近くの低温においては, 不純物による散乱が重要であるが (**残留抵抗**と呼ばれる), 温度を上げるとフォノンに

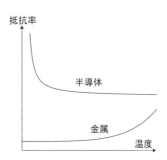

図 7.3 金属と半導体における電気抵抗率の温度変化.

よる散乱が効いてくる．原子（格子）の熱振動は温度を上げると激しくなるため，電気伝導率は温度上昇とともに減少する．逆数である電気抵抗率は，温度上昇により増大する（図 7.3）．

一方，フェルミ準位にエネルギーギャップをもつ半導体においては，n が大きな温度依存性を示し，τ の温度変化よりも重要になる場合が多い．それは n の変化がギャップを超える熱励起に対応する指数関数的な温度変化なのに対して，τ の変化は T のべき乗に比例するからである．$T = 0$ では電子は熱励起できずにキャリア密度 n は零になることから，$T = 0$ で $\sigma = 0$ である．温度を上げると熱励起される電子の数が指数関数的に増えることから，電気伝導率は指数関数的に増大する．図 7.3 に電気伝導率の逆数の電気抵抗率の温度変化を示す．どの温度でも伝導帯（バンドギャップの直上にある空のバンド）に励起された電子の数と価電子帯（電子で満たされた一番エネルギーの高いバンド）に生じた抜け殻（正孔）の数は等しくないといけないから，フェルミ準位はバンドギャップの中心にあると考えられる．よって熱励起された電子の数 n は $n \propto \exp[-(E - E_\mathrm{F})/(k_\mathrm{B}T)] = \exp[-E_g/(2k_\mathrm{B}T)]$ で与えられる．ここで E_g はバンドギャップである．半導体の電気伝導率はこのような熱活性型の式で表される．

□■ 7.2 ボルツマン方程式 ■□

電子の位置 r と，運動量に対応する波数 k をニュートン力学の要領で時間とともに追跡する（時間の関数として求める）考え方が半古典近似であった．しかし，物質中には電子は膨大にあり，半古典近似で 1 つの電子の運動を考え，他のすべての電子も同様に振る舞うと考える理由はない．一方で，固体中に膨大に存在するすべての電子に対して真面目に運動方程式を解くことは不可能である．そのような状況では個々の電子の個性は失われており，統計的な取り扱いがより適当である．つまり，電子の運動を集団として捉え，何らかの分布則を用いて運動を記述することを考える．

解析力学で習うように，位置座標 r と運動量ベクトル $p(= \hbar k)$ の張る位相空間を考えると，運動する各電子はある時刻において位相空間のどこかに存在している．多数の電子の分布に対して分布関数 $f(r, p, t)$ を定義する．これは電気伝導のような非平衡状態における分布関数である．点 (r, p) の周りの微小

体積 $d\boldsymbol{r}d\boldsymbol{p}$ の中に時刻 t に存在する電子の全体に対する割合は $f(\boldsymbol{r},\boldsymbol{p},t)d\boldsymbol{r}d\boldsymbol{p}$ である.

$d\boldsymbol{r}d\boldsymbol{p}$ に含まれる電子が dt の間に時間発展で移動する過程を追う[*1]. この微小な時間発展で電子の数はあまり変わらないと考えられるが, 散乱の効果によって f は少しだけ変化する. この変化を $(\partial f/\partial t)_{c}$ とおく. 7.1 節で求めた運動方程式によると, 位置座標と運動量の時間変化は

$$\boldsymbol{r} \to \boldsymbol{r} + \boldsymbol{v}dt = \boldsymbol{r} + \frac{\boldsymbol{p}}{m^*}dt, \tag{7.11}$$

$$\boldsymbol{p} \to \boldsymbol{p} + \boldsymbol{F}dt \tag{7.12}$$

であるので,

$$f(\boldsymbol{r},\boldsymbol{p},t) = f\left(\boldsymbol{r} + \frac{\boldsymbol{p}}{m^*}dt, \boldsymbol{p} + \boldsymbol{F}dt, t + dt\right) - \left(\frac{\partial f}{\partial t}\right)_{c}dt. \tag{7.13}$$

f を dt の一次まで展開して整理すると,

$$\frac{\boldsymbol{p}}{m^*}\cdot\frac{\partial f}{\partial \boldsymbol{r}} + \boldsymbol{F}\cdot\frac{\partial f}{\partial \boldsymbol{p}} + \frac{\partial f}{\partial t} = \left(\frac{\partial f}{\partial t}\right)_{c}. \tag{7.14}$$

この式を**ボルツマン方程式**と呼ぶ. 右辺の散乱による f の変化を表す項を**衝突項**と呼ぶ.

$\partial f/\partial \boldsymbol{p}$ は $\partial f/\partial \boldsymbol{k}$ に書き直せることを踏まえると, ボルツマン方程式の左辺にある $\partial f/\partial \boldsymbol{r}$ や $\partial f/\partial \boldsymbol{p}$ は分布関数の位置ベクトル $\boldsymbol{r}$ での微分および波数ベクトル $\boldsymbol{k}$ での微分に相当する. つまり, ボルツマン方程式は位相空間内での何らかの偏りにより電子が流れることを意味する. $\partial f/\partial \boldsymbol{r}$ が零でない状況というのは実空間で電子の数に偏りがあるということであり, 電子密度の不均一性を解消するために電子が流れる. これを**拡散電流**と呼ぶ. 空間的な温度勾配が存在する場合もこの一例である. 一方, $\partial f/\partial \boldsymbol{k}$ が零でないという状況は速度の偏り (非対称性) がある状況であり, 電場が印加された場合がその例である. この場合の電子の流れを**ドリフト電流**と呼ぶ.

┃緩和時間近似　　衝突項の最も簡単な近似は緩和時間近似といわれるもので, 定数の緩和時間 τ を用いて

$$\left(\frac{\partial f}{\partial t}\right)_{c} = -\frac{f - f_0}{\tau} \tag{7.15}$$

[*1]　電子だけでなく正孔に対しても同様に考えられる.

とおく．f_0 は外場がない（つまり $\boldsymbol{F} = 0$）ときの熱平衡状態での分布関数である．電子の運動の駆動力となるものが何もない場合には系は平衡状態に戻るはずである．ボルツマン方程式で $\partial f/\partial \boldsymbol{r} = 0$，$\partial f/\partial \boldsymbol{p} = 0$ とおくと

$$\frac{\partial f}{\partial t} = -\frac{f - f_0}{\tau} \tag{7.16}$$

となり，解の形は $f = f_0 + e^{-t/\tau}$ の形となる．時間の経過とともに f は f_0 に緩和することを意味しており，緩和に要する時間の指標となるのが τ である．

電気伝導率の計算

具体的に，空間的に一様な電子系に一様電場 $\vec{\mathcal{E}}$ がかかった定常状態を考える．ここでも $\boldsymbol{E}$ はエネルギーの記号と紛らわしいので，電場として $\vec{\mathcal{E}}$ の記号を用いることにする．緩和時間近似を適用したボルツマン方程式において f の $\boldsymbol{r}$ 依存性と t 依存性を無視して，$\boldsymbol{p}$ 依存性のみを考えると

$$-e\vec{\mathcal{E}} \cdot \frac{\partial f}{\partial \boldsymbol{p}} = -\frac{f - f_0}{\tau}. \tag{7.17}$$

この式より

$$f(\boldsymbol{p}) = f_0(\boldsymbol{p}) + e\tau(\boldsymbol{p})\vec{\mathcal{E}} \cdot \frac{\partial f(\boldsymbol{p})}{\partial \boldsymbol{p}} \tag{7.18}$$

を得る．ここで f と τ の $\boldsymbol{p}$ 依存性をあらわに書いた．左辺の $f(\boldsymbol{p})$ を右辺に代入すると，

$$f(\boldsymbol{p}) = f_0(\boldsymbol{p}) + e\tau(\boldsymbol{p})\vec{\mathcal{E}} \cdot \frac{\partial f_0(\boldsymbol{p})}{\partial \boldsymbol{p}} + e\tau(\boldsymbol{p})\vec{\mathcal{E}} \cdot \frac{\partial}{\partial \boldsymbol{p}}\left(e\tau(\boldsymbol{p})\vec{\mathcal{E}} \cdot \frac{\partial f(\boldsymbol{p})}{\partial \boldsymbol{p}}\right) \tag{7.19}$$

と電場 $\vec{\mathcal{E}}$ に関する展開式が得られる．右辺第 3 項は電場について 2 次の項であり無視する．上式はテイラー展開の形をしており，平衡状態の分布関数 $f_0(\boldsymbol{p})$ が電場の効果により $\boldsymbol{p}$ 空間（つまり $\boldsymbol{k}$ 空間）で $e\tau(\boldsymbol{p})\vec{\mathcal{E}}$ だけ移動したと見なすこともできる（図 7.4）．

電場を印加したことにより流れる電流の密度（電流密度）$\boldsymbol{j}$ は，電荷 × 電子密度 × 速度なので

$$\boldsymbol{j} = -e\int \frac{2d\boldsymbol{k}}{(2\pi)^3}\boldsymbol{v}(\boldsymbol{k})f(\boldsymbol{k}) \tag{7.20}$$

で与えられる．ここで，$\boldsymbol{k}$ 空間の微小体積 $d\boldsymbol{k}$ の中の $\boldsymbol{k}$ 状態の数は，スピン自由度を考慮して $2 \times d\boldsymbol{k}/((2\pi)^3/V)$ で与えられ，実空間の単位体積を考えて $V = 1$ とする．$\boldsymbol{k}$ 状態の数に分布関数をかけたものが電子密度を与える．さて，上式は $\boldsymbol{p} = \hbar\boldsymbol{k} = m^*\boldsymbol{v}$ を使うと

$$\boldsymbol{j} = -e \int \frac{2d\boldsymbol{k}}{(2\pi)^3} \frac{\hbar\boldsymbol{k}}{m^*} \left\{ f_0(\boldsymbol{k}) + \frac{e\tau(\boldsymbol{k})}{\hbar} \vec{\mathcal{E}} \cdot \frac{\partial f_0(\boldsymbol{k})}{\partial \boldsymbol{k}} \right\} \tag{7.21}$$

となる.

計算を進めるに当たり, 簡単のため, 電場は x 方向にかけるとして 1 次元の運動を考える. つまり, $\vec{\mathcal{E}} = (\mathcal{E}_x, 0, 0)$ とする. 今まで具体的にしていなかった平衡状態の分布関数 $f_0(\boldsymbol{k})$ はフェルミ–ディラック分布関数

$$f_0(\boldsymbol{k}) = \frac{1}{\exp\left[\frac{E(\boldsymbol{k})-\mu}{k_B T}\right] + 1} \tag{7.22}$$

である. μ は化学ポテンシャル, T は温度であり, 今は一様であるという仮定により位置依存性はない. 分布関数 $f_0(\boldsymbol{k})$ はエネルギー E を通してのみ $\boldsymbol{k}$ に依存し, $E = \hbar^2\boldsymbol{k}^2/(2m^*)$ であることから, 式 (7.21) の積分の () 内の第 1 項は $\boldsymbol{k}$ の奇関数 $\boldsymbol{k} f_0(\boldsymbol{k})$ の積分となるため零になる. よって, 式 (7.21) は

$$\boldsymbol{j} = -e \int \frac{2d\boldsymbol{k}}{(2\pi)^3} \boldsymbol{k} \frac{e\tau(\boldsymbol{k})}{m^*} \mathcal{E}_x \frac{\partial f_0(\boldsymbol{k})}{\partial k_x}. \tag{7.23}$$

j_y と j_z はそれぞれ k_y と k_z の奇関数の積分になり零である. つまり電流は電場方向である x 方向にしか流れない. この積分は $f_0(\boldsymbol{k})$ の表式がわかっているので計算でき,

$$\begin{aligned} j_x &= -e \int \frac{2d\boldsymbol{k}}{(2\pi)^3} k_x \frac{e\tau(\boldsymbol{k})}{m^*} \mathcal{E}_x \frac{\partial f_0(\boldsymbol{k})}{\partial E} \frac{\partial E}{\partial k_x} \\ &= -e^2 \mathcal{E}_x \int \frac{2d\boldsymbol{k}}{(2\pi)^3} \tau(\boldsymbol{k}) \left(\frac{\hbar k_x}{m^*}\right)^2 \frac{\partial f_0(\boldsymbol{k})}{\partial E}. \end{aligned} \tag{7.24}$$

$k_x^2 = k^2/3$ と置換して, $\boldsymbol{k}$ 積分を極座標表示で行うと,

$$j_x = -e^2 \mathcal{E}_x \int \frac{4\pi k^2 dk}{4\pi^3} \tau(\boldsymbol{k}) \frac{1}{3} \left(\frac{\hbar k}{m^*}\right)^2 \frac{\partial f_0(\boldsymbol{k})}{\partial E} \tag{7.25}$$

となり, $E = \hbar^2 k^2/(2m^*)$ を使って変数変換すると, $dE = (\hbar^2 k/m^*)dk$ なので,

$$\begin{aligned} j_x &= -\frac{e^2 \mathcal{E}_x}{m^*} \frac{1}{3\pi^2} \left(\frac{2m^*}{\hbar^2}\right)^{3/2} \int_0^\infty E^{3/2} \tau(E) \frac{\partial f_0}{\partial E} dE \\ &\xrightarrow{T\to 0} \frac{e^2 \mathcal{E}_x}{m^*} \frac{1}{3\pi^2} \left(\frac{2m^*}{\hbar^2}\right)^{3/2} \underbrace{E_F^{3/2}}_{=n} \tau(E_F) = \frac{ne^2\tau(E_F)}{m^*} \mathcal{E}_x. \end{aligned} \tag{7.26}$$

ここで $T \to 0$ で $\partial f_0/\partial E \to -\delta(E - E_F)$ であることを用いた ($\delta(E)$ はデル

タ関数). 式の途中の電子密度 $n(= N/V)$ の表式は,
体積 V の中の電子数 N が以下のように E_F 以下の
$\boldsymbol{k}$ 空間での状態数を数えることで得られることから
わかる.

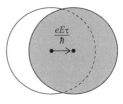

図 7.4　電場をかけたとき
のフェルミ球.

$$N = 2\frac{4\pi k_F^3/3}{(2\pi/L)^3} = V\frac{1}{3\pi^2}\Big(\frac{2mE_F}{\hbar^2}\Big)^{3/2}. \quad (7.27)$$

以上により, 半古典近似における電気伝導率と同じ
式が得られる.

　電場による電子系の加速は, 波数空間における分布関数のシフトに注目して
図 7.4 のように模式的に書かれる. 式 (7.19) の $\boldsymbol{p}$ を $\boldsymbol{k}$ に直すと,

$$f(\boldsymbol{k}) = f_0(\boldsymbol{k}) + \frac{e\tau}{\hbar}\vec{\mathcal{E}}\cdot\frac{\partial f_0(\boldsymbol{k})}{\partial \boldsymbol{k}} \approx f_0\Big(\boldsymbol{k} + \frac{e\tau}{\hbar}\vec{\mathcal{E}}\Big). \quad (7.28)$$

ここで最後の等号はテイラー展開と見なして変形した. この式は, 非平衡状態
の分布関数は, 平衡状態の分布関数が波数空間で $(e\tau/\hbar)\vec{\mathcal{E}}$ だけシフトしたと見
なすことができる. この図 7.4 では, フェルミ球を構成するすべての電子が電
気伝導に寄与しているように見えるが, 上記の電気伝導の計算を追えばわかる
ように, フェルミ準位近傍の電子だけが電気伝導を起こしている.

□■ 7.3　熱伝導と熱電効果 ■□

　電気伝導の次に, 熱の伝導 (**熱伝導**) に関係する現象について考察する. 試
料の片端を温め, 試料中に温度の勾配がある場合を考える. 熱は温度の高い方
から低い方に流れ (熱流), この方向は $-\nabla T$ で表せる. 電気伝導との対応関係
は図 7.5(a),(b) のようになる. 電流が熱流に, 電位差が温度差に代わっている.
電気伝導現象において電気抵抗 (= 電位差/電流) が測定量であるのと対応し
て, 熱流と温度差の比で
ある熱抵抗(=温度差/熱
流) が測定量である. 電
気抵抗率の逆数が電気伝
導率であるのと同様に,
熱抵抗の逆数を試料寸法
によらない量に直したも

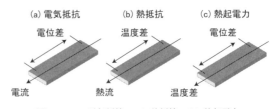

図 7.5　(a) 電気抵抗, (b) 熱抵抗, (c) 熱起電力.

のが**熱伝導率**である．熱流密度を j_T とおくと，温度勾配 ∇T を用いて熱伝導率 κ を式で表すと

$$j_T = -\kappa \nabla T \tag{7.29}$$

である．熱伝導率は定数ではなく，温度に依存する．

熱伝導の電気伝導との重要な違いは，電気伝導が電荷を有する電子（あるいは正孔）によって担われたのに対し，熱伝導の担い手は電荷をもたないものでもよいことである．つまり，伝導電子や正孔に加えて，結晶格子間を伝わる振動であるフォノンも熱伝導に寄与する [*2)]．金属は伝導電子の寄与があるため絶縁体に比べて熱伝導率が大きい場合が多いが，ダイヤモンドなどフォノンによる熱伝導が非常に良い絶縁体物質もある．

電気伝導性を有する物質中に熱流が流れるとき，同時に電子（あるいは正孔）も流れる．つまり，高温側から低温側に向かう電子は，逆向きに運動する電子に比べて大きな運動エネルギーと熱速度をもっている．正味の電子の流れは高温側から低温側に生じ，開回路の条件，つまり試料の外に電子が出られない状況では低温側に電子は溜まる．これにより試料内においては温度勾配方向に電場が生じる（図 7.5(c)）．これを**ゼーベック効果**と呼ぶ．温度差を ΔT，生じた電位差を ΔV とおくとゼーベック係数 S は

$$S = -\frac{\Delta V}{\Delta T} \tag{7.30}$$

と表せる．高温から低温に流れるのが負電荷をもつ電子なのか正電荷をもつ正孔（8.1 節参照）なのかで，ゼーベック係数の符号は変化する．マイナスが付いているのは，電子の場合に符号が負（正孔の場合に符号が正）となるようにするためである．なお，温度勾配の効果と熱電場の効果がつり合うことで，電子の速度は高温側 → 低温側と低温側 → 高温側の両方向で等しくなる．局所的に熱平衡が成り立つことで，各位置で温度が定義できるようになる．

┃ ゼーベック係数　ボルツマン方程式で温度勾配の効果を考える．位置の情報は，温度 T と化学ポテンシャル μ の場所依存性を通じてのみ現れると考える．つまり，平衡状態の分布関数は r 依存性を考慮して

$$f_0(\boldsymbol{k}, \boldsymbol{r}) = \frac{1}{\exp\left[\frac{E(\boldsymbol{k}) - \mu(\boldsymbol{r})}{k_B T(\boldsymbol{r})}\right] + 1} \tag{7.31}$$

[*2)]　磁性体においてはスピン波（マグノン）も熱伝導の担い手になる．

である.

さて，ボルツマン方程式は $\partial f/\partial r$ の項を考慮して，

$$\boldsymbol{v} \cdot \frac{\partial f(\boldsymbol{k},\boldsymbol{r})}{\partial \boldsymbol{r}} - e\vec{\mathcal{E}} \cdot \frac{\partial f(\boldsymbol{k},\boldsymbol{r})}{\partial \boldsymbol{p}} = -\frac{f(\boldsymbol{k},\boldsymbol{r}) - f_0(\boldsymbol{k},\boldsymbol{r})}{\tau}. \tag{7.32}$$

この式を変形した

$$f(\boldsymbol{k},\boldsymbol{r}) = f_0(\boldsymbol{k},\boldsymbol{r}) - \tau\Big\{ \boldsymbol{v} \cdot \frac{\partial f(\boldsymbol{k},\boldsymbol{r})}{\partial \boldsymbol{r}} - e\vec{\mathcal{E}} \cdot \frac{\partial f(\boldsymbol{k},\boldsymbol{r})}{\partial \boldsymbol{p}} \Big\} \tag{7.33}$$

の右辺の f に逐次代入することで，1 次の項として

$$f(\boldsymbol{k},\boldsymbol{r}) = f_0(\boldsymbol{k},\boldsymbol{r}) - \tau\Big\{ \boldsymbol{v} \cdot \frac{\partial f_0(\boldsymbol{k},\boldsymbol{r})}{\partial \boldsymbol{r}} - e\vec{\mathcal{E}} \cdot \frac{\partial f_0(\boldsymbol{k},\boldsymbol{r})}{\partial \boldsymbol{p}} \Big\} \tag{7.34}$$

を得る．右辺の括弧内の各項は

$$\frac{\partial f_0(\boldsymbol{k},\boldsymbol{r})}{\partial \boldsymbol{r}} = \frac{\partial f_0(\boldsymbol{k},\boldsymbol{r})}{\partial \mu}\frac{\partial \mu}{\partial \boldsymbol{r}} + \frac{\partial f_0(\boldsymbol{k},\boldsymbol{r})}{\partial T}\frac{\partial T}{\partial \boldsymbol{r}}$$
$$= \frac{\partial f_0}{\partial E}\Big(-\frac{\partial \mu}{\partial \boldsymbol{r}} - \frac{E-\mu}{T}\frac{\partial T}{\partial \boldsymbol{r}} \Big), \tag{7.35}$$

$$\frac{\partial f_0(\boldsymbol{k},\boldsymbol{r})}{\partial \boldsymbol{p}} = \frac{1}{\hbar}\frac{\partial f_0(\boldsymbol{k},\boldsymbol{r})}{\partial \boldsymbol{k}} = \frac{1}{\hbar}\frac{\partial f_0}{\partial E}\frac{\partial E}{\partial \boldsymbol{k}} = \frac{\partial f_0}{\partial E}\boldsymbol{v} \tag{7.36}$$

と変形できる．ここで煩雑さを避けるために適宜引数を省略して記述した．電流密度 $\boldsymbol{j}$ は

$$\boldsymbol{j} = -e \int \frac{2d\boldsymbol{k}}{(2\pi)^3}\boldsymbol{v}(\boldsymbol{k})f(\boldsymbol{k},\boldsymbol{r})$$
$$= -\frac{e}{4\pi^3}\int d\boldsymbol{k}\boldsymbol{v}\Big\{ f_0 + \tau\frac{\partial f_0}{\partial E}\boldsymbol{v}\cdot\Big(\nabla\mu + e\vec{\mathcal{E}} + \frac{E-\mu}{T}\nabla T \Big) \Big\}$$
$$= -\frac{e}{4\pi^3}\int d\boldsymbol{k}\boldsymbol{v}\Big\{ \tau\frac{\partial f_0}{\partial E}\boldsymbol{v}\cdot\Big(\nabla\mu + e\vec{\mathcal{E}} + \frac{E-\mu}{T}\nabla T \Big) \Big\}. \tag{7.37}$$

ここで，第 2 式から第 3 式への変形は，$\boldsymbol{v} = \hbar\boldsymbol{k}/m^*$ を用いると $\{\}$ 内の第 1 項が奇関数の積分となり零となることを用いた.

ここで簡単のため 1 次元の場合を考え，電場 $\vec{\mathcal{E}}$ や温度勾配 ∇T，化学ポテンシャルの勾配 $\nabla\mu$ が x 方向を向いているとする．このとき先ほどの電気伝導と同じく電流は x 方向に流れ，

$$j_x = -\frac{e}{4\pi^3}\int d\boldsymbol{k}v_x\Big\{ \tau\frac{\partial f_0}{\partial E}v_x\Big(\frac{d\mu}{dx} + e\mathcal{E}_x + \frac{E-\mu}{T}\frac{dT}{dx} \Big) \Big\}.$$
$$= \Big\{ \frac{e^2}{4\pi^3}\int d\boldsymbol{k}\tau\Big(-\frac{\partial f_0}{\partial E} \Big)\Big(\frac{\hbar k_x}{m^*} \Big)^2 \Big\}\underbrace{}_{=\sigma}\Big(\frac{1}{e}\frac{d\mu}{dx} + \mathcal{E}_x \Big)$$
$$+ \Big\{ -\frac{e}{4\pi^3}\int d\boldsymbol{k}\tau\Big(-\frac{\partial f_0}{\partial E} \Big)\Big(\frac{\hbar k_x}{m^*} \Big)^2\frac{E(k)-\mu}{T} \Big\}\underbrace{}_{=\sigma_p}\Big(-\frac{dT}{dx} \Big). \tag{7.38}$$

ここで，最初の波線部は 7.2 節で求めた電気伝導率 σ に他ならない．化学ポテンシャルの勾配 $d\mu/dx$ と電場 $\mathcal{E}_x$ は**電気化学ポテンシャル** [*3)] の勾配として実験的に観測される．以下では，$d\mu/dx$ の項は $\mathcal{E}_x$ に含める．一方，2 つ目の波線部は**ペルチェ伝導率** σ_p と呼ばれる量である．

開回路の条件では $j_x = 0$ より，

$$S = \frac{\mathcal{E}_x}{\frac{dT}{dx}} = \frac{\sigma_p}{\sigma} = -\frac{1}{eT} \frac{\int d\mathbf{k}\, \tau \left(-\frac{\partial f_0}{\partial E}\right) k_x^2 (E(k) - \mu)}{\int d\mathbf{k}\, \tau \left(-\frac{\partial f_0}{\partial E}\right) k_x^2} \tag{7.39}$$

を得る．S はゼーベック効果の測定において温度勾配と電場の比として実験的に求められる**ゼーベック係数**である．計算を進めるために，電気伝導率の計算と同様に，$k_x^2 = k^2/3$ と直した上で k 積分を E 積分に直す．

$$S = -\frac{1}{eT} \frac{\int dE \left(-\frac{\partial f_0}{\partial E}\right) \tau(E) E^{5/2} - \mu \int dE \left(-\frac{\partial f_0}{\partial E}\right) \tau(E) E^{3/2}}{\int dE \left(-\frac{\partial f_0}{\partial E}\right) \tau(E) E^{3/2}}. \tag{7.40}$$

さらに，金属の場合を考えて近似としてゾンマーフェルト展開を用いると，積分の計算を進めることができる．公式 (4.57) の両辺を μ で偏微分すると

$$\frac{1}{k_{\mathrm{B}}T} \int_0^\infty h(E) \frac{\exp\left[\frac{E-\mu}{k_{\mathrm{B}}T}\right]}{\left(\exp\left[\frac{E-\mu}{k_{\mathrm{B}}T}\right] + 1\right)^2} dE \approx h(\mu) + \frac{\pi^2}{6} (k_{\mathrm{B}}T)^2 \frac{d}{d\mu} \left(\frac{dh}{dE}\right)_{E=\mu}. \tag{7.41}$$

一方で，f_0 のエネルギー E に関する偏微分 $\partial f_0/\partial E$ を具体的に計算して上式の左辺の被積分関数の表式と比較すると，上式の左辺の積分の中身を $\partial f_0/\partial E$ を使って表すことができる．

$$\int_0^\infty h(E) \left(-\frac{\partial f_0}{\partial E}\right) dE \approx h(\mu) + \frac{\pi^2}{6} (k_{\mathrm{B}}T)^2 \frac{d}{d\mu} \left(\frac{dh}{dE}\right)_{E=\mu}. \tag{7.42}$$

この公式を使えば，$h(E) = \tau(E) E^{3/2}$ あるいは $h(E) = \tau(E) E^{5/2}$ とおくことでゼーベック係数に現れる積分を計算できる．ゼーベック係数は

$$S = -\frac{1}{eT} \frac{\frac{\pi^2}{3} (k_{\mathrm{B}}T)^2 \frac{d}{d\mu} (\tau(\mu) \mu^{3/2})}{\tau(\mu) \mu^{3/2}} = -\frac{\pi^2 k_{\mathrm{B}}^2 T}{3e} \frac{\sigma'(\mu)}{\sigma(\mu)} \tag{7.43}$$

最後の変形は，電気伝導率の表式 (7.26) を用いて変形した．この式は**モットの関係式**と呼ばれる．

[*3)] 電荷をもつ粒子の化学ポテンシャルで，電荷をもたない粒子と違って電位の効果が付け加わっている．

熱 伝 導 率　　　一方，熱伝導は熱流の流れによって生じる．熱流密度は，電流密度の式において電荷 $-e$ を電子が運ぶ熱の量 $E - \mu$ に置き換えることで得られる（エネルギー E でなく E から化学ポテンシャル μ を引いたものであることに注意）．つまり

$$\boldsymbol{j}_T = \int \frac{2d\boldsymbol{k}}{(2\pi)^3}(E - \mu)\boldsymbol{v}(\boldsymbol{k})f(\boldsymbol{k}). \tag{7.44}$$

エネルギー E は k の関数なので，積分の中に入る．ボルツマン方程式で $\partial f/\partial \boldsymbol{r}$ の項のみを考えて電場に関係する項を省くと，

$$\boldsymbol{j}_T = \frac{1}{4\pi^3} \int d\boldsymbol{k}(E - \mu)\boldsymbol{v}\Big\{f_0 + \tau\frac{\partial f_0}{\partial E}\boldsymbol{v} \cdot \Big(\frac{E - \mu}{T}\nabla T\Big)\Big\} \tag{7.45}$$

となり，これまでと同様 x 方向の温度勾配を考えると，

$$j_{T,x} = \underline{\underline{\frac{1}{4\pi^3}\frac{1}{T}\int d\boldsymbol{k}(E - \mu)^2\tau\Big(-\frac{\partial f_0}{\partial E}\Big)\Big(\frac{\hbar k_x}{m^*}\Big)^2}}\Big(-\frac{dT}{dx}\Big). \tag{7.46}$$
$$=\kappa$$

波線部 κ は**熱伝導率**である．この積分もゾンマーフェルト展開を用いると計算できる．まず，エネルギー積分に直すと

$$\kappa = \frac{1}{3\pi^2 m^* T}\Big(\frac{2m^*}{\hbar^2}\Big)^{3/2}\int E^{3/2}(E - \mu)^2\tau\Big(-\frac{\partial f_0}{\partial E}\Big)dE. \tag{7.47}$$

積分の計算は $h(E) = E^{7/2}\tau$, $h(E) = E^{5/2}\tau$, $h(E) = E^{3/2}\tau$ とおいて公式 (7.42) を使えば計算できて，

$$\kappa = \frac{1}{3\pi^2 m^* T}\Big(\frac{2m^*}{\hbar^2}\Big)^{3/2}\frac{\pi^2}{3}(k_B T)^2\mu^{3/2}\tau(\mu) \tag{7.48}$$

を得る．よく見ると電気伝導率 (式 7.26) と似た形の表式であり，比例係数は

$$\frac{\kappa}{\sigma T} = \frac{\pi^2 k_B^2}{3e^2} \approx 2.44 \times 10^{-8} \, [\text{W}\Omega/\text{K}^2] \tag{7.49}$$

となる．この関係式を**ウィーデマン–フランツの法則**と呼び，定数となるこの比の値を**ローレンツ数**と呼ぶ．なお，ここでは電子の熱伝導率を計算したが，一般にはフォノンも熱伝導率に寄与することに注意されたい．

■**フォノンの熱伝導率**　　　電子の応答ではないが，関連する応答としてフォノンの熱伝導率をここで確認しておく．フォノンは電荷をもたないため，電気伝導や熱電効果に直接は寄与しない．当然電場には応答しない．一方，高温側の激しい格子振動が低温側に伝わることにより，振動エネルギーが流れる．これがフォノンの熱伝導である．特に絶縁体においては電

子は動けないから，フォノンが熱伝導現象に主要な役割を果たす.

結晶中の温度の高い場所（温度 T_1）と低い場所（温度 T_2）では，前者の方が熱振動が激しくフォノンの密度が高い. フォノンは速さ v でランダムな向きに走り回り，たえず散乱されて進行方向を変えながら試料の端から端へ進んでいく. フォノンが散乱されずに進む平均距離である平均自由行程 l を導入し，試料の長さ（温度 T_1 の場所と温度 T_2 の場所の間の距離）を L とおくと，一方の端から他方の端に進む平均速さ v_{ave} は $v_{ave} = v \times (l/L)$ で与えられる. 端から端まで散乱されなければ（$l = L$）速さは v のままで，もし非常に頻繁に散乱されれば（$l \sim 0$）速さは 0 に近づく. 正確には角度の平均をとることで係数 1/3 がついて，$v_{ave}/3 = vl/(3L)$ が試料の端から端に流れるフォノンの平均速さとなる.

高温側から低温側に流れるフォノンの流れと低温側から高温側に流れるフォノンの流れは，高温側の方がフォノンの密度が高いから差し引き零とはならず，エネルギーの流れが生じる. 運ばれるエネルギーを単位体積あたりの格子比熱 C を用いて $C(T_1 - T_2)$ と表すと，熱流は

$$j_T = C(T_1 - T_2) \times \frac{vl}{3L} = \frac{Cvl}{3} \frac{T_1 - T_2}{L} \Rightarrow \frac{Cvl}{3}\left(-\frac{dT}{dx}\right) \tag{7.50}$$

と書ける. ここで試料の伸びる方向（熱の流れる方向）を x 方向とした. 係数がフォノンの熱伝導率であり，

$$\kappa = \frac{1}{3}Cvl \tag{7.51}$$

で与えられる. 比熱が大きいほど，フォノンの速さが速いほど，それから平均自由行程が長いほど熱伝導率は大きくなる. 例えば非常に硬いダイヤモンドでは，格子振動のばね定数が大きく，原子の質量が軽いことから，分散関係の傾きであるフォノンの群速度が大きい. 実際にダイヤモンドは大きなフォノン熱伝導率を示すことが知られる.

分散関係の傾きで決まるフォノンの速さ v はあまり温度変化しないと考えられるから，熱伝導率の温度変化は比熱 C と平均自由行程 l の温度変化に依存する. 格子比熱は，既に見てきたように，低温で T^3 に比例して大きくなり，高温で一定値に近づく（デュロン-プティの法則）. 一方で，平均自由行程は，一般に高温の方が散乱の頻度が高いから，低温ほど大きくなる. 平均自由行程は試料のサイズ以上には大きくなれないから，試料サイズか不純物・欠陥の間隔で頭打ちとなる. 以上の両者の寄与を勘案すると，フォノンの熱伝導率は低温のどこかでピーク（最大値）をとる. つまり，低温に向かってフォノンの数が減っていく寄与と，散乱の平均間隔が伸びていく寄与が組み合わさってピーク構造が生まれる. 非常に低温では，（比熱の寄与により）$T = 0$ に向かって熱伝導率は T^3 に比例して 0 に近づく.

□■ 7.4 光 学 応 答 ■□

光のエネルギーは光に含まれる光子の数と振動数（波長）によって決まり，光子のエネルギー E は $E = h\nu = h(c/\lambda)$ で与えられる（ν は振動数，c は光速，λ は波長）. 光の吸収は，占有されたエネルギー準位から非占有準位への電子励起に伴って起きるため，半導体や絶縁体は基本的にある閾値以下のエネルギーの光を吸収しない. この閾値はバンドギャップに相当する. バンドギャッ

プの大きさは 0.1 eV 以下から 10 eV 以上まで物質により異なる．一方で，可視光線は 1.5–3 eV の範囲にある．金属にはエネルギーギャップがなく，電子の励起範囲がエネルギー 0 まで広がっているので，全く異なった光学的性質が見られる．実際，金属には高い反射率が見られる．

■電磁波　　光は電磁波であり，電場 E と磁場 H が互いに振動しながら空間を伝搬していく．電場と磁場の振動方向は互いに直交しており，また光の進行方向とも直交する（横波）．時間と空間に依存する電場 $E(r,t)$ と磁場 $H(r,t)$

$$E(r,t) = E_0 e^{i(k \cdot r - \omega t)}, \quad H(r,t) = H_0 e^{i(k \cdot r - \omega t)} \tag{7.52}$$

を物質中のマクスウェル方程式に代入すると

$$\text{div} D = \epsilon_0 \epsilon_r \text{div} E = 0 \Rightarrow k \cdot E_0 = 0,$$
$$\text{div} B = \mu_0 \mu_r \text{div} H = 0 \Rightarrow k \cdot H_0 = 0,$$
$$\text{rot} H = \frac{\partial D}{\partial t} = \epsilon_0 \epsilon_r \frac{\partial E}{\partial t} \Rightarrow k \times H_0 = -\omega \epsilon_0 \epsilon_r E_0,$$
$$\text{rot} E = -\frac{\partial B}{\partial t} = -\mu_0 \mu_r \frac{\partial H}{\partial t} \Rightarrow k \times E_0 = \omega \mu_0 \mu_r H_0. \tag{7.53}$$

ϵ_r は比誘電率，μ_r は比透磁率である．4 番目の式を 3 番目の式に代入して計算すると，

$$|k|^2 = k^2 = \epsilon_0 \epsilon_r \mu_0 \mu_r \omega^2. \tag{7.54}$$

真空中の光速 $c = 1/\sqrt{\epsilon_0 \mu_0}$ と複素屈折率 $\tilde{n} = \sqrt{\epsilon_r \mu_r}$ を使うと

$$k = \tilde{n} \frac{\omega}{c}. \tag{7.55}$$

　物質中では誘電率と透磁率は真空中から変化し（$\epsilon_0 \to \epsilon_0 \epsilon_r, \mu_0 \to \mu_0 \mu_r$），それによる光速の変化が屈折率に対応する．つまり物質中と真空中における光速の比が屈折率である．通常屈折率は実数で表すが，吸収を虚数部への寄与として複素数で表すのが便利である．実際，複素屈折率 $\tilde{n} = n + i\kappa$ を実部と虚部に分けて，簡単のために電磁波が z 方向に伝播する（$k // z$）とすると，物質中の電磁波は $\exp\left[i(kz - \omega t)\right] = \exp\left[i\omega((n/c)z - t)\right] \exp\left[-(\omega\kappa/c)z\right]$ に比例する．速度 c/n で z 方向に伝播する電磁波であり，n が屈折率に対応していることがわかる（n をキャリア密度と混同しないように注意）．また，電磁波の振幅は距離とともに減衰し，その程度を表す κ を消衰係数と呼ぶ．消衰係数は光の吸収と関係している．

　物質中の電子と電磁波の相互作用を考える際，電子を古典的に捉える方法と量子力学で取り扱う方法がある．ここでは主に古典的な取り扱いを学ぶ．物質の光学的性質は多様であるが，まずは前節までに見た電気伝導と関連した光学的性質を考えよう．7.3 節まででは，伝導電子に対する静的な（直流の）電場の効果を考えてきた．一方，光は電磁波であり，伝搬する電磁場の振動をもつ．

光を固体に当てる場合には，伝導電子に対する交流電場の影響を考える必要がある．交流磁場の効果はローレンツ力を通じて電子に作用するが交流電場の効果より通常小さい．また，電子の平均自由行程が光の波長よりも十分短いとして電場の空間変動は無視する．つまり，交流電場 $\boldsymbol{E}(t) = \boldsymbol{E}(\omega)e^{-i\omega t}$ が印加されたとき，交流電流 $\boldsymbol{j}(t) = \boldsymbol{j}(\omega)e^{-i\omega t}$ が流れる．式で書くと

$$\boldsymbol{j}(\omega) = \sigma(\omega)\boldsymbol{E}(\omega) \tag{7.56}$$

である．ここでは電場を $\boldsymbol{E}$ の記号で表している．係数 $\sigma(\omega)$ は**光学伝導度**と呼ばれる．$\omega = 0$ である $\sigma(0)$ が，直流の場合の電気伝導率 σ に対応する．

半古典的な取り扱い（ドルーデモデル）に戻り，以下の運動方程式が近似的に成り立つとする．

$$m^* \frac{d\boldsymbol{v}}{dt} + \frac{m^*}{\tau}\boldsymbol{v} + e\boldsymbol{E} = 0. \tag{7.57}$$

交流電場 $\boldsymbol{E}(t) = \boldsymbol{E}(\omega)e^{-i\omega t}$ に対して，電子も同じ周波数で応答するだろうから，$\boldsymbol{v}(t) = \boldsymbol{v}(\omega)e^{-i\omega t}$ とおいて代入すると，

$$-i\omega m^* \boldsymbol{v}(\omega) + \frac{m^*}{\tau}\boldsymbol{v}(\omega) + e\boldsymbol{E}(\omega) = 0. \tag{7.58}$$

よって生じる交流電流は，n をキャリア密度として

$$\boldsymbol{j}(\omega) = -ne\boldsymbol{v}(\omega) = \frac{ne^2\tau}{m^*}\frac{1}{1 - i\omega\tau}\boldsymbol{E}(\omega) \tag{7.59}$$

となるので，光学伝導度

$$\sigma(\omega) = \frac{ne^2\tau}{m^*}\frac{1}{1 - i\omega\tau} \tag{7.60}$$

を得る．光学伝導度が複素数になるのは，電気回路の言葉で言えば，物質が抵抗としてだけでなくコンデンサーとしてもはたらくためである．実部（抵抗成分）と虚部（コンデンサー成分）に分解して $\sigma(\omega) = \sigma_1(\omega) + i\sigma_2(\omega)$ と表すと

$$\sigma_1(\omega) = \frac{ne^2\tau}{m^*}\frac{1}{1 + (\omega\tau)^2}, \quad \sigma_2(\omega) = \frac{ne^2\tau}{m^*}\frac{\omega\tau}{1 + (\omega\tau)^2} \tag{7.61}$$

を得る．$\sigma_1(\omega)$ は $\omega = 0$ のときに直流の電気伝導率 σ に一致し，ω が大きくなると（零に向かって）単調に減少する．その落ち方は散乱時間 τ が大きいほど急激である．これは別の言い方をすると，$\omega \gg 1/\tau$ となるような高周波の場合には，電子が散乱の効果を受ける前に交流電場で振動してしまい電流を運べないということである．

一方で, $\sigma_2(\omega)$ は $\omega = 0$ (直流) の
ときに零になる (つまりこのときは抵
抗成分しかない). $\omega \neq 0$ のときには
$\sigma_2(\omega)$ は有限で, ある ω でピークをと
るような振る舞いとなる (図 7.6).

電子の変位 $\boldsymbol{u}(t) = \boldsymbol{u}(\omega)e^{-i\omega t}$ は,
速度 $\boldsymbol{v}(t)$ との関係 $\boldsymbol{v}(t) = d\boldsymbol{u}(t)/dt$
から $\boldsymbol{u}(\omega) = \boldsymbol{v}(\omega)/(-i\omega)$ と表せる.
よって電子の変位による分極 $\boldsymbol{P}(t) =$
$\boldsymbol{P}(\omega)e^{-i\omega t}$ は

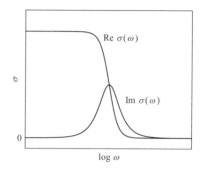

図 7.6 複素電気伝導率 (光学伝導度) の周
波数依存性.

$$\boldsymbol{P}(\omega) = -ne\boldsymbol{u}(\omega) = -\frac{ne^2}{m^*\omega^2 + i(m^*\omega)/\tau}\boldsymbol{E}. \tag{7.62}$$

電磁気学における電束 $\boldsymbol{D}$ との関係式 $\boldsymbol{D} = \epsilon_0\epsilon_r\boldsymbol{E} = \epsilon_0\boldsymbol{E} + \boldsymbol{P}$ を使うと, 比誘
電率 ϵ_r は

$$\epsilon_r = 1 - \frac{(ne^2)/(m^*\epsilon_0)}{\omega(\omega + i/\tau)} \equiv 1 - \frac{\omega_p^2}{\omega(\omega + i/\tau)} \tag{7.63}$$

と求まる. ここで $\omega_p = \sqrt{(ne^2)/(m^*\epsilon_0)}$ を**プラズマ振動数**と呼ぶ.

プラズマ振動数の意味は, 減衰項 $(m^*/\tau)\boldsymbol{v}$ がない場合の運動方程式を考え
ると理解できる. 物質中に自由電子の集団的な振動運動がある場合, 電子の集
団の変位 $\boldsymbol{u}$ により表面に生じる分極による反電場 $\boldsymbol{E}$ は

$$\boldsymbol{E} = -\frac{\boldsymbol{P}}{\epsilon_0} = \frac{ne\boldsymbol{u}}{\epsilon_0} \tag{7.64}$$

と表せる. よって電子の集団の運動方程式は

$$nm^*\frac{d^2\boldsymbol{u}(t)}{dt^2} = -ne\boldsymbol{E} = -\frac{n^2e^2\boldsymbol{u}}{\epsilon_0}. \tag{7.65}$$

この運動方程式はプラズマ振動数 ω_p の調和振動を表す. つまり広い空間領域
にわたって自由電子が位相を揃えて振動しており, これをプラズマになぞらえ
てプラズマ振動と呼んでいる. プラズマ振動数はキャリア密度に依存しており,
通常の金属元素ではプラズマ振動数は紫外線領域にあり可視光より高い周波数
をもつ.

さて, 減衰項がない場合の比誘電率は, 式 (7.63) で τ の含まれる項を無視
して

$$\epsilon_r = 1 - \frac{\omega_p^2}{\omega^2} \tag{7.66}$$

となる．$\omega < \omega_p$ の低周波では比誘電率は負（$\epsilon_r < 0$）になる．比誘電率が負の物質に電磁波が入ろうとすると，自由電子が瞬時に動いて電磁波の電場を打ち消すような分極を生じさせ，電磁波を遮断する．つまり，電磁波は100%反射する．これは物質中の複素屈折率 $\tilde{n}$ が $\tilde{n} = \sqrt{\epsilon_r \mu_r}$ と表せ，空気中から物質へ光を垂直入射したときの反射率が

$$R = \left| \frac{\tilde{n} - 1}{\tilde{n} + 1} \right|^2 \tag{7.67}$$

と表せること（フレネルの式）から直接計算できる．この反射率の式は空気中と物質の境界において電場と磁場が連続である条件から導かれ，空気の屈折率は1とした．今の場合 $\epsilon_r < 0$ であることから $\tilde{n}$ は純虚数であり，上式に代入すれば反射率 $R = 1$ と計算できる．

一方で，$\omega > \omega_p$ の高周波領域では，電子の運動は電磁波についていけなくなって電磁波の遮蔽は弱くなり，それに伴い反射率は小さくなる．式 (7.66) において $\omega \to \infty$ では $\epsilon_r \to 1$ であり，反射率 R の式に代入すると $R = 0$ となる．このようにプラズマ振動数を境に金属の反射率は大きく変化する（図7.7）．この傾向は運動方程式に減衰項があっても変わらない．減衰項が増大にするに従って，周波数依存性は緩やかになる．

アルミニウムや銀のプラズマ振動数は紫外線領域にあるので，可視光領域の光はほぼ完全に反射する．白く輝いて見えるのはそのためである．一方，金や銅では可視光領域でバンド間遷移による光吸収の効果があり，色が付いてみえる．

なお，金属が非常にサイズの小さい微粒子の場合には，サイズ効果によって比誘電率の値が変化することが知られる．粒子の径が平均自由行程より短い場合には，電子がその距離を移動する前に粒子の表面に散乱されるためである．

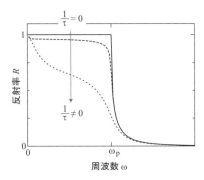

図 7.7　反射率の周波数依存性．

振動子模型　自由電子が存在する場合と対照的な，原子核に束縛された電子が示す応答を考える．束縛された電子の運動を調和振動子モデルで近似し（つまり調和ポテンシャル中をばねのように運動するとし），振動電場 $\boldsymbol{E} = \boldsymbol{E}(\omega)e^{-i\omega t}$ を作用させる．ここで電磁波の波長が電子の振動運動の範囲よりも十分長いとして，空間依存性を無視した．電子の運動方程式は

$$m\frac{d^2\boldsymbol{u}}{dt^2} = -m\omega_0^2\boldsymbol{u} - \frac{m}{\tau}\frac{d\boldsymbol{u}}{dt} - e\boldsymbol{E}(\omega)e^{-i\omega t}. \tag{7.68}$$

右辺第 2 項は速度に比例する抵抗力である（$\omega_0 = 0$ の場合には式 (7.57) に一致する）．先ほどと同様に $\boldsymbol{u}(t) = \boldsymbol{u}(\omega)e^{-i\omega t}$ を代入すると，

$$\boldsymbol{P}(\omega) = -Ne\boldsymbol{u}(\omega) = \frac{Ne^2}{m}\frac{1}{(\omega_0^2 - \omega^2) - i\omega/\tau}\boldsymbol{E}(\omega). \tag{7.69}$$

それぞれの原子核に 1 つずつの電子が束縛されているとすると，N は単位体積あたりの原子数である．比誘電率 ϵ_r は

$$\epsilon_r = 1 + \frac{Ne^2}{\epsilon_0 m}\frac{1}{(\omega_0^2 - \omega^2) - i\omega/\tau} \tag{7.70}$$

となる．比誘電率の虚部はローレンツ関数に近似でき $\omega = \omega_0$ でピークをもつ（**ローレンツ振動子**）．これは $\omega = \omega_0$ に共鳴吸収があることを意味する．振動する電気分極は振動する電流とも見なせ，$\boldsymbol{P}$ の時間微分が電流である．計算された電気伝導率は $\omega \to 0$ で 0 となり，絶縁体であることを再現する．

　一方，量子力学的な取り扱いを行うと，完全に占有された下のバンドから上のバンドに励起されるバンド間遷移による誘電率は上記と同じローレンツ型になることを示せる．このときのエネルギー保存則は，電磁波の振動数を ω，遷移前後のエネルギー差を ΔE として $\hbar\omega = \Delta E$ である．

　なお，上記の古典的な取り扱いにおいては，すべての電子が同じ振動子として振る舞う（つまり同じ吸収を示す）が，実際には様々な電子遷移エネルギーが存在するので異なる振動子の集合体を考える必要がある．古典論と量子論との間の定量的な対応を付けるために，**振動子強度**という尺度が導入され補正が行われる．

半　導　体

半導体は，世界で最も大きな産業の1つであるエレクトロニクスの基礎となる材料であり，非常に重要な物質群である．半導体は金属と絶縁体の中間的な電気伝導性を有し，不純物の導入などで伝導性が大きく変化する．この性質を利用したトランジスタは20世紀最大の発明ともいわれている．この章ではそのような半導体デバイスを理解する前提となる半導体の物理の基礎を解説し，その後，最近の話題としてトポロジカル絶縁体に触れる．

□■ 8.1　電 子 と 正 孔 ■□

完全に満たされたバンドは電気を流さないのであった．半導体の場合には**価電子帯**（電子を含む一番エネルギーの高いバンド）が完全に満たされているので絶対零度においては電気伝導を示さない．しかし，温度が上がるとバンドギャップを超えて電子がエネルギーの高い**伝導帯**（バンドギャップの直上にある空のバンド）に熱励起されることで電気が流れる．電子が伝導帯に熱励起したことにより，価電子帯には電子の孔（空のエネルギー準位）が存在しており，この孔を電流の担い手として考えるのが便利である．これを**正孔**（ホール）と呼ぶ．

シリコン（Si）などの半導体や，バンドギャップがより大きい絶縁体はそのままでは電流をほとんど流さない．しかし，**ドーピング**によって電流の担い手を作り，金属にすることができる．例えば，Siに周期表上で1つ右側にあるリン（P）を少量混ぜることを考える．これはSi結晶中のいくつかの原子がPに置換されたことに対応する．具体的には，$10^{23}\,\mathrm{cm}^{-3}$ 程度のSi原子に対して，10^{14}–$10^{20}\,\mathrm{cm}^{-3}$ の量のPを混ぜる．Pのドーピングが相対的に十分少量であるので，もともとのSiのバンド構造には影響をほとんど与えないと見なせる．

Siの電子配置は $[\mathrm{Ne}]3s^2 3p^2$ であり，Pの電子配置は $[\mathrm{Ne}]3s^2 3p^3$ である．つまり，PはSiに比べて $3p$ 軌道に電子を1つ余計にもつ．その電子は，半導体

である Si バンドの価電子帯が
すべて埋まっているためバンド
ギャップを越えて伝導帯の一番
下の準位に入ると考えられる.
しかし,電子は,電子を 1 つ放
出して正に帯電した P$^+$ イオン
の付近にゆるく束縛される. 束
縛状態の波動関数は P を中心に

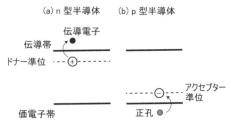

図 8.1 (a)n 型半導体と (b)p 型半導体.

して広がっており,電子は(Si のバンドではなく)伝導帯の底から少しエネル
ギーが低い**不純物準位**(ドナー準位)を占める. ドナー準位の電子は熱エネル
ギーを得て伝導帯へ励起され,伝導電子となる(図 8.1(a)). さらに P 原子の
数がある程度多くなると(10^{18}–10^{19} cm^{-3} 程度),波動関数に重なりが生じ始
める. つまり,電子は固体中を動き回ることができるようになり(金属),不純
物準位はもはや孤立準位ではなくなり,伝導帯に吸収される.

　以上が半導体や絶縁体に電子が供給された n 型半導体の状況である. 一方,
電子を奪うドーピングもあり得て,p 型半導体と呼ばれる(図 8.1(b)). ここで
n 型は negative(負),p 型は positive(正)の意味である. p 型半導体の場合
は,Si 原子を周期表で 1 つ左側にある Al で置換することを考える. Al は電子
が 1 つ Si より少ないから,Si の価電子帯の一番上の準位に 1 つ空き(孔)が
できることになる. この孔は,先ほどの考え方とは反対に,電子を 1 つ得て負
に帯電した Al$^-$ イオンの周辺にゆるく束縛され,価電子帯の少し上に不純物準
位が構成される. この孔は正の電荷をもった,正の質量をもった粒子として振
る舞い,これを**正孔**(ホール)と呼ぶ. つまり,Al ドーピングは正孔を供給す
ると言える. Al のドーピング量を増やしていくと,不純物準位の波動関数が重
なり始めて価電子帯に吸収され,価電子帯の上部が正孔に占有された金属が実
現する.

　正孔は半導体に限ったものではない. 一般に,金属中の電流の担い手は電子
か正孔,あるいはその両方である. 電流の担い手である電子や正孔を**キャリア**
と総称することがある. 正孔は電子と反対の電荷をもつが,電子の反粒子であ
る陽電子とは全く異なる. 陽電子が高エネルギー環境(1 MeV)で生成される
のとは異なり,正孔は絶対零度の基底状態でも固体中に存在する. キャリアは
スピン 1/2 をもつフェルミ粒子である.

2次元正方格子　電子と正孔のバンドを具体的に考えるために，格子定数 a の2次元正方格子を考える．ハミルトニアンは

$$H = -\frac{\hbar^2}{2m}\left(\frac{\partial^2}{\partial x^2} + \frac{\partial^2}{\partial y^2}\right) + V(\boldsymbol{r}) \tag{8.1}$$

であり，ポテンシャルエネルギーを無視したエネルギーは

$$E(\boldsymbol{k}) = \frac{\hbar^2}{2m}(k_x^2 + k_y^2) \tag{8.2}$$

である（自由電子モデル）．フェルミエネルギーを E_F とおくと，フェルミ波数 $k_\mathrm{F} = \sqrt{2mE_\mathrm{F}/\hbar^2}$ を半径とする円がフェルミ面となる．

波動関数（ブロッホ関数）に周期境界条件

$$\psi(0, y) = \psi(L, y),$$
$$\psi(x, 0) = \psi(x, L) \tag{8.3}$$

を課すと，波数 $\boldsymbol{k} = (k_x, k_y)$ は

$$k_x = \frac{2\pi}{L}n_x \quad (n_x : 整数),$$
$$k_y = \frac{2\pi}{L}n_y \quad (n_y : 整数) \tag{8.4}$$

と離散的な値をとる．ここで $L = Na$ とおくと，1つの $\boldsymbol{k}$ 状態の占める面積は $(2\pi/(Na))^2$ である．電子のスピン自由度を考慮すると，1つの状態が占める面積は $(1/2)(2\pi/(Na))^2$ となる．

ここで，電子スピンの自由度を考慮して $2N^2$ 個の電子をバンドに詰める場合を考える（格子点の数は N^2 個）．このとき，$2N^2$ 個の電子が占める面積は $(1/2)(2\pi/(Na))^2 \times 2N^2 = (2\pi/a)^2$ となる．これは第1ブリルアンゾーンの面積に等しい．このように $2N^2$ 個の電子を詰める場合にはフェルミ面の囲む面積は第1ブリルアンゾーンの面積に等しい．電子数を減らせばフェルミ面の囲む面積は小さくなり，電子数が増えれば面積が大きくなることになる．

まず，電子の数がより少ない場合のフェルミ面を図8.2(a)に示す．E_F が小さいとき，円形のフェルミ面は第1ブリルアンゾーンの中に収まることがわかる．次に，電子の数を増やして $2N^2$ 個の場合を考えると，フェルミ面の囲む面積は第1ブリルアンゾーンの面積に等しく，円形のフェルミ面は第1ブリルアンゾーンをはみ出すことになる（図8.2(b)）．実際にはブリルアンゾーン境界でギャップが開き，またゾーン境界と垂直に交わるので，フェルミ面は図8.2(c)の

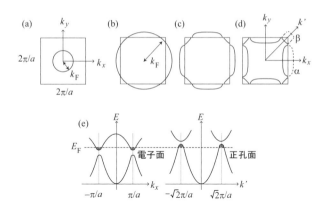

図 8.2　(a) 電子数が少ない場合のフェルミ面. (b)–(d) 電子数が $2N^2$ 個の場合のフェルミ面. (e)(d) の場合のエネルギーバンド.

ようになる. これを逆格子ベクトルずらして還元ゾーン方式で描くと図 8.2(d) になる. 見やすくするために第 2 ブリルアンゾーンに繰り返し表現すると, 楕円形のフェルミ面 α と四角いフェルミ面 β の 2 種類が形成されることになる. 図 8.2(b) の円形のフェルミ面の面積と第 1 ブリルアンゾーンの面積が等しいことに注意すると, α と β の面積は等しいことがわかる.

　図 8.2(d) に対応するエネルギーバンドは図 8.2(e) のようになる. まず左側の図は k_x 軸方向のエネルギー分散を表しており, α フェルミ面に対応している. 電子をさらに詰めると, フェルミ準位が上がり, フェルミ面は大きくなる. これは電子面の特徴である. 一方, 右側の図は対角線方向の k' 軸方向のエネルギー分散であり, β フェルミ面に対応し, フェルミ準位が上がるとフェルミ面は小さくなる. これは正孔 (ホール) 面である.

　ホールバンドは, 電子の描像でいうと, バンドの曲率の逆数に相当する有効質量

$$m_{ij} = \left(\frac{1}{\hbar^2} \frac{\partial^2 E}{\partial k_i \partial k_j} \right)^{-1} \tag{8.5}$$

が負になるので, 電子が負の質量をもつことになる. そこに孔があくわけであり, 正孔は正の質量をもつ. 電場を印加した場合には, 電場方向と逆向きに運動する電子が孔を埋めるために, 孔の位置が電場方向に移動する. つまり正孔をキャリアとして捉えると, 正孔の流れる方向は電流 (電場) 方向と同じになる.

半　金　属　バンド理論によると，物質
は絶縁体，半導体，金属に分類されることを見た．
半導体や絶縁体においては下から n 番目のバン
ドまで完全に詰まり，$n+1$ 番目のバンドが空と
なるからバンドギャップが生じる．しかし，もし
価電子バンド（価電子帯）と伝導バンド（伝導帯）
がエネルギー的に重なっている場合にはバンド
ギャップは生じず絶縁体にはならない．このよう

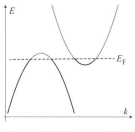

図 8.3　半金属のバンド構造.

な場合には価電子（最外殻に存在する電子）は価電子バンドだけでなく，2 つ
のバンドを部分的に占めることになる．このような場合も金属に分類されるが，
特にバンドの重なりがきわめて小さいときは**半金属**と呼ばれる．

　半金属は，上述の通り，伝導バンドの底と価電子バンドの上部がわずかに重
なった物質である（図8.3）．このとき，通常，伝導バンドの底は波数空間におい
て価電子バンドの上部と別の場所に位置する．キャリアとして電子と正孔が共
存し，小さな電子フェルミ面と正孔フェルミ面が存在する．金属の場合はフェ
ルミ準位に大きな状態密度をもつが，半金属の場合は伝導バンドと価電子バンド
がわずかにオーバーラップすることで，バンドギャップがないのにもかかわら
ずフェルミ準位付近の状態密度が非常に小さい．理想的な半金属物質では電子
と正孔の総数は等しく，全体で電荷中性条件が満たされている．伝導電子と正
孔の密度は，金属と比べて 100 分の 1 以下の場合もある．電気抵抗率の温度変
化は，ある温度で極大を示すような金属と異なった振る舞いを示す場合がある．

　半金属は一般にキャリアの有効質量が小さく移動度（電場をかけたときの移
動のしやすさ）が大きいことが知られ，外部磁場の存在下で巨大な磁気抵抗効果
（抵抗率の磁場依存性）や量子振動（9.1 節参照）が見られるなど特徴的な物性
を示す．半古典論に基づく簡単な 2 バンドのモデルでは，電子と正孔のキャリ
ア密度が等しいときに磁気抵抗効果は顕著になる（9.2 節参照）．また，磁場に
よってキャリア密度が大きく変化することがある．電子と正孔の両キャリアを
有する半金属において，磁場下でも電荷中性条件によりそれぞれのキャリア密
度が等しいとする．このとき電荷中性条件を満たしていれば，それぞれのキャ
リア密度が変化しても構わない．電子と正孔の有効質量が大きく異なる場合に
は，それぞれの磁場応答が大きく異なることに起因して，電荷中性条件を満た
すために化学ポテンシャルが大きく磁場変化する．

□■　8.2　半　　導　　体　■□

　一般に，電気を流す金属と電気を流さない絶縁体の中間の電気的性質を示す物質を半導体と呼ぶ．半導体が様々なデバイスに用いられる理由は，以下のような半導体の特長による．第1に，電圧によって抵抗率を変化させることができる．つまり，一瞬で金属的な抵抗率と絶縁体的な抵抗率の間を変化させられる．第2に，電子が主要キャリアとなる n 型と，正孔が主要キャリアとなる p 型の物質を作り分けられる．第3に，光の波長に対応したバンドギャップをもった半導体材料を作り分けることができ，発光などの光デバイスへの応用が可能である．

　もっとも有名な半導体材料はシリコンである．一番外側の軌道に4つの電子をもつ．電子配置は Ne の閉殻の電子配置の外側に $3s^2 3p^2$ となっているが，sp^3 混成軌道を形成する．周期表で Si の上下にいる炭素（C）とゲルマニウム（Ge）も同様に最外殻に電子を4つもち，総称して **IV 族の半導体**と呼ぶ．シリコンは，中心のシリコン原子が4つの電子を出し周りの4つのシリコン原子が1つずつの電子を出すことで，計8個の電子で4本の結合をつくることでダイヤモンド構造を形成する（図6.7参照）．同様の結合は IV 族の隣りの III 族元素と V 族元素を組み合わせることでもできる（つまり，4 + 4 = 8 でなく 3 + 5 = 8）．この代表例は GaAs などの閃亜鉛構造を有する化合物半導体である（**III–V 族半導体**）．良好な発光特性などの Si にない性質をもつことから産業的にもよく用いられる．

　バンド理論における半導体の正確な定義は，価電子帯（価電子バンド）はすべて詰まっており，バンドギャップを挟んで，伝導帯（伝導バンド）が空の状態である．電子はバンドギャップの中の状態をとることができない．絶縁体も同じバンド構造をもつが，半導体は絶縁体に比べてバンドギャップのエネルギー幅が狭いために，有限温度では電子がバンドギャップを越えて価電子帯と伝導帯の間を遷移でき，キャリアが生じる．このようなキャリアを生じさせるためには温度を上げるか，ドーピングをするかの2通りの方法がある．

| 真 性 半 導 体　　不純物を含まない半導体を**真性半導体**と呼ぶ．真性半導体においては，価電子バンドに存在する電子が熱エネルギーにより伝導バンドに励起されてキャリアが生まれる．つまり，キャリアは伝導バンドに励起された

電子（伝導電子）と，価電子バンドに生まれる電子の抜け殻である正孔である．真性半導体の場合には伝導電子の密度 n と正孔の密度 p は等しい $(n = p)$．温度が上がると熱励起が活発になり，伝導電子と正孔の数は多くなり，電気抵抗は小さくなる．

　伝導バンドに励起された伝導電子の密度 n は，フェルミ–ディラック分布 $f(E)$ と状態密度 $D(E)$ を用いて以下のように表せる（図 8.4）．

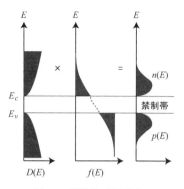

図 8.4 伝導帯の電子分布.

$$n = \int_{E_c}^{\infty} f(E)D(E - E_c)dE. \tag{8.6}$$

ここで E_c は伝導バンドの底のエネルギーである．バンドギャップが熱エネルギーに対して大きい場合 $(E - E_F \gg k_B T)$ を考えると，$f(E)$ は

$$f(E) = \frac{1}{\exp[(E - E_F)/k_B T] + 1} \approx \exp\left[-\frac{E - E_F}{k_B T}\right] \tag{8.7}$$

と近似できる．これはボルツマン分布関数である．大体 $E - E_F > 3k_B T$ の場合にフェルミ分布関数とボルツマン関数がほぼ数値的に等しくなる．今後はこの状況を考える．状態密度 $D(E - E_c)$ は，m_e を伝導電子の有効質量として

$$D(E - E_c) = \frac{1}{2\pi^2}\left(\frac{2m_e}{\hbar^2}\right)^{3/2}\sqrt{E - E_c} \tag{8.8}$$

であるので（式 (4.43) 参照），

$$n = \frac{1}{2\pi^2}\left(\frac{2m_e}{\hbar^2}\right)^{3/2}\int_{E_c}^{\infty}\sqrt{E - E_c}\exp\left[-\frac{E - E_F}{k_B T}\right]dE. \tag{8.9}$$

変数変換 $\sqrt{E - E_c} = x$ を行うと，$dE = 2xdx$ であり

$$
\begin{aligned}
n &= \frac{1}{2\pi^2}\left(\frac{2m_e}{\hbar^2}\right)^{3/2}\exp\left[-\frac{E_c - E_F}{k_B T}\right]\int_0^{\infty}2x^2\exp\left[-\frac{x^2}{k_B T}\right]dx \\
&= \frac{\sqrt{\pi}(k_B T)^{3/2}}{4\pi^2}\left(\frac{2m_e}{\hbar^2}\right)^{3/2}\exp\left[-\frac{E_c - E_F}{k_B T}\right]
\end{aligned} \tag{8.10}
$$

を得る．指数関数の前の係数を N_c とおくと

$$n = N_c \exp\left[-\frac{E_c - E_F}{k_B T}\right] = N_c f(E_c) \tag{8.11}$$

となる．これは伝導バンドに存在する電子密度 n は，伝導バンドの有効状態密

度 N_c と伝導バンドの底 E_c における電子の占有確率 $f(E_c)$ の積で書けること
を意味する.

正孔の密度 p も同様に計算できる. 正孔はエネルギー E の高いほうから占有
され, 状態密度 $D_h(E)$ は, 正孔の有効質量を m_h として

$$D_h(E) = \frac{1}{2\pi^2}\left(\frac{2m_h}{\hbar^2}\right)^{3/2}\sqrt{E_v - E} \tag{8.12}$$

である. また, 正孔の分布関数 $f_h(E)$ は, 正孔が電子の空きであることから
$1 - f(E) \approx \exp[-(E_F - E)/(k_B T)]$ で表せる. よって正孔の密度 p は

$$p = \int_{-\infty}^{E_v}(1 - f(E))D_h(E)dE. \tag{8.13}$$

先程と同様に計算することで

$$p = \frac{\sqrt{\pi}(k_B T)^{3/2}}{4\pi^2}\left(\frac{2m_h}{\hbar^2}\right)^{3/2}\exp\left[-\frac{E_F - E_v}{k_B T}\right] \tag{8.14}$$

となる. 指数関数の係数を N_v とおくと

$$p = N_v\exp\left[-\frac{E_F - E_v}{k_B T}\right] = N_v f_h(E_v) \tag{8.15}$$

である. 価電子バンドに存在する正孔密度 p は, 価電子バンドの有効状態密度
N_v と価電子バンドの頂上 E_v における正孔の占有確率 $f_h(E_v)$ の積で書ける.

真性半導体では $n = p$ なので $n = p = n_i$ とおくと

$$n_i = \sqrt{N_c N_v}\exp\left[-\frac{E_g}{2k_B T}\right] \tag{8.16}$$

を得る. n_i を**真性密度**と呼ぶ. 真性密度はエネルギーギャップ $E_g = E_c - E_v$
など, 半導体の物性定数だけで記述できる. 温度 T に依存するがエネルギーに
はよらない. バンドギャップが大きくなればなるほど, 価電子帯の電子が伝導
帯に励起されづらくなる.

また, $n = p$ の式

$$N_c\exp\left[-\frac{E_c - E_F}{k_B T}\right] = N_v\exp\left[-\frac{E_F - E_v}{k_B T}\right] \tag{8.17}$$

から E_F を計算することができる. その結果は

$$E_F = \frac{E_C + E_V}{2} + \frac{1}{2}k_B T\ln\left(\frac{N_v}{N_c}\right) = \frac{E_C + E_V}{2} + \frac{3}{4}k_B T\ln\left(\frac{m_h}{m_e}\right). \tag{8.18}$$

$k_B T$ のエネルギースケールが相対的に小さいことから, 第 1 項が主要であり,
$E_F \approx (E_c + E_v)/2$ である. これはフェルミ準位 E_F が禁制帯の中心付近に存
在することを意味する.

不純物ドーピング　真性半導体はキャリアの
数が少なく室温において電気はあまり流さない.
そのためあまり電気を流す素子としては実用的で
なく, 代わりにドーピングをした半導体がよく用
いられる. 例えば前節で述べたように, IV 族元
素の Si に P や As (ヒ素) などの V 族元素を少
量混ぜることで余分な電子を追加できる. 追加さ

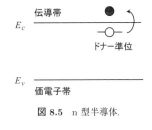

図 8.5　n 型半導体.

れた電子が流れてくれれば伝導性のよい半導体が得られることになり, これを
n 型半導体と呼ぶ. また, 電子を供給するために追加した V 族元素を**ドナー**と
呼ぶ.

　追加された電子は V 族元素の原子核とクーロン相互作用で結び付いており,
電子のエネルギー準位は伝導帯の底から少し低い位置 (ドナー準位) にあり,
自由に動けるわけではない (図 8.5). しかし, 室温では熱エネルギーによって
伝導帯に励起されることで電気を流すことができる.

　逆に, **p 型半導体**は, B (ホウ素) や Ga (ガリウム) などの III 族元素を追加
することで正孔を供給した半導体である. 追加された正孔は III 族の原子核に
クーロン相互作用で引き付けられており, 価電子帯の頂上から少しエネルギーの
高い**アクセプター準位**にいるため動き回れない. しかし, 温度が上がるとクー
ロン力を振り切って価電子帯に上がる正孔の数が増え, 電気を流しやすい半導
体になる. 正孔を供給する III 族元素を**アクセプター**と呼ぶ.

　このような不純物半導体のキャリア密度を求めよう. n 型半導体を考える. 伝
導帯のすぐ下にあるドナー準位の占有確率もフェルミ分布関数に従う. ドナー
準位に束縛された電子は半導体中を自由に動けないが, ドナーから伝導帯に放
出された電子は半導体中を動くことができる. そこで, キャリア密度 n に対し
て真性半導体と同じ

$$n = \int_{E_c}^{\infty} f(E) D(E - E_c) dE \tag{8.19}$$

が使えると仮定する. この式にドナーの効果を反映させるために便宜的に, 実
際の n 型半導体の電子密度と一致するようにフェルミエネルギーを動かす. こ
れを**擬フェルミエネルギー** E_F' と呼ぶ. ドナー準位があることにより E_F' は伝
導帯の底に近づく. 例えば, ドナーにより供給された電子密度 N_D が, 価電子
帯から伝導帯に励起された電子密度よりも十分大きいとき (つまり, 全伝導電

子がドナーにより供給されたと見なすとき),

$$N_D = n = \int_{E_c}^{\infty} f(E)D(E - E_c)dE \approx N_c \exp\left[-\frac{E_c - E_F'}{k_B T}\right] \tag{8.20}$$

と書ける. ここで, $E - E_F' \gg k_B T$ を仮定して先ほどと同様に計算した. この式を解くことで E_F' を計算できる.

$$E_F' = E_c - k_B T \ln\left(\frac{N_c}{N_D}\right). \tag{8.21}$$

よって, フェルミ準位は E_c から少し低いところに位置する. 真性半導体では禁制帯の中心付近にフェルミ準位があるが, ドナーを添加することにより上側 (E_c 付近) にずれることになる.

┃半導体中の電流　　半導体中のキャリアを動かし電流を流すことを考える. 電流には 2 種類ある. 1 つは半導体に電場をかけたときに生じる電流であり, **ドリフト電流**と呼ぶ. ドリフト電流はオームの法則で表される電流である.

ドリフト電流密度 j_d は, 電子密度 n および電子の移動度 μ_e として $j_d = ne\mu_e E$ と表せる. ここで E は電場であり, エネルギーと混同しないように注意すること. 移動度は $\mu_e = e\tau_e/m_e$ で定義される (τ_e は電子の散乱時間). この式は第 7 章で学んだオームの法則そのものである. 電子と正孔が共存する場合は, 両者の電流の足し算として $j_d = e(n\mu_e + p\mu_h)E$ と書ける. ただし, 正孔密度 p, 正孔の移動度 $\mu_h(= e\tau_h/m_h)$ とおいた. 電気伝導率は $\sigma = e(n\mu_e + p\mu_h)$ である.

もう 1 つは**拡散電流**である. 拡散電流は電場とは関係なく, キャリア密度の高いところから低いところに流れる. 例えば半導体試料の左側に電子がかたまっていたとして, それが試料全体に拡散していくイメージである.

(1 次元の) 拡散電流密度は以下の式で表せる.

$$j = -qD\frac{dn(x)}{dx}. \tag{8.22}$$

D は拡散係数であり, キャリア密度の勾配 dn/dx に沿ってキャリアが流れる. $+x$ 方向に電子密度が増大していく場合には勾配は正であり, 電子は $-x$ 方向に拡散する (電流は $+x$ 方向). 電子と正孔で D の値は異なる. q は電荷であり, 電子に対しては $-e$, 正孔に対しては $+e$ である. 電場を印加する場合は, 正孔と電子で逆向きに運動し電流はどちらも電場方向になるが, 拡散の場合は

キャリアが濃い部分から薄い部分に流れるので，キャリア電荷の正負に依存した電流が流れる．

■拡散電流の式の導出　式 (8.22) は以下のようにして導くことができる．平均の散乱の時間間隔を τ とおき，その間にキャリアは l だけ（1 次元 x 方向に）進むとする．時刻 t に位置 x にいたキャリアは，時間 τ の間に半分のキャリアが $+x$ 方向に移動する．位置 $x+l$ からも同様に半数のキャリアが左に移動するので，位置 $x+l/2$ を通過するキャリアの数は

$$\frac{1}{2}n(x) - \frac{1}{2}n(x+l) \tag{8.23}$$

と表せる．電流密度は，電荷 $q\times$ キャリア密度 $\times$ 速度なので，

$$\begin{aligned}
j &= q\frac{1}{2}(n(x) - n(x+l))\frac{l}{\tau} \\
&= q\left\{\frac{n(x) - n(x+l)}{l}\right\}\frac{l^2}{2\tau} \approx -q\frac{dn}{dx}\frac{l^2}{2\tau}
\end{aligned} \tag{8.24}$$

を得る．最後の $l^2/2\tau$ を D とおけば拡散電流の式を得る．

　なお，同様の拡散方程式はボルツマン方程式を用いても得られる．ドリフト電流が分布関数の k 微分 $\partial f/\partial \boldsymbol{k}$ が零でない状況であるのに対し，拡散電流の場合は $\partial f/\partial \boldsymbol{r}$ が零でない．$\partial f/\partial \boldsymbol{r}$ が電子密度の空間勾配と関係することから，$\partial n/\partial r$ に比例した拡散電流の表式が得られる．係数 D を計算すれば，アインシュタインの関係式 (8.29) も導出できる．

　キャリアとして電子を考えると電子密度は，式 (8.11) より

$$n(x) = N_c \exp\left[-\frac{E_c(x) - E_F}{k_B T}\right] \tag{8.25}$$

で与えられる．ここで E_F は一定で，E_c が x 依存性をもつとする．拡散電流は

$$j = -(-e)D\frac{dn(x)}{dx} = -(-e)Dn\left\{-\frac{1}{k_B T}\frac{dE_c(x)}{dx}\right\}. \tag{8.26}$$

拡散により x 軸の 1 つの方向に電子が蓄積して x 方向に電場 E が発生する．この電場によるドリフト電流と拡散電流がつり合い，定常状態で全電流 $J_t = 0$ となる．

　ここで電子にはたらく力のつり合いの関係式

$$(-e)E + \frac{dE_c(x)}{dx} = 0 \tag{8.27}$$

を使うと，拡散電流 j は $j = -e^2 DnE/(k_B T)$ と表せる．よってドリフト電流を含めた全電流は

$$J_t = ne\mu_e E - e^2\frac{Dn}{k_B T}E = 0. \tag{8.28}$$

よって拡散係数は

$$D = \frac{\mu_e k_B T}{e} \tag{8.29}$$

で与えられる. この関係式を**アインシュタインの関係式**と呼ぶ. この結果はキャリアの移動度が大きく, 温度が高いときに拡散が大きいことを意味している. 同様の式は移動度を μ_h と置き換えれば正孔に対しても成り立つ.

▌半導体量子構造　非常に薄い薄膜や微小な細線の構造を形成して電子を閉じ込めることで, 低次元構造に特有の量子物性を観測しようという試みが半導体を用いて行われてきた. 電子を閉じ込めるというのは, 例えば z 方向に非常に薄い薄膜を作って電子を xy 面に閉じ込める場合を考えると, z 方向には電子は無限井戸型ポテンシャルの中にいるということである. 1次元の無限井戸型ポテンシャルに対してシュレディンガー方程式を立てると, ポテンシャルが無限大の場所では電子が存在できないことから, 井戸の境界で波動関数は零になる. この境界条件により, 井戸の幅を L と置くとき, 波長 $\lambda = 2L/n$ の定在波となる (n は自然数).

■無限井戸型ポテンシャル　井戸の領域を $0 \leq z \leq L$ とすると, この領域ではポテンシャルが零であり, シュレディンガー方程式の解は

$$\psi(z) = Ae^{ikz} + Be^{-ikz} = C\cos(kz) + D\sin(kz) \tag{8.30}$$

と書ける. ここで $k = \sqrt{2mE/\hbar^2}$ であり, A, B, C, D は定数である. ポテンシャルが無限大の領域では波動関数は零なので, $\psi(0) = \psi(L) = 0$ という境界条件を課す. すると, $C = 0$ と $kL = n\pi$ (n は自然数)を得る. 波長 λ は $\lambda = 2\pi/k$ で与えられる. また, エネルギー固有値は

$$E_n = \frac{\hbar^2}{2m}\left(\frac{n\pi}{L}\right)^2. \tag{8.31}$$

このように (量子) 閉じ込めによって, エネルギーは z 方向に離散化する. この構造を**量子井戸**といい, 閉じ込めによってできた2次元金属状態を**2次元電子系 (2DEG)** と呼ぶ. 2次元電子系のエネルギーは, xy 面内の運動エネルギーを含めると

$$E(\boldsymbol{k}) = \frac{\hbar^2}{2m}(k_x^2 + k_y^2) + \frac{\hbar^2}{2m}\left(\frac{n^2\pi^2}{L^2}\right) \tag{8.32}$$

である. z 方向のエネルギー離散化の程度は閉じ込めサイズが小さいほど (L

が小さいほど）大きい．一方，実験的にはサイズが小さければ小さいほど試料を作製するのは難しい．ある程度の厚みがある薄膜においては体積が増えることから電子数が増えてしまい，電子を低いエネルギー準位から順に詰めることを考えると，電子数が多い場合にはエネルギー準位の離散化を感じとれなくなる[*1)]．物質の電子密度が小さい方が2次元電子系の作製には有利であり，半導体材料が広く用いられる．また，半金属も電子密度が低く，金属の場合に要求されるほど薄い膜でなくても2次元電子系を作り出せる．フェルミ準位における状態密度が零のグラフェン（グラファイトの単原子膜）でも多くの研究がなされている．

量子井戸の状態密度は，xy 面内の2次元自由電子の状態密度（式 (4.46) よりエネルギーに依存しない一定値 $m/(\pi\hbar^2)$）が z 方向の離散化されたエネルギー準位により変調されて，E に対して階段状となる．すなわち，ステップ関数 $H(x)$（$x > 0$ のとき 1，$x < 0$ のとき 0）を使うと，状態密度 $D(E)$ は

$$D(E) = \frac{m}{\pi\hbar^2} \sum_{n=1}^{\infty} H\left(E - \frac{\hbar^2}{2m}\left(\frac{n^2\pi^2}{L^2}\right)\right) \tag{8.33}$$

である．階段状になるのは複数バンドがあるためと捉えることもできる．

2次元の場合を量子井戸と呼ぶのに対応して，もう1つ閉じ込めを増やした1次元の場合を**量子細線**，3次元すべての方向に閉じ込めを行った（零次元の）物を**量子ドット**と呼ぶ．各次元での状態密度をエネルギーの関数としてプロットするとき，次元が下がるにつれて，状態密度が狭い領域に密集する傾向がある．電子の閉じ込めが強いほど，波の性質が顕著になり，電子のエネルギーは離散的な値をとる．量子ドットにおいては状態密度はデルタ関数 $\delta(E)$ 的に完全に離散化する．特定のエネルギーに状態が集中するため，エネルギー遷移を利用したレーザーとしての応用が可能である．

□■ 8.3 トポロジカル絶縁体 ■□

トポロジカル絶縁体は最近見いだされた新しい物質状態である．2005年の理論的提案の後，様々な物質で実験的に観測されている．絶縁体という言葉が用

[*1)] 同様に，温度が高くなってエネルギー準位の間隔よりも温度ゆらぎが大きくなると，エネルギー準位の離散化を感じとれなくなる．よって低温の方が有利である．

いられるが，ここではバ
ンドギャップが大きくな
い半導体も含めて絶縁
体と総称する．つまり，
フェルミ準位にバンドギ
ャップが開いている物質
として絶縁体という言葉
を使う．このとき価電子
バンドは全部詰まってお

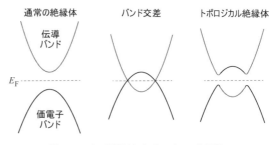

図 8.6 バンド反転とトポロジカル絶縁体.

り，バンドギャップを挟んで伝導バンドがある（図 8.6 左）．

　スピン軌道相互作用は電子のスピン角運動量と軌道角運動量を結合させ，エネ
ルギー固有値に影響を与える．スピン軌道相互作用が強い場合には，伝導電子
のエネルギー準位と価電子のエネルギー準位の上下関係が逆転することがある．
これを**バンド反転**と呼ぶ．例えば典型的なトポロジカル絶縁体である Bi_2Se_3 に
おいては，Se 由来の価電子バンドの頂上付近と Bi 由来の伝導バンドの底がス
ピン軌道相互作用によって反転する．このようにして価電子バンド・伝導バン
ドの一部分に異なる性質をもつ伝導バンド・価電子バンドの一部が入り込むこ
とになる（図 8.6 右）．

　反転した 2 つのバンドの間で重要な性質の違いは，パリティ [*2] の違いであ
る．これを理解するために，エネルギーバンドを理解するのに一番簡単な例で
ある 2 原子分子の場合に戻る．2 つの原子間の間隔が小さくなると，電子の波
動関数が重なり合い始める．孤立した原子のそれぞれのエネルギー準位は，元
の原子の準位よりもエネルギー的に低い軌道（結合性軌道）とより高い軌道（反
結合性軌道）の 2 つの分子軌道へと分裂する．それぞれの軌道の波動関数は，
原子を A と B とおくとき以下のような形で書ける．

$$\psi_+ = \frac{\phi_A + \phi_B}{\sqrt{2}}, \quad \psi_- = \frac{\phi_A - \phi_B}{\sqrt{2}}. \tag{8.34}$$

原子軌道の波動関数を ϕ_A，ϕ_B とおいた．結合性軌道と反結合性軌道では，空
間反転対称性の性質が異なる．原子 A と原子 B を入れ替えると，結合性軌道
は符号を変えないが反結合性軌道は符号が反転する．空間反転して符号が変わ

[*2]　パリティ変換とは，空間座標の符号を反転させることである．つまり，$(x, y, z) \to (-x, -y, -z)$.

らない場合（結合性軌道）を偶パリティ，符号が変転する場合（反結合性軌道）を奇パリティと呼ぶ．よって，バンド反転が起きると偶パリティのバンドと奇パリティのバンドが混在することになる．

このようなトポロジカル絶縁体でみられるバンドの「変質」は，しばしばメビウスの帯（帯状の長方形の片方の端を$180°$ひねり，他方の端に貼り合わせた形状の図形）に例えられる．メビウスの帯を通常のひねりのない円環状の帯に戻すには，一度帯を切って，ねじって，つなぐという不連続を伴う変形が必要である．このように連続的に移り変われない図形をトポロジーが異なる図形と呼ぶ．「トポロジカル」絶縁体と呼ばれる所以である．

トポロジカル絶縁体の外側では，このメビウスの帯がひねりのない普通の帯に戻るため，物質の外側との界面に相当するトポロジカル絶縁体の表面においてはバンドギャップがいったん閉じる必要がある．これはメビウスの帯を普通の帯に戻すときに帯でなくなる過程を経るのと同様である．つまり，表面においてバンド反転が解かれバンドが交差した状態になる．表面では金属の状態が発現し，**トポロジカル表面状態**と呼ばれる[*3]．物質の内部が絶縁体だが表面は金属になるというのがトポロジカル絶縁体の顕著な性質である．物質内部のバンド反転が解消されない限り表面状態が消えないことを「トポロジカルに保護された」という．

▌トポロジカル表面状態の性質

トポロジカル表面状態の電子は普通の金属の電子とは異なる性質をもつ．どの電子のスピンも常に運動量ベクトルに対して直角な向きをもつ（図8.7）．つまり，電子の運動の向きが決まれば，その電子のスピンの向きがその直角方向に決められ，逆に，スピンの向きが決まればその電子は必ず直角方向に運動する．

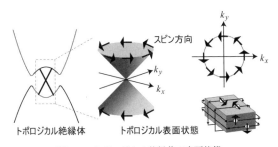

図 8.7 トポロジカル絶縁体の表面状態.

[*3] 内部（バルク）の性質が表面（エッジ）の状態を決めているという意味で，**バルク・エッジ対応**といわれる.

この性質を**スピン・運動量ロッキング**と呼ぶ．普通の金属の電子は，電子のスピンの向きと運動量の向きの関係は決まっておらず，バラバラである．スピン・運動量ロッキングはスピン軌道相互作用が強いことに関係し，トポロジカル絶縁体の表面に限らず空間反転対称性が破れた物質にも見られる（9.3 節参照）．

また，スピン・運動量ロッキングにより，トポロジカル表面状態においては電子の後方散乱が禁止される．後方散乱とは運動する電子が $180°$ 逆向きに散乱される場合である．このときスピン・運動量ロッキングの性質から電子の運動方向とスピン方向は一対一に対応しており，運動の向きが反転するにはスピンの向きが反転する必要がある．しかしトポロジカル絶縁体は磁性元素を含まないので散乱によってスピンの反転はできない．このようにトポロジカル表面状態では後方散乱の確率が零になり，散乱の影響が低減されることが期待される．普通の金属ではスピンの向きは自由なので後方散乱の禁止は起きないため，これもトポロジカル表面状態に特有の性質である．

図 8.7 に示されるように，トポロジカル絶縁体の表面状態の典型的なエネルギー分散はディラックコーンである．グラフェンにおいても K 点および K' 点でディラックコーンが見られたが，スピンについて縮退していた（6.5 節参照）．トポロジカル絶縁体の表面状態においては，スピンに関して縮退しておらず，それぞれの波数の状態が決まったスピン状態をもつ．

┃ トポロジーとの関係

表面状態の出現は，ホール効果の観点から理解することができる．これを 2 次元の場合で考察しよう．（2 次元面の表面状態は 1 次元的な端状態である）．ホール効果を引き起こす外部磁場の存在下では，電子はローレンツ力を受けて軌道が曲げられ回転運動を行う．つまり，磁場が z 方向にかかっているとして，運動方程式 $m^* \boldsymbol{a} = -e(\boldsymbol{v} \times \boldsymbol{B})$ を解くと，xy 面内での回転運動が得られる．これを**サイクロトロン運動**と呼ぶ．電子の運動の様子を図 8.8(a) に示した．試料中央部にいる電子はサイクロトロン運動を行うが，端にいる電子は回り切れず壁にぶつかりながら境界に沿って進むことになる（スキッピング運動）．このよ

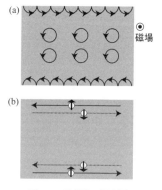

図 8.8　端状態の概念図．

うなスキッピング運動は試料の端を流れる端状態（エッジ状態）の電流と見なすことができる．端状態での電子の進む向きは磁場の向きで決まっている．端状態だけで電気を流すこの状況は，トポロジカル絶縁体の内部が絶縁体だが表面が金属という状況と類似している．

トポロジカル絶縁体は磁場がない状況で現れるから完全に同一の議論を行うことはできない．しかし磁場がない状態でも，異常ホール効果やスピンホール効果（10.5 節参照）のようにスピン軌道相互作用によってホール効果（つまり仮想的なローレンツ力）が生じることが知られている．$s \cdot (\nabla V(r) \times p)$ に比例するスピン軌道相互作用は電子スピンの反転により符号を変え，また電子の運動方向が逆向きになっても符号を変える．スピン軌道相互作用による「サイクロトロン運動」は上向きスピン電子と下向きスピン電子で逆向きの運動になることが期待される．このようなスピン軌道相互作用による「スキッピング運動」を図示したのが図 8.8(b) である．試料端を上向きスピン電子と下向きスピン電子が互いに逆向きに流れている．なお，図 8.8 のような 2 次元物質では端は 1 次元（端状態）であるが，3 次元物質の端は先の図 8.7 に示したような 2 次元の面（表面状態）である．

外部磁場による通常のローレンツ力の場合には一方通行の端状態が現れ，これを**カイラル**と呼ぶことがある．一方で，スピン軌道相互作用に由来する（トポロジカル絶縁体に相当する）端状態は逆向きのスピンの電子が互いに逆向きに流れ**ヘリカル**と呼ばれる．トポロジカル絶縁体の実現においては，上向きスピン電子と逆向きスピン電子とで互いに逆向きの「磁場」を印加する必要があり，スピン軌道相互作用がそれを担っていることになる．このようにトポロジカル絶縁体の実現にはスピン軌道相互作用が十分強い必要がある．

外部磁場によるサイクロトロン運動の図 8.8(a) を見ると，試料内部の電子は回転しているだけで電流を運ばず，端状態だけが電流を担うようにも見える[*4)]．つまり内部は絶縁体で端が金属になっていると見なせ，伝導性の観点でトポロジカル絶縁体と類似した状況にあるといえる．つまり，図 8.8(a) と図 8.8(b) のどちらの状態も詳細に目をつぶれば似ており，広い意味でのホール効果の観点から共通に理解でき，端状態（表面状態）が共通に現れる．実際，数学のトポロジー（位相幾何学）の概念を用いると，この 2 つの状態に対して統一的な理

[*4)] これは実際に**量子ホール効果**として観測されている状態である．

解が可能である．その意味では量子ホール効果（量子ホール絶縁体）もトポロ
ジカル絶縁体の一種である．このようにトポロジーという観点から新しい物質
状態を分類・予測・議論できるようになったのが最近の物性物理学の進展の 1
つである．

∎**9**∎
外部磁場下での輸送現象

　この章では，電場に加えて外部磁場が存在する場合の電子の運動を考える．電場により駆動された電子は外部磁場の存在下でローレンツ力を受けて，運動の方向が変更される．この効果は印加した電場とは垂直な方向に電位差を生じさせる（ホール効果）．磁性体などでは，物質中に仮想的な磁場（有効磁場）がはたらくことで電子スピンの方向に依存した特殊なホール効果が生じることも知られている（10.5 節参照）．有効磁場の起源となるのがスピン軌道相互作用であり，この章の最後にその基礎を整理する．

□∎　9.1　ホ ー ル 効 果　∎□

　電子あるいは正孔を古典的荷電粒子と見なすと，磁束密度 $\boldsymbol{B}$ からローレンツ力 $q\boldsymbol{v} \times \boldsymbol{B}$ を受けるから（q は電荷，$\boldsymbol{v}$ は速度），外部磁場が存在する場合のキャリアの運動方程式は

$$m^* \frac{d\boldsymbol{v}}{dt} = q\boldsymbol{v} \times \boldsymbol{B} \tag{9.1}$$

と書ける．m^* は有効質量である．ブロッホ波束の運動という描像では，運動量 $\boldsymbol{p} = m^*\boldsymbol{v} = \hbar\boldsymbol{k}$ および $\boldsymbol{v} = (1/\hbar)(dE/d\boldsymbol{k})$ を使うと，

$$\hbar \frac{d\boldsymbol{k}}{dt} = \frac{q}{\hbar} \frac{dE}{d\boldsymbol{k}} \times \boldsymbol{B} \tag{9.2}$$

と書き直せる．ここで E は運動エネルギー，$\boldsymbol{k}$ は波数である．この式より

$$\frac{dE}{dt} = \frac{d\boldsymbol{k}}{dt} \cdot \frac{dE}{d\boldsymbol{k}} = \frac{q}{\hbar^2}\left(\frac{dE}{d\boldsymbol{k}} \times \boldsymbol{B}\right) \cdot \frac{dE}{d\boldsymbol{k}} = \frac{q}{\hbar^2}\left(\frac{dE}{d\boldsymbol{k}} \times \frac{dE}{d\boldsymbol{k}}\right) \cdot \boldsymbol{B} = 0 \tag{9.3}$$

となるから，ローレンツ力により $\boldsymbol{k}$ は変わるがエネルギー E は変化しないことがわかる．これはローレンツ力が粒子の運動方向に垂直にはたらくため，仕事をしないことに対応している．伝導電子や正孔は，磁場下でフェルミ面上を，磁場に垂直な方向に回転運動する．

さて，伝導性のある試料に電流と磁場を印
加したときに何が起きるかを考えよう．図9.1
のように板状の試料の幅の広い方向（長手方
向）を x 方向として，その方向に電流を流し，
板に垂直な方向の z 軸方向に一様な定常磁場
をかける．このとき，電流を運ぶ電荷キャリ
アは磁場によるローレンツ力を受けて y 方向
に曲がる．それにより，試料の側面にキャリ

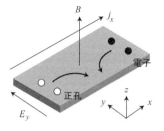

図 9.1 ホール効果.

アが溜まり，y 方向の電場が生じる．この y 方向の電場は，キャリアに対して
y 方向の力を与え，これがキャリアにはたらくローレンツ力とつり合うことで
定常状態に達する．この現象が**ホール効果**である．

ホール効果においてはキャリアは 2 次元 xy 面で運動するから，（散乱による
摩擦項を無視した）半古典的な運動方程式は

$$m^* \frac{d}{dt} \begin{pmatrix} v_x \\ v_y \\ 0 \end{pmatrix} = q \begin{pmatrix} E_x \\ E_y \\ 0 \end{pmatrix} + q \begin{pmatrix} v_x \\ v_y \\ 0 \end{pmatrix} \times \begin{pmatrix} 0 \\ 0 \\ B \end{pmatrix} \tag{9.4}$$

のようになる．上述の通り定常状態では左辺の y 成分 dv_y/dt は零になるので，
ホール効果が起きる y 方向に対しては

$$qE_y - qBv_x = 0. \tag{9.5}$$

印加した電流密度を $j_x = nqv_x$ と表すと，

$$\frac{E_y}{j_x} = \frac{1}{nq} B \tag{9.6}$$

となる．電場と電流密度の比は抵抗率の次元をもっており，**ホール抵抗率**と呼
ばれる．このようにホール効果による電場（ホール電場）は正孔と電子で逆符
号となる．したがって，ホール効果は主要なキャリアが正孔か電子かを判別す
るために用いることができ，$R_{\mathrm{H}} = E_y/(j_x B)$ を**ホール係数**と呼ぶ．ホール係
数の測定からキャリアのタイプだけでなく，キャリア密度も求められる．

また，ホール係数と x 方向の電気伝導率の式 $\sigma = nq^2\tau/m^*$ を使って得られる

$$\mu_{\mathrm{H}} = |R_{\mathrm{H}}|\sigma = \frac{|q|\tau}{m^*} \tag{9.7}$$

を**ホール移動度**と呼ぶ．ホール移動度は電気伝導率とホール係数の測定から求

められ，特に半導体の研究分野でキャリアの外場に対する応答のしやすさを表す指標として広く用いられている．実際，物質に電場 E をかけたときのキャリアの速度 v は $v = \mu_H E$ で与えられる．この式は電流の 2 通りの表式 $j = nqv$ と $j = \sigma E$ を連立させることで得られる．

一方，式 (9.4) において電場を印加している x 方向の式は，

$$m^* \frac{dv_x}{dt} = qE_x + qBv_y \tag{9.8}$$

である．定常状態では y 方向に電流は流れないから $v_y = 0$ とすると，印加した電場によってキャリアが加速される式が得られる．無限にキャリアの速度が加速される式となるが，これは第 7 章で見たように，電子散乱による摩擦項 $m^*(\boldsymbol{v}/\tau)$ を導入することで発散が回避される．いずれにせよ今の単純な場合には磁場の効果は x 方向には効かず，磁気抵抗（電気抵抗の磁場変化）は生じない．

より具体的に，電子散乱による摩擦項を入れた運動方程式を考える．

$$m^* \left(\frac{d}{dt} + \frac{1}{\tau} \right) \begin{pmatrix} v_x \\ v_y \\ 0 \end{pmatrix} = q \begin{pmatrix} E_x \\ E_y \\ 0 \end{pmatrix} + q \begin{pmatrix} v_x \\ v_y \\ 0 \end{pmatrix} \times \begin{pmatrix} 0 \\ 0 \\ B \end{pmatrix} \tag{9.9}$$

に対して，定常状態で左辺の時間微分の項が零になるとすることで

$$\begin{pmatrix} E_x \\ E_y \end{pmatrix} = \frac{1}{q} \begin{pmatrix} \frac{m^*}{\tau} & -qB \\ qB & \frac{m^*}{\tau} \end{pmatrix} \begin{pmatrix} v_x \\ v_y \end{pmatrix} = \frac{1}{nq^2} \begin{pmatrix} \frac{m^*}{\tau} & -qB \\ qB & \frac{m^*}{\tau} \end{pmatrix} \begin{pmatrix} j_x \\ j_y \end{pmatrix}. \tag{9.10}$$

この式は電気抵抗率を 2 次元に一般化した式である．つまり，

$$\begin{pmatrix} E_x \\ E_y \end{pmatrix} = \begin{pmatrix} \rho_{xx} & \rho_{xy} \\ \rho_{yx} & \rho_{yy} \end{pmatrix} \begin{pmatrix} j_x \\ j_y \end{pmatrix} \tag{9.11}$$

と書くとき，x 方向に電流 j_x を流すときに電流方向の電気抵抗率が ρ_{xx}，垂直方向（ホール効果の方向）の電気抵抗率が ρ_{yx} である．この式は今は考えていない y 方向に電流を流した場合の電気抵抗率の成分も含む一般的な式である．式 (9.10) と比較すると，電流方向の電気抵抗率 ρ_{xx} は $\rho_{xx} = m^*/(nq^2\tau)$，ホール方向の電気抵抗率，つまりホール抵抗率 ρ_{yx} は $\rho_{yx} = B/(nq)$ である．ホール抵抗率の表式は摩擦項が無い場合に既に求めた式と一致する．また，$\rho_{xx} = \rho_{yy}$，$\rho_{yx} = -\rho_{xy}$ が成り立っている．これは試料の空間的な対称性を反映している．

電気抵抗率の逆数が電気伝導率に対応する．電気伝導率 σ を 2 次元に一般化

したものは電気抵抗率の逆行列で与えられ

$$\begin{pmatrix} j_x \\ j_y \end{pmatrix} = \begin{pmatrix} \sigma_{xx} & \sigma_{xy} \\ \sigma_{yx} & \sigma_{yy} \end{pmatrix} \begin{pmatrix} E_x \\ E_y \end{pmatrix} = \frac{1}{\rho_{xx}^2 + \rho_{xy}^2} \begin{pmatrix} \rho_{xx} & -\rho_{xy} \\ \rho_{xy} & \rho_{xx} \end{pmatrix} \begin{pmatrix} E_x \\ E_y \end{pmatrix} \qquad (9.12)$$

である. σ_{xx} を電気伝導率, σ_{xy} を**ホール伝導率**と呼ぶ. 電気伝導率 σ_{xx} は ρ_{xy} を含むため, 磁場に依存することになる.

▎ランダウ量子化

これまでに見たように, キャリアは磁場中でローレンツ力を受け, 回転運動を行う. 外部磁場が z 方向にかかるとして, 2 次元 xy 面内で古典的な運動方程式 (9.1) を解けば, 円運動の振動数は

$$\omega_c = \frac{eB}{m^*} \qquad (9.13)$$

である ($|q| = e$). この円運動を**サイクロトロン運動**, ω_c を**サイクロトロン振動数**と呼ぶ. 実際には, 散乱の効果によってキャリアは 1 周回ることなくサイクロトロン軌道から外れることのが多い.

　しかし, 試料の質が大変良く散乱の効果が非常に小さくなると, 電子は完全なサイクロトロン運動を示すことができるようになる. このとき, 原子内で円運動する電子の軌道が量子化し離散的なエネルギー準位をもつのと同じように, エネルギーが量子化される. これを**ランダウ量子化**と呼ぶ. エネルギー準位 (ランダウ準位) の間隔は, 印加されている磁場の大きさに依存する. 高温では熱励起が激しいため離散的なエネルギー準位の影響は見えづらく, 一般に極低温でランダウ量子化は観測される.

　3 次元の電子系の場合には, xy 面内でサイクロトロン運動する一方で磁場方向 (z 方向) には自由に運動できることを反映して ($E = \hbar^2 k_z^2/(2m^*)$ で表されるように k_z 方向には分散があり), エネルギー分散はギャップをもたない. ランダウ量子化により, 電子系のエネルギーは磁場の関数として振動し, 状態密度も振動する. 結果として抵抗率や磁化が磁場とともに振動的に変化する現象が見られる. これを**量子振動**と呼ぶ. 量子振動の測定からフェルミ面の情報が得られるため, 実験的に広く用いられている. 量子振動は半金属であるビスマスで初めて見つかったが, これには有効質量 m^* が小さい (ためにサイクロトロン振動数が大きくなる) ことなどの半金属特有の特徴が関係している.

　磁場方向に運動の自由度がない 2 次元電子系においては, ランダウ量子化の影響が顕著に見られる. エネルギー準位が離散的な値に縮退し, ホール伝導率

が量子化されたプラトー（横ばい）を示すことがある．この現象を（整数）**量子ホール効果**と呼ぶ．ホール伝導率は e^2/h の整数倍となり，係数の整数は**チャーン数**と呼ばれるトポロジカル不変量の1つである．チャーン数は**ベリー位相**という概念とも関連があり，異常ホール効果（10.5 節参照）の物理的機構の解明や，トポロジカル絶縁体（8.3 節参照）の発見につながった．

□■ 9.2 2キャリアモデル ■□

前節の議論を発展させ，より一般的な状況として伝導性試料中に電子と正孔の2キャリアが存在する場合を考える．試料に電流密度 j を x 方向に，外部磁束密度 B を z 方向に印加するとき，ホール効果も考えれば前節の議論の通りに電場 $\boldsymbol{E}$ が x 方向と y 方向に生じる．電流は電子の運動に由来するものと正孔の運動に由来するものの足し合わせであり，電子由来の電流密度を $\boldsymbol{j}_e$，正孔由来の電流密度を $\boldsymbol{j}_h$ と書く．このとき電子と正孔のそれぞれの運動方程式から，前節と同様にして

$$\begin{pmatrix} j_{ex} \\ j_{ey} \end{pmatrix} = \frac{\frac{n_e e^2 \tau_e^2}{m_e^{*2}}}{1 + \frac{e^2 \tau_e^2}{m_e^{*2}} B^2} \begin{pmatrix} \frac{m_e^*}{\tau_e} & -eB \\ eB & \frac{m_e^*}{\tau_e} \end{pmatrix} \begin{pmatrix} E_x \\ E_y \end{pmatrix} \tag{9.14}$$

$$\begin{pmatrix} j_{hx} \\ j_{hy} \end{pmatrix} = \frac{\frac{n_h e^2 \tau_h^2}{m_h^{*2}}}{1 + \frac{e^2 \tau_h^2}{m_h^{*2}} B^2} \begin{pmatrix} \frac{m_h^*}{\tau_h} & eB \\ -eB & \frac{m_h^*}{\tau_h} \end{pmatrix} \begin{pmatrix} E_x \\ E_y \end{pmatrix} \tag{9.15}$$

を得る．添え字 e が電子，添え字 h が正孔である．一般に電子と正孔の間で有効質量，キャリア密度，および散乱の緩和時間は異なるので区別する．電子と正孔の電流密度を足し合わせることにより全電流密度 $\boldsymbol{j}$ が得られ，係数を評価することで，電気伝導率 σ_{xx} は

$$\sigma_{xx} = \frac{\frac{n_e e^2 \tau_e}{m_e^*}}{1 + \frac{e^2 \tau_e^2}{m_e^{*2}} B^2} + \frac{\frac{n_h e^2 \tau_h}{m_h^*}}{1 + \frac{e^2 \tau_h^2}{m_h^{*2}} B^2} = \frac{\sigma_e}{1 + \mu_e^2 B^2} + \frac{\sigma_h}{1 + \mu_h^2 B^2}, \tag{9.16}$$

ホール伝導率 σ_{xy} は

$$\sigma_{xy} = \frac{\frac{n_e e^2 \tau_e}{m_e^*} \frac{-e\tau_e}{m_e^*} B}{1 + \frac{e^2 \tau_e^2}{m_e^{*2}} B^2} + \frac{\frac{n_h e^2 \tau_h}{m_h^*} \frac{e\tau_h}{m_h^*} B}{1 + \frac{e^2 \tau_h^2}{m_h^{*2}} B^2} = \frac{\sigma_e \mu_e B}{1 + \mu_e^2 B^2} + \frac{\sigma_h \mu_h B}{1 + \mu_h^2 B^2} \tag{9.17}$$

と表せる．ここで，電子と正孔のそれぞれの零磁場の電気伝導率を σ_e, σ_h, ま

た移動度を $\mu_e = -e\tau_e/m_e^*$, $\mu_h = e\tau_h/m_h^*$ とおいた（ここでの移動度はキャリアの符号を反映していることに注意する）.

磁気抵抗, つまり電気抵抗率の磁場変化は, 電気伝導率行列の逆行列を計算することで

$$\rho_{xx} = \frac{\frac{\sigma_e}{1+\mu_e^2 B^2} + \frac{\sigma_h}{1+\mu_h^2 B^2}}{\left(\frac{\sigma_e}{1+\mu_e^2 B^2} + \frac{\sigma_h}{1+\mu_h^2 B^2}\right)^2 + \left(\frac{\sigma_e \mu_e B}{1+\mu_e^2 B^2} + \frac{\sigma_h \mu_h B}{1+\mu_h^2 B^2}\right)^2} \tag{9.18}$$

と表せる. 零磁場では, 上式で $B = 0$ として $\rho_{xx} \to 1/(\sigma_e + \sigma_h)$ となる. これは電子の伝導と正孔の伝導を並列回路と見なしたときの零磁場の抵抗率 ρ_0 である. 磁場が小さいときには, B^2 に比例して電気抵抗率は大きくなる. 一方, 磁場が強いときには, $B \to \infty$ の極限を考えて $\rho_{xx} \to (\sigma_e \mu_h^2 + \sigma_h \mu_e^2)/(\sigma_e \mu_h + \sigma_h \mu_e)^2$ という一定値に近づく. ρ_0 との引き算を考えれば磁気抵抗は正である.

ただし, 電子と正孔の密度が等しい場合 $(n_e = n_h)$ は特別である. これは半金属（8.1 節参照）の条件である. $\sigma_e = -n_e e \mu_e$, $\sigma_h = n_h e \mu_h$ に注意すると, 高磁場極限で式 (9.18) の分母第 2 項が 0 になることから, $\rho_{xx} \propto B^2$ が得られる. このように高磁場極限の振る舞いから, キャリア密度が同数であるか否かがわかる.

一方, ホール抵抗率 ρ_{yx} は

$$\rho_{yx} = \frac{\frac{\sigma_e \mu_e B}{1+\mu_e^2 B^2} + \frac{\sigma_h \mu_h B}{1+\mu_h^2 B^2}}{\left(\frac{\sigma_e}{1+\mu_e^2 B^2} + \frac{\sigma_h}{1+\mu_h^2 B^2}\right)^2 + \left(\frac{\sigma_e \mu_e B}{1+\mu_e^2 B^2} + \frac{\sigma_h \mu_h B}{1+\mu_h^2 B^2}\right)^2} \tag{9.19}$$

と表せる. 磁場が零のとき, $\rho_{yx} = 0$ である. 2 キャリアの場合には磁場に比例した簡単な式にならない. しかし, 磁場が小さいときは,

$$\rho_{yx} = \frac{\sigma_e \mu_e + \sigma_h \mu_h}{(\sigma_e + \sigma_h)^2} B = \frac{\sigma_e^2 R_e + \sigma_h^2 R_h}{(\sigma_e + \sigma_h)^2} B \tag{9.20}$$

となり, 磁場に比例してホール抵抗率は大きくなることがわかる. ホール係数 ρ_{yx}/B は, 電子と正孔のホール係数 $R_e = -1/n_e e$, $R_h = 1/n_h e$ に電気伝導率の重みをかけた和になる. 正孔と電子のどちらのキャリアが主な伝導を担うかでホール係数の符号が変わる. 一方, 高磁場では, $B \to \infty$ の極限を考えて $\rho_{yx} \to B/\{(n_h - n_e)e\}$ となる. 高磁場ではホール係数は, 正孔と電子のキャリア密度の差に直接比例して符号を変える.

□■ 9.3 スピン軌道相互作用と対称性の破れ ■□

これまでの議論では電子のスピン自由度は基本的に無視してきた．それが許された理由は，考えている現象（ハミルトニアン）がスピンに依存していなかったためスピンが保存していたからである．エネルギーバンドはスピン自由度によって2重に縮退していた．もし波動関数がスピン自由度を含む場合には，ブロッホ波動関数に上向き/下向きスピン状態を表すベクトルをかけて

$$\psi_{n\boldsymbol{k}}(\boldsymbol{r})\begin{pmatrix}1\\0\end{pmatrix} \quad および \quad \psi_{n\boldsymbol{k}}(\boldsymbol{r})\begin{pmatrix}0\\1\end{pmatrix} \tag{9.21}$$

のように表すことができる．スピンの波動関数は空間座標に依存しない．

ハミルトニアンがスピンに依存する場合には，電子のスピン自由度が様々な物理現象で重要になり得る．スピンに依存したハミルトニアンの例は，スピン軌道相互作用である．この節では物質中におけるスピン軌道相互作用の影響について整理する．

スピン軌道相互作用は相対論的効果であり，原子に必ず存在する．シュレディンガー方程式にはスピン軌道相互作用が含まれておらず，相対論的量子力学の基礎方程式であるディラック方程式から出発してスピン軌道相互作用の効果が導出される．相対論的効果は，粒子の運動が光速に近い場合に現れるが，電子の典型的な速度であるフェルミ速度は典型的には $v_{\mathrm{F}} \sim 10^6\,\mathrm{m/s}$ であり，光速 $c = 3 \times 10^8\,\mathrm{m/s}$ に比べると 100 分の 1 程度でしかない．電子の真の速度が光速に近い原子核の近傍で有意なスピン軌道相互作用が生じることになる．

孤立原子におけるスピン軌道相互作用は，軌道角運動量 $\boldsymbol{l}$ とスピン角運動量 $\boldsymbol{s}$ を用いて LS 結合と呼ばれる以下の形で与えられる．

$$H = \lambda \boldsymbol{l} \cdot \boldsymbol{s}, \quad \lambda = \frac{\hbar^2}{2m^2c^2}\left\langle \frac{1}{r}\frac{\partial V(r)}{\partial r}\right\rangle. \tag{9.22}$$

ここで原子内部のポテンシャルを球対称ポテンシャル $V(r)$ で近似した．$\langle\cdots\rangle$ は量子力学的な期待値を表す．この式より，スピン軌道相互作用は原子内部のポテンシャル $V(r)$ と注目する電子の波動関数の広がり具合に依存する．クーロンポテンシャル $V(r)$ は原子番号 Z の原子では $-Ze^2/(4\pi\epsilon_0 r)$ と書けるので，軽い元素では小さく，重い元素では大きくなる．したがって，重い元素ほどスピン軌道相互作用は大きくなると期待されるが，実際の物質は孤立原子の場合とは状況が異

なりそんなに単純でなく, 主量子数 n や軌道量子数 l にも依存する. 具体的には, 期待値を求める際に波動関数 $\psi(\boldsymbol{r})$ で積分して $\int \psi^*(\boldsymbol{r})(1/r)(\partial V(r)/\partial r)\psi(\boldsymbol{r})d\boldsymbol{r}$ を計算しないといけない. 原子核近傍での波動関数の振幅は軌道量子数 l が大きいほど小さくなり, 同じ n に対して軌道量子数 l が大きくなるとスピン軌道相互作用は弱くなる傾向がある. 例えば, p 電子よりも f 電子の方がスピン軌道相互作用は小さい傾向にある. また, 電子–電子相互作用のために単純にクーロンポテンシャルを $-Ze^2/(4\pi\epsilon_0 r)$ と書けなくなることも重要になる場合がある.

▌反対称スピン軌道相互作用

空間反転対称性がある結晶中のスピン軌道相互作用を考えるときには, 基本的に各原子あるいはイオンにおける LS 結合を考慮すればよい. しかし, 世の中には空間反転対称性が破れた結晶構造をもつ物質が存在する. また, 結晶構造が空間反転対称性をもつ場合でも物質の表面では空間反転対称性が破れている. 結晶表面においては, 表面に局在した電子状態が生成することがあり (表面状態), 対称性の破れを強く感じた2次元電子状態が発現することがある. さらに, 実験技術の進歩によって, 薄膜を積みあげることで人工的に空間反転対称性を破った物質を作製することもできる (物質 A/物質 B/物質 C のような三層積層膜の場合など). そのような物質では, 一見して LS 結合とは異なるスピン軌道相互作用が現れることが知られ, **反対称スピン軌道相互作用**と呼ぶ.

反対称スピン軌道相互作用が生じるメカニズムを簡単に理解するために, LS 結合の式を軌道角運動量 $\boldsymbol{l}$ が (位置ベクトル $\boldsymbol{r}$)×(運動量ベクトル $\boldsymbol{p}$) で書けることを利用して書き換える ($\hbar\boldsymbol{l} = \boldsymbol{r}\times\boldsymbol{p}$). 電子が感じる電場は原子核とのクーロン相互作用に由来するとすると中心対称なので, $\boldsymbol{E} = -\nabla V = \frac{1}{4\pi\epsilon_0}\frac{Ze}{r^2}\frac{\boldsymbol{r}}{r}$. よって, スピン軌道相互作用の式 (9.22) は運動量と電場を含む形で書けて,

$$H = -\frac{\hbar e}{2m^2c^2}(\boldsymbol{p}\times\boldsymbol{E})\cdot\boldsymbol{s} \qquad (9.23)$$

である. この式は真空中のスピン軌道相互作用の一般的な表式で, ディラック方程式から導かれる. 電場の中で運動する電子が静止系となるようにローレンツ変換すると有効磁場が生じ, スピンと結合することでスピン軌道相互作用が生じると解釈できる.

原子におけるスピン軌道相互作用においては球対称ポテンシャルを仮定しているので, 空間反転対称性が破れている結晶の特徴は含まれてない. これは LS

結合がどんな結晶にも存在することを意味している．一方，空間反転対称性をもたない結晶の場合には，対称性の破れに起因した余分な（有効）電場が現れる．例えば結晶がある方向に鏡映対称性がない場合には，その方向に有効的な電場が生じ得る（図9.2）．この余分な電場によるスピン軌道相互作用が反対称成分である．

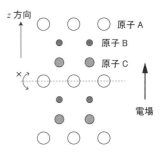

図 9.2　鏡映対称性が破れた結晶構造の例．

反対称スピン軌道相互作用を真面目に評価するには，ブロッホ波動関数 $\psi_k(r) = e^{ik\cdot r}u_k(r)$ に対する期待値を計算する必要がある．

$$H = -\frac{\hbar e}{2m^2c^2}\left[\int dr\,\psi_k^*(r)(p \times E)\psi_k(r)\right]\cdot s \tag{9.24}$$

において，運動量演算子が $p = -i\hbar\nabla$ で書けることに注意すると，この項は $\nabla u_k(r)$ を含む．波動関数の歪みであるこの空間微分項が反対称スピン軌道相互作用に主要な寄与を果たす．

特に重要な反対称スピン軌道相互作用に**ラシュバ型スピン軌道相互作用**がある．この反対称スピン軌道相互作用は図9.2のように鏡映対称性が破れた物質にみられ，結晶構造がある方向に鏡映対称性をもたない低対称性物質や2次元物質，金属の表面などが含まれる．鏡映対称性が破れた方向を z 方向とすると，z 方向に電場 $E = Ez$ としてスピン軌道相互作用は

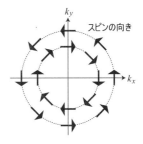

図 9.3　ラシュバ型スピン軌道相互作用．

$$H_{\text{Rashba}} \propto E(p_y s_x - p_x s_y) \tag{9.25}$$

の形をとる．これは式 (9.23) に電場 $E = Ez$ を代入することで導かれる．$p = \hbar k$ を使うと $H_{\text{Rashba}} \propto (k_y s_x - k_x s_y)$ となり，k 空間（k_x-k_y 空間）でスピンの向きを図示すると図9.3のような円を描くようになっていることがわかる．スピンにはたらく有効磁場という観点では，式 (9.23) より有効磁場の方向は $k \times E$ の方向であり，$E /\!/ z$ であることから，有効磁場は k 方向に対して垂直な面内方向である．もともとスピン縮退していたバンドが，ラシュバ型ス

ピン軌道相互作用の有効磁場によりスピン分裂したと見なせる（図 9.5(b)）．このように空間反転対称性の破れによりスピン縮退が解けることになる．後で述べるように，バンドの縮退は時間反転対称性や空間反転対称性と関係している．

半導体のスピン軌道相互作用

原子のスピン軌道相互作用は上記の通り相対論効果であり，係数の分母に光速の 2 乗が入ることからもわかるように通常は非常に小さい値をとる．しかし，物質中ではバンドの効果によってスピン軌道相互作用が大きくなる場合があることが知られる．その典型例は GaAs などの閃亜鉛鉱構造型の化合物半導体である．閃亜鉛構造は Si や Ge などのダイヤモンド構造と類似した構造であるが，2 種類の元素を含むため対称性が落ち，空間反転対称性をもたない [*1)]．大まかには Ge と似たバンド構造をもつが [*2)]，対称性の低下の影響で，いくつかの波数 k の点で縮退（エネルギー曲線の重なり）が解ける．一般に，縮退の程度は結晶の対称性と密接に関係している．

フェルミエネルギー付近の Γ 点（$k = 0$）周辺のバンド構造を図 9.4 に示す．Si の例（図 6.7）と同様，伝導帯は s 軌道由来の反結合性軌道であり，価電子帯は p 軌道由来の結合性軌道である．GaAs においては，図 9.4 のように価電子帯の頂点部分（Γ 点）がスピン軌道相互作用（原子内の LS 結合）によりバンド分裂することが知られる．価電子帯は p 軌道（$l = 1$）からなり元々 3 重に縮退しているが，スピン軌道相互作用により全角運動量 $j = 3/2$ と $j = 1/2$ の 2 つの状態に分裂する．一方で，伝導帯の方は原子軌道が s 軌道に由来し軌道角運動量が零になっており，スピン軌道相互作用による分裂は起こらない．

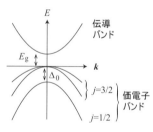

図 9.4 GaAs のバンド構造のスケッチ.

■全角運動量

スピン軌道相互作用がある場合には，スピンは良い量子数ではなくなる．これは $H \propto \boldsymbol{l} \cdot \boldsymbol{s}$ は $\boldsymbol{l}^2$ や $\boldsymbol{s}^2$ と可換であるが，l_z や s_z とは可換でないためである．実際，$\boldsymbol{l} \cdot \boldsymbol{s} = l_x s_x + l_y s_y + l_z s_z$ と表して，$[l_x, l_y] = i\hbar l_z$, $[s_x, s_y] = i\hbar s_z$ などの交換関係を使っ

[*1)] 閃亜鉛構造では，ドレッセルハウス型と呼ばれる反対称スピン軌道相互作用が見られる.
[*2)] Si や Ge との重要なバンド構造の違いとして，GaAs などの閃亜鉛構造の半導体は同じ波数点（Γ 点）で価電子帯と伝導帯のエネルギーギャップが最小となる**直接遷移型半導体**であり，運動量のやり取りなしに電子が励起できるため優れた光特性を示す.

て計算すれば，それぞれ交換可能あるいは不可能であることが示せる．
　一方，全角運動量 $\boldsymbol{j} = \boldsymbol{l} + \boldsymbol{s}$ について考えると，スピン軌道相互作用は $\boldsymbol{j}, \boldsymbol{j}^2$ や j_z と可換である．例えば $[\boldsymbol{l}\cdot\boldsymbol{s}, l_i] = -[\boldsymbol{l}\cdot\boldsymbol{s}, s_i]$ $(i = x, y, z)$ が計算で示せるのでスピン軌道相互作用が $\boldsymbol{j}$ や $\boldsymbol{j}^2$，j_z と交換可能であることを示せる．よってエネルギー準位は全角運動量を使って分類される．同じ軌道角運動量をもち，スピンの上向きと下向きの状態が二重に縮退していた状態が，スピン軌道相互作用により縮退が解ける．この結果，p 軌道は $j = l + s = 3/2$ と $j = l - s = 1/2$ に分裂する．

　この場合，伝導バンドの底付近にドープされる伝導電子の有効的なスピン軌道相互作用はバンドの効果によって増大し，結果のみを書くと

$$H \propto \left[\frac{1}{E_g^2} - \frac{1}{(E_g + \Delta_0)^2} \right] (\boldsymbol{p} \times \boldsymbol{E}) \cdot \boldsymbol{s} \tag{9.26}$$

の形となる．E_g は伝導バンドと価電子バンドの間のバンドギャップ，Δ_0 は価電子バンドにおける $j = 3/2$ と $j = 1/2$ バンド間のエネルギー（スピン軌道ギャップ）である（図 9.4）．大雑把には，ディラック理論の粒子・反粒子のギャップが半導体でのバンドギャップに対応する．この式からわかるように，エネルギーギャップの小さい半導体（狭ギャップの半導体）においてスピン軌道相互作用が大きくなる．特に，異なる半導体材料を接合した**ヘテロ接合**構造におけるラシュバ型スピン軌道相互作用とドレッセルハウス型スピン軌道相互作用が広く研究に用いられている．

対称性の破れとバンド分裂

物質によって結晶構造は異なり，原子の配置は様々である．数多ある物質の中には，上で見た例のように空間反転対称性が破れた物質も存在する．その場合には，反対称スピン軌道相互作用により波数 $\boldsymbol{k}$ とスピン $\boldsymbol{s}$ は結び付き，$\boldsymbol{k} \neq 0$ で特徴的なバンド分裂を示す．このようなバンド分裂は対称性の観点から整理できる．

　空間反転対称性がある場合には，$\boldsymbol{r} \to -\boldsymbol{r}$ としても物理は変わらないはずである．このときエネルギー固有値に対して

$$E_n(\boldsymbol{k}, \uparrow) = E_n(-\boldsymbol{k}, \uparrow) \tag{9.27}$$

が成り立つ．ここで↑はスピンの向きを表す．これは波数 $\boldsymbol{k}$ とスピンが空間反転操作に対してどう変化するかを考えれば理解できる．運動量 $\boldsymbol{p} = \hbar\boldsymbol{k}$ の式を思い出すと，空間反転により $\boldsymbol{k} \to -\boldsymbol{k}$ である．一方，スピンの向きは，角運動量（例えば軌道角運動量は $\boldsymbol{r} \times \boldsymbol{p}$）であることを思い出すと，空間反転に対

して変化しない．よって空間反転対称性が
あるとすると，$(\boldsymbol{k},\uparrow)$ の電子状態と $(-\boldsymbol{k},\uparrow)$
の電子状態は同じエネルギー状態をとる．

このような議論は時間反転対称性に対し
ても可能である．時間反転操作に対して位
置座標 $\boldsymbol{r}$ は変化しないが，$\boldsymbol{r}$ の時間に関す
る一階微分 $\boldsymbol{p}$ は $-\boldsymbol{p}$ へと変化する．よっ
て，時間反転操作に対しては $(\boldsymbol{k},\uparrow)$ の電子

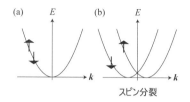

図 9.5 空間反転対称性の (a) ある場合
と (b) 破れた場合のバンドのスピン
分裂.

状態は $(-\boldsymbol{k},\downarrow)$ へと変化し，時間反転対称性がある系では

$$E_n(\boldsymbol{k},\uparrow) = E_n(-\boldsymbol{k},\downarrow) \tag{9.28}$$

が成り立つ．これを**クラマース縮退**と呼ぶ．スピン軌道相互作用は時間反転対称
性を保つ．

通常の多くの物質では空間反転対称性と時間反転対称性の両方が守られる．
この場合には $(\pm\boldsymbol{k},\uparrow)$ と $(\pm\boldsymbol{k},\downarrow)$ の計 4 状態がエネルギー縮退する．これを図
示すると図 9.5(a) のようになり，スピンに依存しない（見慣れた）バンドが得ら
れる．一方，反対称スピン軌道相互作用のように時間反転対称性を保ったまま
空間反転対称性だけが破れた場合には，$(\boldsymbol{k},\uparrow)$ と $(-\boldsymbol{k},\downarrow)$ の状態の縮退が保証さ
れるのみで他の縮退は解ける．この状況は図 9.5(b) の状況に相当する．$\boldsymbol{k}\neq 0$
でバンドはスピン分裂している．ラシュバ型スピン軌道相互作用の場合に，こ
の図を上から見たのが図 9.3 に対応する．図 9.4 に示した，GaAs などの閃亜
鉛構造の半導体でも，ドレッセルハウス型スピン軌道相互作用による $\boldsymbol{k}\neq 0$ で
のバンドのスピン分裂が期待される．

┃ エデルシュタイン効果　　バンドがスピン分裂することにより生じる現象とし
て**エデルシュタイン効果**がある．例としてラシュバ型スピン軌道相互作用によ
り図 9.3 のようにスピン分裂した状況を考え，面内方向（例えば $+x$ 方向）に
電場を印加したとする．図 9.3 のスピン分裂バンドの意味することは，例えば
$+x$ 軸上の運動量をもつ電子は運動量方向と直交する $+y$ 方向か $-y$ 方向のス
ピンをもつ（それ以外の方向は許されない）ということである．当然，スピン
分裂していない通常の物質では，そのようなスピン方向が選択された状況には
ならない．このようにスピン分裂したことにより，特定の向きのスピンをもつ

電子は特定の方向に運動せざるを得ない状況が生じる（スピン・運動量ロッキング）．実際に面内のある方向に電流を流すと，その電流に垂直な向きのスピンの偏り（スピン蓄積）が生じる現象が起きる．これをエデルシュタイン効果と呼ぶ．トポロジカル絶縁体の表面状態もスピンが分裂したフェルミ面を有しており，同様の現象が見られる．

磁　　　　性

　物質の磁気的性質を考慮すると，磁束密度 B は外部磁場 H と**磁化** M の和で表される．式で書くと $B = \mu_0 H + \mu_0 M$ である．磁化のある物質の代表例は磁石であり，磁気的に分極しているために別の磁石を引き付けることができる．では，なぜ磁石は磁性をもつのか？この問の答えを得るためには微視的に磁性に向き合うことが必要になる．

□■　10.1　磁性体の種類　■□

　磁性の起源について微視的な説明を与える前に，まずは磁性と一口に言っても色々な種類があることを見る．良く知られている磁石というのは数ある磁性のなかで 1 つの種類でしかない．磁化は外部磁場に応答し，磁場の強さと磁化との関係（磁化曲線）に，磁性の種類の特徴が現れる．

　物質は磁性を示すものと示さないものに大別される．磁性を示す物質を**磁性体**，示さないものを**非磁性体**と総称する．磁性体も温度を上げれば相転移を示し，非磁性の状態（常磁性状態）に変化する．

┃磁石：強磁性とフェリ磁性　　　最もありふれた磁性物質である磁石は，N 極とS 極をもち，外部に磁場を発生させる．以下で見るように，磁石になる磁性体として強磁性体とフェリ磁性体の 2 種類がある．

　磁石の内部を微視的に見ると，これまで考えてきた固体物質と同様，構成元素の原子核と電子の集まりからなる．磁石の場合，磁性の源となる微視的な磁石である**磁気モーメント**が一方向に揃うことで磁性が発現している（図10.1 上）．磁気モーメントについては 10.2 節で扱う．ここでは磁気モーメントの向きが矢印で表されていることが重要である．つまり，矢印の集まりがどのように配列するかで磁気状態が表現される．

1つ1つの磁気モーメントの大きさは小さいが，磁気モーメントが同一方向を向いて整列することで，全体として大きな磁気モーメントをもつ物質を**強磁性体**と呼ぶ（図 10.1）．ここで磁気モーメントの和が磁化である．強磁性体の磁化曲線は図 10.1 下の通りである．外部磁場がなくても零でない磁化をもつことができ，過去の履歴に依存した曲線を描く．この履歴を**ヒステリシス**と呼ぶ．磁石は我々の日常生活にも不可欠な物であり，図 10.1 中の**残留磁化**や**保磁力**は磁石の性能を表す

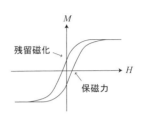

図 10.1 強磁性体.

重要なパラメータである．磁場が小さい領域では**磁区**が入ることによって磁化が減少する．磁場が大きい領域では，すべての磁気モーメントが磁場方向に向いた状態になり，磁化が飽和する．この磁化の値を**飽和磁化**と呼ぶ．また，高磁場領域での磁化のわずかな勾配の上昇曲線を零磁場まで外挿した磁化の大きさを**自発磁化**と呼ぶ．自発磁化は残留磁化とは必ずしも一致しない．室温で強磁性を示す物質としては，Fe, Co, Ni がその代表例である．

磁石の中には**フェリ磁性体**もある．フェリ磁性とは，物質中に2種類の磁性原子/イオン（ここではAとBとする）が存在し，大きさの異なるAの磁気モーメントとBの磁気モーメントが互いに逆向きに配列する場合に生じる（図 10.2）．

図 10.2 フェリ磁性体.

磁気モーメントはAとBで弱め合うが，磁気モーメントの大きさが異なるため，その差が巨視的な磁化となって現れる．2種類の磁性原子/イオンは，元素の種類が異なる場合（例えば遷移金属と希土類金属の合金）や，価数の異なる磁性イオンを含む場合（例えば Fe^{2+} と Fe^{3+} の場合）があり得る．フェリ磁性体の磁化曲線は，強磁性体の場合とよく似ている．

┃反 強 磁 性　このように磁性は一般に，磁気モーメントの間の相互作用により，磁気モーメントの方向が巨視的な長さスケールで秩序化することにより生じる．1つ1つの磁気モーメントの

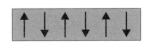

図 10.3 反強磁性体.

大きさは小さいが，膨大な数の磁気モーメントが同じ方向に揃うことにより，

磁石の示す強力な磁力が生まれる.

　フェリ磁性の場合で見たように，磁気モーメントは互いに平行に揃う場合に
加えて，反平行（互いに逆向き）に揃う場合もある．1種類の原子／イオンから
なる磁性体において，隣り合う磁気モーメントがそれぞれ反対方向を向いて整
列し，全体として磁化をもたない物質の磁性を**反強磁性**と呼ぶ（図 10.3）．遷
移金属酸化物で多くの例が見られる.

　3次元では反強磁性的な磁気モーメントの配列は一通りではない．例えば，
xy 面内で強磁性的だ（すべて同じ方向を向く）が z 方向に反強磁性的な（反対
方向を向く）配列もあれば，逆に，xy 面内で反強磁性的だ（交互に反対方向を
向く）が z 方向に強磁性的な（同じ方向を向く）配列もあり得る．このような
異なる反強磁性配列は A 型や C 型といったアルファベットで呼ばれることが
ある.

　反強磁性体の磁化過程は，低い磁場領域では磁場に対して線形に増加する.
これは反平行に揃った磁気モーメントが磁場方向に少しずつ傾くためと理解で
きる．特に磁気モーメントの方向に磁場が印加された場合には，磁化が磁場方
向に傾くことができず小さな磁化しか示さないが，磁場が強くなると磁気モー
メントの向きが一斉に 90° 回転して，磁気モーメントの磁場方向への傾きを作
ろうとする挙動を示すことがある．これは磁場下でのエネルギーを最小にする
ために磁気モーメントが再配列を起こすことに由来し，**スピンフロップ転移**と
呼ばれる.

　以上のような平行または反平行に配列する磁気モーメントの間の相互作用を
ハミルトニアンで表現するとき，以下のような内積の形で表すことができる（**交
換相互作用**）．

$$H = J\boldsymbol{S}_1 \cdot \boldsymbol{S}_2. \tag{10.1}$$

ここで $\boldsymbol{S}_1$ と $\boldsymbol{S}_2$ は隣接するスピンを表す．10.2 節で見るように，スピンは遷
移金属において磁気モーメントの主な起源となる．内積の形で書かれているこ
とからわかるように，J が負の場合には，隣り合うスピンが平行の場合に最低
のエネルギーとなる（強磁性）．一方，反強磁性やフェリ磁性においては J が
正であり，隣り合うスピンが逆向きに（反平行に）揃った状態が安定となる.

┃らせん磁性　　磁気モーメントは，平行や反平行という同じ軸方向に揃う
場合だけでなく，らせん状に巻くような秩序も示す（**らせん磁性**）．このような

磁気秩序を，強磁性や反強磁性といった**共線的（コリニア）**な（1つの直線上にあるような）磁気配列と対比して，**非共線的（ノンコリニア）**と呼ぶ.

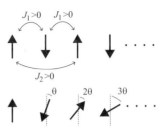

図 10.4　フラストレーションによるらせん磁性.

　らせん磁性には，主として2つの起源があることが知られる．1つ目は**フラストレーション機構**である．これは例えば，最近接の磁気モーメント間の相互作用が反強磁性的で，かつ第二近接の磁気モーメントの間の相互作用も反強磁性的である場合に起きる（図10.4上）．第二近接の磁気モーメント間の相互作用が十分に強い物質の場合には，最近接と第二近接の磁気モーメント間を同時に反強磁性的に配列できないために，折衷案として傾いた磁気モーメントの配列が起きる．これを簡単に計算してみよう（図10.4）.

　最近接と第二近接の反強磁性相互作用の強さをそれぞれ J_1, J_2 とおくと，ハミルトニアンは

$$H = J_1 \sum_{\text{最近接}} \boldsymbol{S}_i \cdot \boldsymbol{S}_j + J_2 \sum_{\text{第二近接}} \boldsymbol{S}_i \cdot \boldsymbol{S}_j \tag{10.2}$$

のように書くことができる．図10.4を参考に，簡単のため隣接する3つのサイトのみを考えてエネルギーを評価する．反強磁性的な配列の場合（図10.4上）のエネルギーは

$$E = -|J_1|S^2 + |J_2|S^2 = -(|J_1| - |J_2|)S^2 \tag{10.3}$$

と書ける．ここで最近接の方が相互作用が強いので（$|J_1| > |J_2|$ なので）() の中は正である．一方，らせん磁性になったとすると（図10.4下）

$$E = -|J_1|S^2 \cos\theta + |J_2|S^2 \cos 2\theta$$
$$\underset{\theta \ll 1 \text{ と仮定}}{\approx} -|J_1|S^2\left(1 - \frac{\theta^2}{2}\right) + |J_2|S^2(1 - 2\theta^2)$$
$$= -(|J_1| - |J_2|)S^2 + S^2\theta^2\left(\frac{1}{2}|J_1| - 2|J_2|\right). \tag{10.4}$$

よって $|J_1| < 4|J_2|$ を満たすほどに第二近接の相互作用が強い場合には，第2項の影響でらせん磁性の方が反強磁性配列よりもエネルギー的に安定になる．金属では伝導電子が存在するため長距離のスピン相関が可能となり，比較的らせん磁性が出やすい.

以上のような第二近接の相互作用を含め
る場合だけでなく，最近接のみの相互作用
を考える場合でも幾何学的にフラストレー
ションを起こすことができる．例えば，図
10.5 のように三角格子に磁気モーメント
を配列し，反強磁性相互作用を仮定する

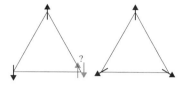

図 10.5　幾何学的フラストレーション.

と，この場合もうまく反強磁性配列を作ることができず傾いた磁気配列が実現
し得る．なぜならば，図 10.5 左のように三角形の 2 つの頂点に反強磁性配列の
スピンを配置したとすると，残りの 1 つのスピンはどちらかのスピンと必ず強
磁性的に配列せざるを得ない．強磁性的な配列によるエネルギー損を回避する
ための折衷案として，図 10.5 右のようならせん磁気構造が発現し得る．

　らせん磁性が発現するもう 1 つの機構は，**ジャロシンスキー–守谷相互作用**
に由来する．隣接するスピン S_1 と S_2 に対してこのハミルトニアンは

$$H_{\mathrm{DM}} = \boldsymbol{D} \cdot \left(\boldsymbol{S}_1 \times \boldsymbol{S}_2 \right) \tag{10.5}$$

と表せる．係数の $\boldsymbol{D}$ は結晶の対称性と関連して向きが決まるベクトルである．
スピンの内積でなく外積の形を含んでおり，平行スピン状態はこの相互作用に対
して最低エネルギーの状態ではない．スピン同士が $90°$ の角度をもつときに最
低のエネルギーを与える．この相互作用がある場合には磁気モーメントが傾い
た方がエネルギー的に有利であることから，らせん磁性が発現し得る．場合に
よっては，**磁気スキルミオン** [*1)] のような特別な渦状のスピン配列も生じ得る.

　数式で見ると，最近接の $\boldsymbol{S}_i \cdot \boldsymbol{S}_j$ に比例する交換相互作用と，ジャロシンス
キー–守谷相互作用からなるハミルトニアンは

$$H = J \sum_{ij} \boldsymbol{S}_i \cdot \boldsymbol{S}_j + \boldsymbol{D} \cdot \sum_{ij} \boldsymbol{S}_i \times \boldsymbol{S}_j \tag{10.6}$$

である．簡単のため，最近接の 2 サイトのみ考えると，$\boldsymbol{S}_i$ と $\boldsymbol{S}_j$ のなす角を θ
とおいて，エネルギーは

$$E = JS^2 \cos\theta + DS^2 \sin\theta \tag{10.7}$$

[*1)]　渦状のスピン配列のことで，渦の 1 つを粒子のように捉えてスキルミオンと呼ぶ．トポロジー
の観点から基礎物理的な興味がもたれているだけでなく，スキルミオンに情報を担わせてメモ
リーを作るような試みも行われている.

と書ける．整理すると

$$E = S^2 \sqrt{J^2 + D^2} \cos(\theta - \alpha). \tag{10.8}$$

ここで，$\tan\alpha = D/J$ である．エネルギーが最小になる θ を考えると，$D = 0$ の場合には平行あるいは反平行のスピン配列が安定になるが，$D \neq 0$ の場合には D の大きさに応じたねじれ角 α をもつらせん磁性が安定になる．

ジャロシンスキー–守谷相互作用は，相互作用する 2 サイト間に結晶学的に反転対称性が存在しない場合に現れる．なぜなら S_1 サイトと S_2 サイトの中心に反転中心がある場合には，S_1 と S_2 を入れ替えてもハミルトニアンは変わらないはずであり，

$$\boldsymbol{D} \cdot (\boldsymbol{S}_1 \times \boldsymbol{S}_2) = \boldsymbol{D} \cdot (\boldsymbol{S}_2 \times \boldsymbol{S}_1) = -\boldsymbol{D} \cdot (\boldsymbol{S}_1 \times \boldsymbol{S}_2) \tag{10.9}$$

となるので，結局 $H_{\mathrm{DM}} = 0$ を得る．一方，反転対称性が破れている場合には S_1 と S_2 の入れ替えに対して対称である必要がなく，一般にジャロシンスキー–守谷相互作用は 0 でない．なお，内積の形 $\boldsymbol{S}_1 \cdot \boldsymbol{S}_2$ で書ける前述の（強磁性や反強磁性の）相互作用は，$\boldsymbol{S}_1 \cdot \boldsymbol{S}_2 = \boldsymbol{S}_2 \cdot \boldsymbol{S}_1$ であるので反転対称性の破れと関係なくいつでも存在する．

│ 磁性がない物質　　磁性がない物質は**常磁性体**と**反磁性体**に分かれる．常磁性体は，磁気モーメントはあるが規則正しく配列していない（バラバラな向きを向いている）場合である（図 10.6）．

図 10.6 常磁性体．

つまり，磁気モーメントの間の相互作用が弱い場合である．また，どんな磁性体でも温度を上げると磁気モーメント間の相互作用よりも熱ゆらぎによる磁気モーメントの乱れが強くなり，自発的な配向がない常磁性状態に相変化する．常磁性体においては磁化は印加した磁場に比例して大きくなる．これは磁場の向きに磁気モーメントが少し揃うというふうに理解できる（全部が磁場方向に揃うには非常に強い磁場が必要になる）．

そもそも磁気モーメントがない場合もあり得る．図 10.6 において物質中に矢印がそもそもない場合である．電子には磁性の素となるスピンがあるが，原子は複数の電子を有するので，全体として打ち消し合う場合がある．電子殻に最大数の電子が入っている閉殻の状態である．銅（Cu）を例にとると，$(1s)^2 \cdots (3d)^{10}(4s)^2$

となっている．$4s$ 軌道の電子は伝導電子として物質中を動き回り常磁性の原因
となるが，$(3d)^{10}$ のような閉殻の電子はスピンの和が 0 になっており，反磁性
を示す．つまり，$3d$ 軌道には上向きスピン電子が 5 つ，下向きスピン電子が 5
つ占有されており，全体としてスピンは打ち消されている．

　反磁性では磁場をかけたときに逆向きに磁化する．磁場を印加すると，磁場
とは反対方向に，磁場の大きさに比例した磁化が生じる．これは電磁誘導をイ
メージすると物理機構が理解しやすい．磁場をかけた場合に，それを打ち消す
ように物質内部の電子が円運動をすることで反対方向の磁場を生み出し，反磁
性が発現する．通常の電磁誘導は電子の運動が散乱によって減衰するため一瞬
しか生じないが，原子核の周りを回る電子の円運動は乱されることはなく，定
常的な反磁性を生み出す．

□■　10.2　角運動量と磁気モーメント　■□

　磁化の担い手は何だろうか．物質は多数の原子の配列によって成り立ってお
り，それぞれの原子のもつ**磁気モーメント**（磁気双極子モーメント）$\boldsymbol{m}_i$ の総
和が磁化である．磁気モーメントは前節の図で上向きや下向きなどの矢印で表
されていた．正確には，磁化 $\boldsymbol{M}$ は

$$\boldsymbol{M} = \frac{1}{V} \sum_i \boldsymbol{m}_i. \tag{10.10}$$

ここで V は試料の体積であり，磁気モーメントの単位体積あたりの平均値が磁
化となる．逆に言えば，磁気モーメントは微視的な磁石の強さと向きを表すベク
トル量である．上の式において例えば強磁性であるということは，磁化 $\boldsymbol{M} \neq 0$
であり，そのためには (i)$\boldsymbol{m}_i \neq 0$ であることと (ii) 磁気モーメントの和 $\neq 0$ で
あることの両方が必要になる．それぞれの磁気モーメント $\boldsymbol{m}_i = 0$ の場合は，
磁化の「素（もと）」がない状態であり反磁性につながる．一方，常磁性や反強
磁性，らせん磁性は個々の磁気モーメントは零でないが和が零になる場合に相
当する．

　では，原子の磁気モーメントは何に由来するのか．原子は正の電荷を帯びた
原子核と，負の電荷を帯びた電子から構成される．原子の磁気モーメントは原
子核の磁気モーメントと電子の磁気モーメントからなり，そのうち電子の磁気
モーメントが主である（10^3 倍程度）．これは後で見るように磁気モーメントの

大きさは質量に反比例し，原子核を構成する陽
子や中性子の方が電子よりも質量が 10^3 倍程
度大きいためである．よって原子の磁気モー
メントを考える場合には電子の磁気モーメン
トのみを考えれば十分である．

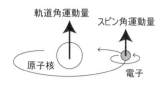

図 10.7　角運動量の起源.

　電子の磁気モーメントの起源は，次の2つ
であることが知られる．すなわち (i) 物質内部での電子（電荷）の運動および
(ii) 電子（素粒子）が固有にもつ磁気モーメント（いわゆる**スピン**）である．こ
の2種類の磁気モーメントの起源は電子の磁気モーメントだけでなく原子核の
磁気モーメントに対しても成り立つ一般的なものであるが，前述の通り電子の
磁気モーメントの方が主要であるため，ここでは電子の寄与のみ考える．電子
はラフなイメージでは原子核の周りを円運動していると見なせ，この公転運動
が (i) に相当する．電子の自転運動が (ii) である（図 10.7）．

　まず円電流に由来する (i) の機構による磁気モーメント $\boldsymbol{\mu}_l$ を考える．1つの
電子が xy 面内で原子核の周りを円運動する（半径 R）モデルを考える．円運
動の速さを v をおくと，円運動による電流は

$$J = -e\frac{v}{2\pi R} \tag{10.11}$$

で表せる．ここで $v/(2\pi R)$ は単位時間あたりの回転数を表す．この電流のつく
る磁束が磁気モーメントであり，以下のように計算できる [*2]．

$$
\begin{aligned}
\mu_l &= J \times (\text{面積}) = J\pi R^2 \\
&= \left(-e\frac{v}{2\pi R}\right)\pi R^2 \\
&= -\frac{e}{2}Rv = -\frac{e}{2m}l_z.
\end{aligned}
\tag{10.12}
$$

ここで l_z は**軌道角運動量**の z 成分であり，$l_z = mRv$ である．一般に軌道角運
動量は $\boldsymbol{l} = \boldsymbol{r} \times \boldsymbol{p}$ で定義される．量子力学においては $\boldsymbol{l} = -i\hbar\boldsymbol{r} \times \nabla$ であり，
z 成分の固有値は $m_l\hbar$ $(m_l = -l, -l+1, \cdots, l-1, l)$ という離散的な値をとる

[*2]　円電流はビオ–サバールの法則により円に垂直な向きに磁束密度を発生させる．この磁束密度を
　　　発生させる磁気双極子モーメント（N 極と S 極をもつ微視的な棒磁石）があると思うと，円電
　　　流が作り出す磁気モーメント μ は $\mu = JS$ で表される．ここで，J は電流の大きさ，円環の面
　　　積が S である．なお，電気磁気学の法則の記述方法（単位系）には複数の流儀（$E-H$ 対応や
　　　$E-B$ 対応等）があり，μ_0 が付く場合もある．

（m_l は磁気量子数）．以上により，電子の軌道運動による磁気モーメントは

$$\boldsymbol{\mu}_l = -\frac{e\hbar}{2m}\boldsymbol{l} \equiv = -\mu_{\mathrm{B}}\boldsymbol{l} \tag{10.13}$$

の形となる．ここで，μ_{B} は**ボーア磁子**と呼ばれ，磁気モーメントの単位と捉えられる．磁気モーメントのベクトルの大きさは $\mu_{\mathrm{B}}\sqrt{l(l+1)}$ であり，z 成分は $-\mu_{\mathrm{B}}l$ から $\mu_{\mathrm{B}}l$ までの $2l+1$ 個のとびとびの値が許される．z 成分の最大値 $\mu_{\mathrm{B}}l$ が $\mu_{\mathrm{B}}\sqrt{l(l+1)}$ よりも小さいのは，不確定性原理により z 軸周りの軌道角運動量が不確定となっているためである．

　一方で，電子のスピンに由来した磁気モーメント（前述 (ii) の起源）には相対論を用いた議論が必要であるが，結果は

$$\boldsymbol{\mu}_s = -g\mu_{\mathrm{B}}\boldsymbol{s} \tag{10.14}$$

となる．スピン角運動量の z 成分は $\pm(1/2)\hbar$ であり，上向きスピンと下向きスピンの自由度に対応する．ここで角運動量と磁気モーメントの間の無次元量の比例係数である g は電子スピンの g 因子と呼ばれる．自由電子に対しては $g = 2.002319$ であり，通常 2 で近似される．

　以上をまとめると，電子の全体の磁気モーメントは

$$\boldsymbol{\mu} = \boldsymbol{\mu}_s + \boldsymbol{\mu}_l = -\mu_{\mathrm{B}}(g\boldsymbol{s} + \boldsymbol{l}) \approx -\mu_{\mathrm{B}}(2\boldsymbol{s} + \boldsymbol{l}) \tag{10.15}$$

と書ける．このように磁気モーメントの起源は角運動量であり，その単位は μ_{B} である．

▎原子の磁気モーメント

　　　　ここまでの議論は電子1つの磁気モーメントであったが，実際の原子には電子は複数あるため，複数の電子の間での磁気モーメントの足し引きを考える必要がある．原子は原子番号の数だけ電子をもち，低エネルギーの状態から占有する．例えばネオン（Ne）は原子番号 10 であり，$1s$ 軌道に2つ，$2s$ 軌道に2つ，$2p$ 軌道に6つの電子が占有される．いわゆる閉殻の状態であり，10 個の電子全体で軌道角運動量もスピン角運動量も打ち消しあった状態になる．原子の磁気モーメントは零であり，反磁性を示す．

　一方で，強磁性の代表例である鉄（Fe）は 26 個の電子をもち，$(1s)^2(2s)^2(2p)^6$ $(3s)^2(3p)^6$ の低エネルギー状態を占める 18 個の閉殻電子に加え，$3d$ 軌道に6つ，$4s$ 軌道に2つの電子をもつ．後で述べるように，全部で 10 個の電子が占有可能な $3d$ 軌道が中途半端に詰まっていることが磁性の原因となる．という

のも軌道全部に電子が詰まると角運動量は打ち
消し合うが，中途半端に詰まる場合には原子の磁
気モーメントは零でなくなる場合があるためであ
る．このような**不完全殻**による磁性は $3d$ 軌道と
$4f$ 軌道に対して主に見られる．

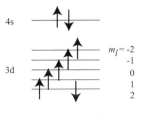

図 10.8 Fe の電子配置.

パウリの排他原理によれば，1つの量子状態に
はただ1つの電子しか入ることができない．それ
ぞれの状態を，4つの量子数 n（主量子数），l（方位量子数），m_l（磁気量子数），m_s
（スピン磁気量子数）の組み合わせで決まる．軌道として $1s, 2p, 3d$ を例にとる
と，最初の 1, 2, 3 という数字が n に当たり，それについている s, p, d がそれぞれ
$l = 0, 1, 2$ に対応する．m_l については $m_l = -l, -(l-1), \cdots, 0, \cdots, (l-1), l$
の $2l + 1$ 個の値をとり，これは s 軌道に 1 個の軌道，p 軌道に 3 個の軌道，d
軌道に 5 個の軌道があることに対応している．1 個の軌道には上向きスピンと
下向きスピンの電子が入る余地があるが，これがスピン磁気量子数 $m_s = \pm\frac{1}{2}$
に対応している．

d 軌道にどのように電子が配置されるかで磁性が決まる．**フントの規則**によ
れば，電子は1つずつ磁気量子数 m_l が異なる別々の軌道に同じ電子スピン磁
気量子数 m_s をとりながら配置されていく（4.1 節参照）．この規則のために Fe
においては図 10.8 のような電子配置をとる．電子が原子核の周りを回る古典的
なイメージで考えれば，同じ軌道をスピンが逆向きの2つの電子が回る場合に
は電子が近い距離におりクーロンエネルギーの損が大きいため，スピンの方向
が揃いながら電子が詰まっていくと考えられる．電子の配置はエネルギーが低
くなるように決まっているわけであり，それを決めるのはスピン–スピン相互作
用，軌道–軌道相互作用，スピン–軌道相互作用の3つである．

さて，Fe の場合は $3d^6$ であり，6つの電子は前述の通り図 10.8 のように軌道
を占有する．フントの規則によれば，エネルギーが最も低い基底状態は，スピ
ン角運動量の総和 S が最大，かつ軌道角運動量の総和 L が最大の状態である．
Fe においては $L = 2$ および $S = (1/2) \times 4 = 2$ である．

原子に属する複数の電子の軌道角運動量の総和 $\boldsymbol{L} = \sum_i \boldsymbol{l}_i$ およびスピン角運
動量の総和 $\boldsymbol{S} = \sum_i \boldsymbol{s}_i$ をベクトル和として足したものが全角運動量 $\boldsymbol{J} = \boldsymbol{L} + \boldsymbol{S}$
である．全角運動量に対して角運動量保存則が成り立ち，$\boldsymbol{J}$ は保存する．

1つの原子/イオンの全磁気モーメント $\boldsymbol{m}$ は，全軌道角運動量 $\boldsymbol{L}$ と全スピン

角運動量 S を用いて $m \approx -\mu_{\mathrm{B}}(L + gS)$ と表
せる. この全磁気モーメントの方向は保存量であ
る $J = L + S$ とは平行でなく, 実験で観測され
る量ではない. 全磁気モーメントは J の方向の
軸の周りを高速で回っているイメージで捉えるこ
とができ, 実験で観測される磁気モーメントは,
全磁気モーメントのうち J に平行な成分だけで

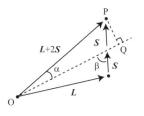

図 10.9　m_J の計算.

ある. つまり,

$$m = \underset{\text{保存量}}{\underline{m_J}} + \underset{\text{時間平均すると零}}{\underline{m_\perp}} \tag{10.16}$$

である. $|m_J|$ の大きさ m_J は, $g = 2$ のとき図 10.9 のように幾何学的に求め
られる. 無次元量の比例係数であるランデの g 因子 g_J を用いて

$$m_J = g_J\mu_{\mathrm{B}}|J| = \mu_{\mathrm{B}}|OQ| = \mu_{\mathrm{B}}|OP|\cos\alpha$$
$$= \mu_{\mathrm{B}}|L + 2S|\cos\alpha = \mu_{\mathrm{B}}(|J| + |S|\cos\beta). \tag{10.17}$$

ここで, $\cos\beta = J \cdot S/|J||S|$ および $2J \cdot S = J^2 + S^2 - L^2$ を使うと,

$$g_J = \frac{|J| + |S|\cos\beta}{|J|} = 1 + \frac{2J \cdot S}{2|J|^2} = 1 + \frac{J^2 + S^2 - L^2}{2J^2}. \tag{10.18}$$

ここで, L^2, S^2, J^2 の量子力学的固有値はそれぞれ $L(L+1)\hbar^2$, $S(S+1)\hbar^2$,
$J(J+1)\hbar^2$ であるので

$$g_J = 1 + \frac{J(J+1) + S(S+1) - L(L+1)}{2J(J+1)}$$
$$= \frac{3}{2} + \frac{S(S+1) - L(L+1)}{2J(J+1)}. \tag{10.19}$$

スピン軌道相互作用がある場合には軌道角運動量やスピン角運動量は保存量で
はないが, それらの 2 乗は良い量子数のままである. この g_J を用いて観測さ
れる磁気モーメントの大きさは

$$m_J = g_J\mu_{\mathrm{B}}|J| = g_J\mu_{\mathrm{B}}\sqrt{J(J+1)} \tag{10.20}$$

と表せる [3].

　この式を用いて実際の原子やイオンの磁気モーメントを見積もることがで

---

[3]　固有値は $\sqrt{J(J+1)}\hbar$ であるが, $\hbar$ は μ_{B} に含まれていることに注意する.

きる. 例えば, Fe^{2+} イオンに対しては, $(3d)^6(4s)^0$ であり $S = 2$, $L = 2$, $J = 4$ である. よって, $g_J = 3/2$ となるので, 1つのイオンあたり $m_J = (3/2)\sqrt{4(4+1)}\mu_B \approx 6.7\mu_B$ となる.

しかし, 実際の実験値は Fe^{2+} イオンに対して $4.9\,\mu_B$ であり, m_J と異なっている. むしろ $L = 0$ とした場合の $m_s = g_s\sqrt{S(S+1)}\mu_B = 2\sqrt{2(2+1)}\mu_B \approx 4.9\mu_B$ に非常に近い. これは Fe, Co, Ni のような $3d$ 遷移金属に対しては $L \approx 0$ の状態になっていることを意味する. これは**軌道角運動量の消失**と呼ばれる.

軌道角運動量の消失の原因は, 最も単純なイメージでは原子核に電子が束縛されず結晶内を動き回るためと考えられる. これまでは電子が原子核に束縛されて回転するモデルを考えていたが, 電子が結晶内を動き回る場合には, 色々な経路で電子は回転運動をし, 平均をとると軌道角運動量は打ち消し合い零になる.

より正確には, **配位子場**を考える必要がある. 結晶中では多数の原子やイオンが規則的に配列しており, ある位置にあるイオンは他のイオンが作る静電場を感じる. これを結晶場と呼び, 配位子場の1つの原因となる. ポテンシャルが球対称の場合には軌道角運動量が良い量子数であるが, ポテンシャルは結晶中では結晶 (格子点) の対称性と同じ対称性をもつ. このような「丸くない」ポテンシャルの場合には軌道角運動量は保存しなくなる.

エネルギーの観点からは, 孤立した1イオンにおいて軌道のエネルギーが縮退していたとしても, 配位子場がはたらくことで縮退が解けて分裂する. この分裂を**配位子場分裂**という. エネルギー分裂によりすべての軌道縮退が解けたとき, 配位子場ポテンシャルは実関数で表されるから, 基底状態の波動関数は実関数に選んでも一般性を失わない [*4]. しかし軌道角運動量演算子は純虚数であるので軌道角運動量の平均値は純虚数となり, 観測可能量としては零以外にない.

$3d$ 遷移金属の場合には軌道の空間的広がりが大きいために配位子場分裂の影響が大きいが, $4f$ 不完全殻をもつ希土類元素の場合では配位子場分裂は重要でなく, **J** が磁化を決める. これは希土類元素では $4f$ 軌道の空間的広がりが小

[*4] ポテンシャルとエネルギーは実数なので, 波動関数の複素共役をとったものもシュレディンガー方程式の解となる. これを $\psi^*(\boldsymbol{r})$ を表すと, 縮退がないという条件から元の波動関数 $\psi(\boldsymbol{r})$ の $e^{i\theta}$ 倍 (θ は定数) に一致する. よって $e^{i\theta/2}\psi(\boldsymbol{r}) = e^{-i\theta/2}\psi^*(\boldsymbol{r}) = (e^{i\theta/2}\psi(\boldsymbol{r}))^*$ となるので, 波動関数を実関数に取り直すことができる.

さく，4f 軌道の外側に $(5s)^2(5p)^6$ の電子殻があり外界からの影響が遮られるためであると考えられる．

□■ 10.3 　常　　磁　　性　■□

常磁性は，外部磁場がないときには磁化をもたず，磁場を印加するとその方向に弱く磁化する磁性を指す．原子の位置に電子が局在している場合には，熱ゆらぎにより磁気モーメントの乱れが強く，零磁場で自発的な配向がない状態であるといえる．局在した磁気モーメントを有する絶縁体においてはこのような描像で常磁性を記述できる．一方，電子が動き回る金属においてはバンドを用いた議論が適している．特に，金属においては電子系はフェルミ縮退（パウリの排他原理により最低のエネルギー状態から順番にぎっしり詰まった状態）しており，磁場をかけた場合に電子がそのスピン状態を変えようとしても，変わる先の状態がすでに占有されているのでスピン状態は変化できない．よって磁性に影響するのはフェルミ面付近の電子だけになってしまい，磁化は古典粒子として考えた場合よりも小さい値となる．

┃キュリー常磁性　　　絶縁体の場合を考え，局在した磁気モーメント N 個からなる系が温度 T の熱浴に接しているとき，観測される磁化の温度依存性を求める．磁場は z 方向にかけるとする．常磁性原子あるいはイオン 1 つの磁気モーメントは

$$\boldsymbol{m} = -g_J\mu_{\mathrm{B}}\boldsymbol{J} \tag{10.21}$$

と書ける．ここで，全角運動量の固有状態 $|J,m\rangle$ は，

$$\boldsymbol{J}^2 |J,m\rangle = J(J+1)\hbar^2 |J,m\rangle,$$

$$J_z |J,m\rangle = m\hbar |J,m\rangle \tag{10.22}$$

を満たす．角運動量の z 成分は，$\hbar$ を単位として $m = -J, -J+1, \cdots, J-1, J$ の $2J+1$ 個の値をとる．このように m が離散的なのは，大雑把には常磁性モーメントの向きが連続的に変わる（古典的な場合に相当）のではなく，とびとびの向きにしか向けないと考えられる．

磁気モーメント $\boldsymbol{m}$ と外部磁場 $\boldsymbol{H}$ の相互作用のエネルギー（**ゼーマンエネルギー**）は $E = -\mu_0\boldsymbol{m}\cdot\boldsymbol{H}$ で与えられる．よって，今の場合 $E = \mu_0 g_J\mu_{\mathrm{B}}J_z H_z =$

$\mu_0 g_J \mu_\mathrm{B} m H_z$ である．つまり，
零磁場では磁気モーメントがど
の向きでもエネルギーが同じで
あった（縮退していた）状態が，
磁場を z 方向にかけることで
$2J + 1$ 個の状態に分裂したこ
とを意味する（図 10.10）．

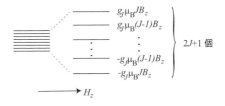

図 10.10 磁場による準位の分裂.

$J_z = m$ の準位にある確率は，逆温度 $\beta = 1/(k_\mathrm{B}T)$ としてボルツマン因子 $\exp[-\beta\mu_0 g_J \mu_\mathrm{B} m H_z]$ に比例し，この準位の磁気モーメントは $-g_J\mu_\mathrm{B}m$ である．よって，N 個の常磁性原子あるいはイオンの集団の磁気モーメントの平均値（期待値）は

$$\langle m_z \rangle = N \frac{\displaystyle\sum_{m=-J}^{J} (-g_J\mu_\mathrm{B}m) \exp[-\beta\mu_0 g_J\mu_\mathrm{B} m H_z]}{\displaystyle\sum_{m=-J}^{J} \exp[-\beta\mu_0 g_J\mu_\mathrm{B} m H_z]}. \tag{10.23}$$

ここで，$k_\mathrm{B}T$ の大きさは 10 K において $k_\mathrm{B}T \sim 1 \times 10^{-22}$ J である一方，実験室で発生できる磁場（磁束密度）の大きさはたかだか 10 T 程度であり $\mu_\mathrm{B}B$ は $\mu_\mathrm{B}B \sim 1 \times 10^{-22}$ J である．つまり，温度 1 K と磁束密度 1 T のエネルギーは大体等しい．我々が興味ある室温付近では，$k_\mathrm{B}T \gg \mu_0 g_J\mu_\mathrm{B}m H_z$ であり，分母の指数関数を展開すると

$$\sum_{m=-J}^{J} \exp[-\beta\mu_0 g_J\mu_\mathrm{B} m H_z] \approx \sum_{m=-J}^{J} \left(1 - \beta\mu_0 g_J\mu_\mathrm{B} m H_z\right) = 2J + 1 \tag{10.24}$$

となる．一方，分子は同様に展開して

$$\sum_{m=-J}^{J} (-g_J\mu_\mathrm{B}m)(1 - \beta\mu_0 g_J\mu_\mathrm{B} m H_z)$$

$$= \sum_{m=-J}^{J} \beta\mu_0 g_J^2\mu_\mathrm{B}^2 H_z m^2 = \frac{1}{3}J(J+1)(2J+1)\beta\mu_0 g_J^2\mu_\mathrm{B}^2 H_z. \tag{10.25}$$

よって，

$$\langle m_z \rangle = \frac{N\mu_0 g_J^2\mu_\mathrm{B}^2}{3k_\mathrm{B}T}J(J+1)H_z \equiv CH_z \tag{10.26}$$

を得る．磁場 H_z に比例して磁化が出る．温度変化は $1/T$ に比例して低温に

向かって増大する（**キュリーの法則**）．また，磁化の温度変化の測定により，$g_J\sqrt{J(J+1)}$ を求めることができる．先ほど述べた通り，実際には $3d$ 元素を磁性元素として含む物質の場合には $L=0$ としたときの値に近い値が得られる．

┃ パウリ常磁性　　　一方，金属の場合にはバンドに基づいたモデルが適切である．磁場 H を z 方向に印加したとき，バンドを上向きスピンと下向きスピンの電子に分けて書くと，上向きスピン電子バンドは $\mu_0\mu_\mathrm{B}H$ だけエネルギーが上がり，下向きスピン電子バンドは $-\mu_0\mu_\mathrm{B}H$ だけ下がる（図 10.11）．よって $2\mu_0\mu_\mathrm{B}H$ だけエネルギーに差が生まれ，エネルギーの高い上向きスピンの電子は下向きスピンの電子バンドに移動しエネルギーがならされる．結果として下向きスピン電子の数のほうが多い状態となる．下向きおよび上向きスピンの電子数を N_- と N_+ とおけば，$(N_- - N_+)\mu_\mathrm{B}$ が磁場によって誘起される磁気モーメントである．

状態密度とフェルミ–ディラック分布関数 $f(E)$ を用いて N_-，N_+ を表すと

$$N_- = \int_0^\infty D_-(E)f(E)dE, \quad N_+ = \int_0^\infty D_+(E)f(E)dE. \tag{10.27}$$

ゾンマーフェルト展開の式 (4.57) を使うと，例えば N_- については

$$N_- = N_-(E=\mu) + \frac{\pi^2}{6}k_\mathrm{B}^2 T^2 \left(\frac{dD_-(E)}{dE}\right)_{E=\mu} + \cdots \tag{10.28}$$

を得る．N_+ に対しても同様である．N_- と N_+ の差は小さいので，微分で近似する．つまり，

$$N_- - N_+ \approx \frac{D(\mu)}{2}2\mu_0\mu_\mathrm{B}H = \frac{1}{2}\left\{\frac{d(N_-+N_+)}{dE}\right\}_{E=\mu}2\mu_0\mu_\mathrm{B}H. \tag{10.29}$$

以上より磁化は

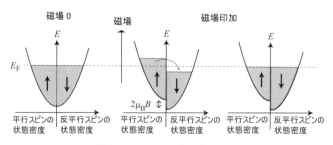

図 10.11　磁場による状態の分裂．

$$M = (N_- - N_+)\mu_B$$

$$= \mu_0\mu_B^2\left[(D_+ + D_-)_{E=\mu} + \frac{\pi^2 k_B^2 T^2}{6}\left\{\frac{d^2(D_+ + D_-)}{dE^2}\right\}_{E=\mu} + \cdots\right]H$$

$$= \mu_0\mu_B^2\left\{D(E=\mu) + \frac{\pi^2 k_B^2 T^2}{6}\left(\frac{d^2 D}{dE^2}\right)_{E=\mu} + \cdots\right\}H \tag{10.30}$$

と求められる．よって，磁化は磁場に線形に立ち上がり，主要項である第1項の係数は $\mu_0\mu_B^2 D(\mu)$ と一定である．つまり，フェルミ準位の状態密度に比例した常磁性磁化が現れ，温度変化しない．一方，第2項は温度変化する項で $d^2 D/dE^2$ が大きいときに大きな寄与をもたらす．一般に s バンドではバンド幅が広くて $d^2 D/dE^2$ は小さいが，d バンドではバンド幅が狭くて状態密度の変化が大きい．第2項が大きい例としては Pt や Pd が知られている．

□■ 10.4　磁性の起源　■□

　磁性の発現は古典力学では説明できず，量子力学が必要になる（**ボーア–ファン・リューエンの定理**）．この意味で，磁性は量子力学的効果であると言える．

　磁性が発現する理由は，端的には磁気モーメントの間に互いに揃えようとする相互作用があるためである．この相互作用は物質中の電子に由来し，その起源は電子の運動エネルギーとポテンシャルエネルギー（クーロン相互作用）に求めることができる．しかし，電子の運動エネルギーはもちろんだが，電子間のクーロン相互作用も「電気」の話であり磁性とは直接関係はない．よって磁気的な相互作用がどのように生じるかを理解する必要がある．

　ヒントは水素分子の例に見出すことができる．原子価結合理論によれば，共有結合は1つの不対電子を含んでいるそれぞれの水素原子の半分占有された原子価軌道（最外殻の原子軌道）の重なり合いによって生じる．結果として，スピンがない（$S = 0$ の）一重項の状態（結合性軌道）とスピンのある（$S = 1$ の）三重項の状態（反結合性軌道）に分かれる．このようにスピン状態によってエネルギーが異なる．

　このようなことが起きるのはパウリの排他原理のためである．運動エネルギーの観点からは，電子が隣の原子の軌道に飛び移った方が運動エネルギーを得する．このためには，反平行の（つまり反強磁性的な）スピン配列の方が望ましい．一方，波動関数が重なると，反平行スピンならばパウリの排他原理には反

しないが，クーロン相互作用エネルギーは損をする．よってクーロン相互作用エネルギーの観点からは，平行（つまり強磁性的な）スピン配列の方が望ましい．このように電子系のエネルギーを決める運動エネルギーとポテンシャルエネルギーのそれぞれで反平行スピン配列を好むか平行配列を好むかが異なっており，両者のトレードオフによって磁気的相互作用が反強磁性的になるか強磁性的になるかが決まると考えられる．

　実際の物質においては，含まれる磁性原子/イオンやその配列の仕方が物質ごとに異なることからわかる通り，磁性の生じる機構は複雑である．その中で最も大きな磁性の理論の分け方は金属の磁性と絶縁体の磁性で大別することである．それぞれ遍歴磁性，局在磁性と呼ばれる．遍歴磁性の場合には物質中を電子が動くことが磁性において重要であり，一方絶縁体の場合には伝導電子は存在しない．特に磁性絶縁体の典型例として広く研究されてきた磁性酸化物においては，酸素イオンを介して磁性イオンが配列しており，酸素イオンを媒介したモデルを考える必要がある．

▌ストーナー強磁性

　まずは強磁性金属の代表例である Fe （鉄）に着目し，磁性の起源を考える．Fe は 26 個の電子を有し，$(1s)^2 \cdots (3p)^6 (3d)^6 (4s)^2$ の電子配置をとる．ここで，不完全に詰まった $3d$ 軌道の電子が磁性を担い，最外殻の $4s$ 電子が伝導電子として結晶中を伝搬すると考えられる．この状況を模式的に描いたのが図 10.12 である．$4s$ 電子は原子核からの束縛を離れ，周期的ポテンシャルを感じながら自由に運動する．一方，$3d$ 電子は 1 つの原子の $3d$ 軌道上に十分長く滞在してから隣りの原子にトンネル効果で移る．結果として，運動エネルギーの小さい $3d$ 電子の方が相対的にクーロン反発エネルギーが大きいことになる．$4s$ 電子はクーロン相互作用の影響が小さく自由電子的な描像で理解できるが，$3d$ 電子はクーロン相互作用の影響を受けやすく，結果として磁性の発現に寄与する．先ほど見たように，運動エネルギーを得たい場合には反平行スピン配列の方が望ましいため，電子スピンが強磁性的に揃うということ

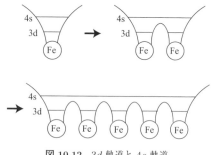

図 10.12 $3d$ 軌道と $4s$ 軌道．

とは運動エネルギーを損していることになる．し
かし，強磁性的に配列することでクーロン反発エ
ネルギーは得をするから，運動エネルギーの損よ
りもクーロンエネルギーの得の方が上回れば強磁
性が発現することになる．

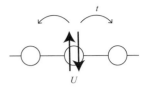

図 10.13 1 次元のモデル．

　簡単のため，5 つある 3d 軌道は 1 種類のみと
仮定してモデル化する．つまり，3d 軌道に入る電子は最大で 2 個である．3d
軌道の運動エネルギーを t とおき，1 つの原子に 2 つの電子がいた場合に電子
が感じるクーロンエネルギーを U とおく（図 10.13）．全原子数を N とし，全
電子数を n（上向き/下向きスピンの電子が $n/2$ ずつ）とする．1 つの原子に電
子が 2 つ存在するときのクーロンエネルギーの損失は，

$$\underset{\substack{\sim \\ \text{全原子数}}}{N} \times U \times \underset{\text{1 つの原子に 2 つの電子がある確率}}{\frac{n/2}{N}\frac{n/2}{N}} = \frac{Un^2}{4N} \qquad (10.31)$$

と計算できる．強磁性を考えて，上向き/下向きスピン電子の数を $n_\uparrow$ と $n_\downarrow$ と
おく（ここでは $n_\uparrow > n_\downarrow$ となったとする）．$n = n_\uparrow + n_\downarrow$ と $m \equiv n_\uparrow - n_\downarrow$ を使
うと，$n_\uparrow = (n+m)/2$ と $n_\downarrow = (n-m)/2$ であり，クーロンエネルギーは

$$\underset{\substack{\sim \\ \text{全原子数}}}{N} \times U \times \underset{\text{1 つの原子に 2 つの電子がある確率}}{\frac{(n+m)/2}{N}\frac{(n-m)/2}{N}} = \frac{U(n^2 - m^2)}{4N} \qquad (10.32)$$

となる．よって強磁性的になった場合のクーロンエネルギーの利得は，
$Um^2/(4N)$ と表せる．

　一方で，運動エネルギーの損につい
ては以下のように計算できる．$m/2$ の
数の下向きスピン電子が減り，その分上
向きスピン電子へと変わったことを，図
10.14 のようにエネルギーバンドで考え
る．上向きスピンになったことによる
1 電子の運動エネルギーの増大を $\Delta\mu$
とおくと，フェルミ準位における状態密
度 $D(E_\mathrm{F})$ を使って $m/2 = D(E_\mathrm{F})\Delta\mu$
と表せるので，運動エネルギーの損は

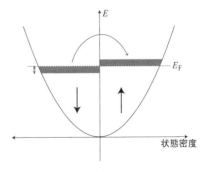

図 10.14 3d エネルギーバンドの状態密度．

1 原子あたり

$$\frac{1}{N} \times \frac{m}{2} \times \underbrace{\frac{m/2}{D(E_{\mathrm{F}})}}_{\text{1 電子の運動エネルギーの増大}} = \frac{m^2}{4D(E_{\mathrm{F}})N}. \tag{10.33}$$

以上より，強磁性が発現するには，(クーロンエネルギーの得)−(運動エネルギーの損)≥ 0 だから

$$\frac{Um^2}{4N} \geq \frac{m^2}{4D(E_{\mathrm{F}})N} \quad \therefore \quad UD(E_{\mathrm{F}}) \geq 1 \tag{10.34}$$

となる．この条件を**ストーナー条件**と呼ぶ．ストーナー条件によれば，クーロン反発エネルギーの利得が大きくなるために U が大きいこと，フェルミ準位での状態密度が大きいこと，が強磁性発現に重要であることがわかる．

┃超交換相互作用　　このように金属においては動き得る電子の数に相当するフェルミ準位における状態密度が磁性に重要な寄与を果たすが，磁性絶縁体においてはバンドギャップが開いており金属系と同じような考え方はできない．さらに，典型的な磁性絶縁体である酸化物においては，陽イオンである磁性イオンと陰イオンである酸素イオンが交互に並んだ構造をとる．このような場合には直接磁性イオンが磁気的な相互作用をするのでなく，酸素イオンを介した相互作用が重要になることが多い．このような陰イオンをはさんだ 2 つの磁性イオンの間にはたらく磁気的相互作用を**超交換相互作用**と呼ぶ．

　磁性イオンの波動関数は隣の陰イオン（酸素イオン）の波動関数と混成することで，結果的に磁性イオン同士の波動関数が重なり合う．このような電子の飛び移りの過程は量子力学においては摂動論の考え方で定式化される．酸素イオン（O^{2-} イオ

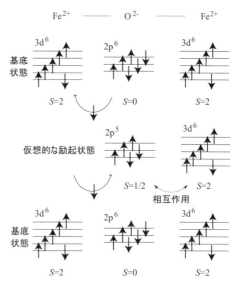

図 10.15　FeO における超交換相互作用.

ン）は最外殻 $2p$ 軌道に 6 個の電子が詰まっており角運動量がない状態にあるが，仮想的な励起状態として電子 1 つが酸素イオンから隣りの磁性イオンに飛び移った状態を考えると酸素イオンは角運動量をもつ $2p^5$ の状態となり隣の磁性イオンと磁気的相互作用できる．電子を磁性イオンから酸素イオンに戻して基底状態に戻る過程を考えれば，摂動論の結果として磁気的な相互作用がはたらくことを示せる．例えば FeO の場合を図 10.15 に示す．仮想的な励起状態でO イオンと Fe イオンの間にスピンの交換相互作用が働く．超交換相互作用は，反強磁性的にも強磁性的にもなり得る（交換相互作用の係数の符号は正にも負にもなる）．磁性イオンの種類や磁性イオン–陰イオン (O^{2-}イオン)–磁性イオンの角度によって交換相互作用の符号が変化し，この条件は**金森–グッドイナフの規則**として整理されている．

□■ **10.5 異常ホール効果とスピンホール効果** ■□

既に見てきたように，伝導体に電流と磁場を互いに垂直に印加した場合には，キャリアにはたらくローレンツ力によりホール効果が生じる．それに加えて，強磁性体などの時間反転対称性が破れた磁性伝導体においては，スピン軌道相互作用によって余分なホール効果が生じる．このホール効果は磁化に比例し，**異常ホール効果**と呼ばれる．対比して，ローレンツ力によるホール効果を正常ホール効果と呼ぶことがある．通常，磁性体では異常ホール効果の方が正常ホール効果よりも大きい．

異常ホール効果が見られる場合のホール抵抗率は

$$\rho_{yx} = R_0 H + R_S M \tag{10.35}$$

と書かれる．第 1 項は電流が流れる面に垂直な方向（z 方向）に印加された外部磁場 H に比例する項であり，ローレンツ力に由来する正常ホール効果を表す．一方，第 2 項は z 方向の磁化に比例する異常ホール効果の寄与である．係数 R_0 は正常ホール係数，R_s は異常ホール係数である．磁性体におけるホール抵抗率の典型的な磁場依存性の振る舞いを図 10.16 に

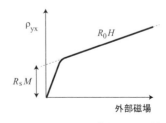

図 10.16 強磁性伝導体のホール抵抗率.

示す. 磁化が飽和する磁場の値でホール抵抗率は折れ曲がりを示す. 磁化が飽和した高磁場領域では異常ホール効果の大きさはほとんど一定と見なせるため, 高磁場での線形フィットにより正常ホール効果の成分と異常ホール効果の成分を分離することができる. 図 10.16 では, 磁化のヒステリシスがない (非常に小さい) 場合を描いているが, 磁化曲線にヒステリシスがある場合には, 磁化のヒステリシスを反映した異常ホール効果の磁場依存性が観測される.

異常ホール効果はスピン軌道相互作用により生じるが, その詳細な物理機構は複数あることが知られる. 大別して, 不純物などの散乱に基づくとする**外因性機構**と, 多バンド構造に由来するとする**内因性機構**の 2 つに分類される.

内因性機構は, 多バンド構造とスピン軌道相互作用に基づく機構である. これまで考えてきた (ホール効果を含む) 輸送現象は, 単一バンドを仮定して議論してきた. すなわちバンド内輸送現象であり, 散乱の緩和時間 τ に関係する. 例えば単一キャリアの場合に, 電気伝導率 $\sigma_{xx} = ne^2\tau/m^* \propto \tau$ である. 正常ホール伝導率は, (通常ホール効果は小さいので $\rho_{xx} \gg \rho_{yx}$ を仮定すると) $\sigma_{xy} \approx \rho_{yx}/\rho_{xx}^2 \propto \tau^2$ である. 一方, 内因性機構に基づく異常ホール効果は, 電場により仮想的にバンド間遷移した電子がもたらす多バンドの輸送現象であり, 緩和時間 τ には依存しない. つまり, 異常ホール効果の伝導率は $\sigma_{xy} \propto \tau^0$ の依存性となり, 正常ホール効果の場合とは大きく異なる. 内因性機構では仮想的なバンド間遷移を考えるため, スピン軌道相互作用を考慮したバンド間のエネルギー差が小さくなるバンドの交差点付近で大きな寄与を示す. Fe などの典型的な強磁性金属を含む多くの物質で内因性機構の異常ホール効果が重要であることが知られる. 最近この内因性機構は**ベリー位相**の概念との関係が明らかにされている.

一方, 非常に純良な磁性金属試料 (電気伝導率が非常に大きい試料) においては, 外因性機構であるスキュー散乱の寄与が主要になる [*5]. スキュー散乱とは, スピン軌道相互作用の影響下で不純物散乱がホール方向に非対称な寄与をもたらすという非対称散乱である. 散乱に依存することを反映して $\sigma_{xy} \propto \tau$ の依存性を示す.

[*5] 外因性機構には, スキュー散乱の他にサイドジャンプ機構というものも知られる. サイドジャンプでは内因性機構と同じく $\sigma_{xy} \propto \tau^0$ の依存性となる. よって単にホール伝導率と電気伝導率の測定をするだけでは内因性機構とサイドジャンプ機構の区別は難しい. 一方で, 理論計算によれば, 内因性機構が主要な役割を果たす物質があることが示されている.

　以上の通り異常ホール効果の物理機構を理解するには，異常ホール効果の伝導率（異常ホール伝導率）の散乱緩和時間 τ への依存性を調べることが重要である．そのため，τ に比例する σ_{xx} への依存性がしばしば実験的に調べられる．つまり，異常ホール伝導率 σ_{xy} を σ_{xx} に対してプロットした際に一定（$\propto \sigma_{xx}^0$）となるか（内因性機構），比例（σ_{xx}^1）するか（外因性機構のスキュー散乱）を調べれば異常ホール効果の起源について知見が得られる．多くの磁性体における研究により，幅広い電気伝導率の磁性体試料において内因性機構の重要性が明らかとなっている．また，前述の通り，非常に高い伝導率をもつ高純度磁性体試料において内因性機構よりもスキュー散乱の寄与が重要になることも実験的に示されている．

スピンホール効果

磁性体における異常ホール効果と同様の機構によるスピン軌道相互作用に由来する輸送現象は，常磁性の伝導体においても発現する．外部磁場が印加されていない（磁化が零の）常磁性の伝導体におけるこのホール効果を**スピンホール効果**と呼ぶ（図 10.17）．

　スピンホール効果の起源も，異常ホール効果と同様にスピン軌道相互作用である．スピン軌道相互作用のハミルトニアンは前述の通り $\boldsymbol{s} \cdot (\nabla V(\boldsymbol{r}) \times \boldsymbol{p})$ に比例する形で表され，スピンの向きと電子の軌道運動を結び付けるような形をしている．重要なことに，スピン軌道相互作用は電子スピンの反転により符号を変え，また電子の運動方向が逆向きになっても符号を変える．このとき，電子の軌道運動がスピン軌道相互作用の結果により曲げられた場合，上向きスピン電子と下向きスピン電子が逆方向に曲げられることが期待される．このような スピン方向に依存した ホール効果は強磁性体の異 常ホール効果の理解と合致 する．つまり，強磁性体の 場合には上向きスピン電子 と下向きスピン電子の数が 異なり，結果として磁化に 比例したホール電圧が生じ る．これが異常ホール効果 である（図 10.17(b)）．

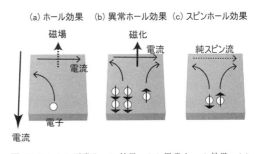

(a) ホール効果　(b) 異常ホール効果　(c) スピンホール効果

図 10.17　(a) 正常ホール効果，(b) 異常ホール効果，(c) スピンホール効果．

一方，常磁性体の場合に同じ機構
でホール効果を考えると，零磁場で
上向きスピン電子と下向きスピン
電子の数は同じであり，ホール電圧
は生じない（図 10.17(c)）．しかし，
電流に垂直なホール方向には，互い
に逆向きのスピンの電子が逆方向に
流れている．つまり，電子の電荷は
流れていないがスピンは流れている
状況であり，これを**純スピン流**と呼
ぶ（図 10.18）．純スピン流は，そ
の生成・検出を含む制御技術の発展

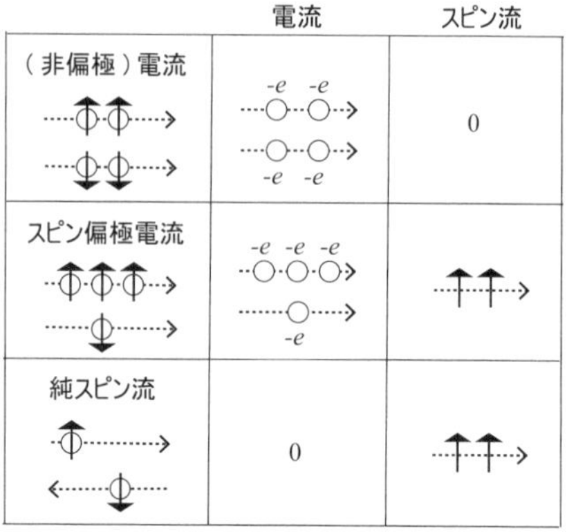

図 10.18 スピン流の種類．

により，物性物理学において重要な概念となった．この呼び名に対応して，強
磁性体を流れる電荷の流れを伴うスピン流を**スピン偏極電流**と呼ぶことがある．
重要なことに，スピンホール効果には磁場は必要ない．

スピンホール効果は電流を（垂直方向に流れる）純スピン流に変換する現象
とも見なせる．スピンホール効果のように，スピン軌道相互作用により電気的
に磁性を制御する技術を活用したエレクトロニクス研究は**スピントロニクス**と
呼ばれ，近年盛んに研究されている．

なお，純スピン流の定義は一意でないことに注意する必要がある．電荷は保
存するため電流は一意に定義できるが，スピンはスピン軌道相互作用により緩
和し保存しないため，スピン流は一意に定義することはできない．つまり，ス
ピン軌道相互作用 $l \cdot s$ の存在下では，スピン s_z は良い量子数ではなく全角運
動量 $j_z(= l_z + s_z)$ が良い量子数になる（つまり保存する）はずであり，電子ス
ピンのみを考えた純スピン流はうまく定義できない．しかしながら，実験的に
は「純スピン流」という物理量があると考えるとうまくいく場合が多く，文献
で一般に用いられている．

磁気モーメントの運動とスピン波

最後に，強磁性体における磁気モーメン
ト（磁化）の運動について触れる．磁気モーメントの運動とスピン流は密接な
関係があり，スピン流が「磁気の流れ」であることから，磁性体に対して隣接
する伝導層からスピン流を注入することで磁性体の磁気モーメントの運動を変

調させられることも示されている．ここでは最も基本的な場合である外部磁場による磁気モーメントの運動について整理する．

磁気モーメントは角運動量に伴って出現するが，外から磁場を加えたときにどのように運動するだろうか．角運動量をもつ物体で一番わかりやすいのはコマであり，コマの運動が参考になる．高速回転しているコマの軸が少し傾くと，傾き角を一定に保ちながら，軸の上端が水平円運動を示すことはよく知られている．これを首振り運動（**歳差運動**）と呼ぶ．古典力学によると，回転運動の方程式は

$$\frac{d\boldsymbol{L}}{dt} = \boldsymbol{N} \tag{10.36}$$

である．ここで，角運動量 $\boldsymbol{L} = \boldsymbol{r} \times \boldsymbol{p}$，力のモーメント $\boldsymbol{N} = \boldsymbol{r} \times \boldsymbol{F}$ である．このような軸を回転させようとする力のモーメントを**トルク**と呼ぶことがある．

磁気モーメント $\boldsymbol{m}$ に一様な磁場 $\boldsymbol{H}$ が及ぼすトルク $\boldsymbol{T}$ は

$$\boldsymbol{T} = \mu_0 \boldsymbol{m} \times \boldsymbol{H} \tag{10.37}$$

である．この式は磁気モーメントを円環電流として考えてローレンツ力を計算することで得られる．ここで簡単のため磁気モーメントがスピン角運動量に由来するとし，慣例にならって $\boldsymbol{m} = -\gamma \boldsymbol{S}$ と表す（γ は**磁気回転比** [*6]）．上記の回転の運動方程式で $\boldsymbol{L}$ を $\boldsymbol{S}$ として，磁気トルクの式を代入すると，

$$\frac{d\boldsymbol{m}}{dt} = -\mu_0 \gamma \boldsymbol{m} \times \boldsymbol{H}. \tag{10.38}$$

つまり，磁気モーメントは磁場の周りを歳差運動する．磁場が z 方向を向いているとすると磁気モーメントの z 成分 m_z は一定であり，回転（歳差）の角速度は $\mu_0 \gamma H_z$ となり磁場に比例する．なお，上記の運動方程式には含まれていないが，一般にこの歳差運動は外界との相互作用により減衰（緩和）し，最終的に磁気モーメントは磁場の方向に向く．つまり減衰を表す項が付け加わる．

格子振動の波が結晶内を伝わるのは原子間にはたらく力があるからであるが，スピン間にも交換相互作用があるので，磁性体においては1つのスピンの運動が隣接のスピンに伝わり，結晶内を走る波となる（図 10.19）．これを**スピン波**と呼び，量子化したものは**マグノン**と呼ばれる．交換相互作用は $J \sum_n \boldsymbol{S}_n \cdot \boldsymbol{S}_{n+1}$ のように書けるので，（この式をスピンと磁場の結合を表すゼーマン効果と思うと）n

---

[*6]　磁気回転比は $\gamma = g\mu_{\mathrm{B}}/\hbar$ であり，$\boldsymbol{m} = -\gamma \boldsymbol{S} = -g\mu_{\mathrm{B}}(\boldsymbol{S}/\hbar)$ である．

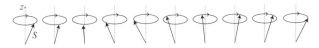

図 10.19 スピン波のイメージ.

番目のスピン $\boldsymbol{S}_n$ に対して隣接スピンから「有効」磁場 $\{J/(\gamma\mu_0)\}(\boldsymbol{S}_{n-1}+\boldsymbol{S}_{n+1})$ がはたらくとして,

$$\frac{d\boldsymbol{S}_n}{dt} = -\mu_0\gamma\boldsymbol{S}_n \times \frac{J}{\gamma\mu_0}(\boldsymbol{S}_{n-1} + \boldsymbol{S}_{n+1}). \tag{10.39}$$

z 軸周りの（xy 面内の）微小な歳差運動が x 方向に伝わるとして, $\boldsymbol{S}_n = (S_x e^{i(kna-\omega t)}, S_y e^{i(kna-\omega t)}, S_z)$ のように解を仮定して代入する. 代入した式の x 成分の式と y 成分の式を掛け算して整理すると,

$$\omega = 4|J||S_z|\sin^2\left(\frac{ka}{2}\right) \tag{10.40}$$

を得る. これは（強磁性体の）スピン波の分散関係を表す. 長波長 $k \approx 0$ の領域で k^2 に比例し, 音響フォノンの線形分散とは k 依存性が異なっている. 磁性体ではスピン波はフォノンと同様に熱伝導に寄与する. また, 角運動量が伝播するため, スピン流と見なせることも知られている.

超　伝　導

　超伝導とは，特定の物質を冷却したときに，電気抵抗が急激に零になる現象である．1911 年にオランダのカマリング・オネスによって発見された．現在ではスズやアルミニウムなどの単元素金属に加え，多くの化合物が超伝導を示すことが知られている．

□■　11.1　超伝導状態の性質　■□

　超伝導が現れる温度を超伝導転移温度と呼び，通常 T_C で表す．特定の温度で物性が不連続に変わるのは熱力学でいう相転移の特徴であり，超伝導転移は二次相転移である．超伝導状態で摩擦なしにキャリアが流れるということは，外部からのパワー補給なしに永久運動が実現することを意味する．ジュール熱を発生させずに電気を流せるため超伝導は産業的にも重要であり，室温付近の超伝導転移温度をもつ物質を開発することは，物質科学の大きな目標の 1 つになっている．

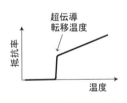

図 11.1　超伝導転移.

　超伝導というある意味非常識な現象が起きるのは，微視的な世界を支配している量子力学の効果が，巨視的なレベルにまで増幅されるためである．熱力学第 3 法則によれば絶対零度でエントロピーが零になることから，電子の微視的な運動は完全に秩序化するはずである．しかし，絶対零度であってもエントロピーに寄与しない零点振動が残っていてもよい [1]．量子力学の不確定性原理によれば，電子が空間の 1 点に静止したままでいることは不可能であり，零点振動は不可避である．特定の金属物質の温度を絶対零度付近まで下げると，普

---

[1]　量子力学的零点振動のために，絶対零度まで流体のままでいる物質は**量子流体**と呼ばれる．

通は乱雑な熱運動によってかき消されて見えない，最低エネルギー状態（零点振動によるエネルギー状態）が実現する．これが超伝導である．

　超伝導体の第1の特性は，物質内の巨視的な電場が零であっても電流が流れることである．これは抵抗 ＝ 電圧/電流の関係から零抵抗に対応する．通常の金属では電流を印加すると必ずジュール熱が生じる．物質試料中には必ず不純物が含まれてしまうので，散乱がない金属（**完全導体**）の実現は不可能である．散乱の影響がない超伝導は古典物理学では説明できない．超伝導体を流れる永久電流は，電子系が外部電場の助けを借りることなく，電子間の協力によって速度を揃える自発的な秩序運動である．電子間の協力がなければ，散乱により巨視的な電流は保持されない．このような協力現象は，磁気モーメントの方向が揃う強磁性に似ている．

　後で述べる BCS 理論によれば，超伝導電流を担う粒子は，電子2つがペアになった**クーパー対**であり，巨視的な数のクーパー対が共通の重心速度で運動する．フェルミ粒子である電子はパウリの排他原理に従うため，1つの量子状態には1つの電子までしか入らない．しかし，クーパー対を組むことにより，2個のフェルミ粒子の束縛状態になり，ボーズ粒子としての性質が現れる．つまり，巨視的な数の粒子が同じ状態を占めることが可能になり，**量子凝縮**状態として超伝導が現れる．これは「2電子分子」のボーズ–アインシュタイン凝縮と考えればわかりやすいが，クーパー対の大きさは 1 μm のオーダーにも達し，クーパー対は重なりあっているため独立した2電子分子という単純なイメージは成立しない．

　超伝導状態においては，前述の通り，直流電流を印加したときに電気抵抗が零になる．交流に対しても周波数が低い場合には零抵抗を示すが，通常マイクロ波〜遠赤外領域の高周波になると，抵抗が発生し始める．可視光の領域では，超伝導状態と常伝導状態（超伝導になっていない状態）で同じ抵抗率を示す．

　超伝導体は，磁場に対する応答の違いによって**第一種超伝導体**と**第二種超伝導体**に分けられる．外部磁場が弱い領域では，どちらの場合も 11.2 節で説明する完全反磁性を示すが，磁場を強くしていき，ある磁場の値（**臨界磁場**）を超えると，超伝導体が壊れて，常伝導状態に戻る．第一種超伝導体と第二種超伝導体の大きな違いは，第一種超伝導体では，臨界磁場を境に超伝導状態と常伝導状態が明確に分かれているが，第二種超伝導体では超伝導状態から常伝導状態に移り変わる際に，2つの状態が混ざり合った**混合状態**という状態がある点

である.

□■ 11.2　マイスナー効果（完全反磁性）　■□

　超伝導状態では，外部から印加された磁場が完全に排除される．この**マイス
ナー効果**は超伝導における最も本質的な特性である．電気抵抗が零であるとい
うのが目に付きやすい超伝導の特性だが，古典電磁気学でも，電気抵抗零の理
想化された導体である**完全導体**を考えることができる．超伝導体と完全導体の
違いは，磁気的性質に現れる.

　その意味を理解するために，以下のような実験を考える（図 11.2）．超伝導
体を T_C より上の常伝導領域から温度を下げて超伝導状態にした後に外部磁場
をかけるとする．このとき電磁誘導の法則により磁場を打ち消すように電流が
流れる．この電流は抵抗零なので減衰しない．このように零抵抗である場合に
は物質から磁場が排除される．このことを数式で見ると，超伝導体や完全導体
の内部で電場 $\boldsymbol{E} = 0$ であることから [*2)]，電磁誘導の法則が

$$\frac{\partial \boldsymbol{B}}{\partial t} = -\mathrm{rot}\,\boldsymbol{E} = 0 \tag{11.1}$$

となり，磁束密度は一定に保たれることに対応する.

　一方，常伝導状態で磁場をかけた後に冷却し超伝導状態にしたとする．この
場合も磁束は一定であり，内部の
磁束は元の値のままである．つ
まり，このときには零抵抗であ
るからといって磁場は排除され
ない．しかし，実際には超伝導
体においてはこの場合も必ず磁
場を排除する．つまり初期条件
に関係なく，$\boldsymbol{B} = 0$ である．こ
の $\boldsymbol{B} = 0$ という解は上記の完
全導体に対する式 $\partial \boldsymbol{B}/\partial t = 0$
の 1 つの解であるが，この解が

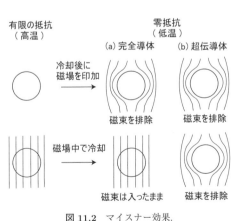

図 11.2 マイスナー効果.

[*2)]　電流 ＝ 電気伝導率 × 電場というオームの法則において，電気伝導率無限大（零抵抗）のとき
　　に電流が有限に留まるためには電場 ＝ 0 となる.

なぜ超伝導体で実現するのかは古典的には説明できない. この意味で超伝導体は完全導体とは異なり, マイスナー効果は電気抵抗が零であるという事実だけからは導くことができない性質である. 逆に, マイスナー効果を認めれば, 電圧の発生なしに有限の電流が流れている状態（電気抵抗が零の状態）を作り出せる.

超伝導体ではマイスナー効果により超伝導体表面に永久電流が流れて内部を完全に磁気シールドする. 電磁気学の言葉で表すと, （$E - B$ 対応の）磁束密度 $B = \mu_0(H + M) = 0$ より, $M = -H$ を得る. 物質の磁化が外部磁場と反対向きに生じる性質を反磁性といい, これは超伝導体に限らずに見られるが, 一般に外部磁場の大きさの 10^{-6}–10^{-5} 程度でしかない（よって, 物質内の磁場は外部の磁場とほぼ等しくなる）. 一方, 超伝導状態では外部磁場を完全に打ち消すような巨大な反磁性が現れ, これを**完全反磁性**という.

超伝導電流密度を j_s とおくと, n_s を超伝導電流を担うキャリアの密度として

$$j_s = n_s e v_s \tag{11.2}$$

と書ける. v_s は超伝導キャリアの速度である. 超伝導電流のキャリアは本当は電子のペアであるが, しばらくは触れない. ペアで話をする場合には, 電荷 e を $2e$ に置き換え, n_s をペアの密度 $n_s/2$ で置き換えればよいが式の形は変わらない [*3].

ロンドン方程式

マイスナー効果を現象論的に説明する方程式は, **ロンドン方程式**

$$\frac{\partial j_s}{\partial t} = \frac{n_s e^2}{m} E, \tag{11.3}$$

$$\nabla \times j_s = -\frac{n_s e^2}{m} B \tag{11.4}$$

である. ロンドンは地名でなく, これらの式を導出したロンドン兄弟の名前にちなむ. この 2 つの式はベクトルポテンシャル A を使って 1 本の式にまとめられる.

$$j_s = -\frac{n_s e^2}{m} A. \tag{11.5}$$

[*3] さらに言えば, 質量も $m \to 2m$ と 2 倍になるので, ロンドン方程式に現れる $n_s e^2/m$ は不変である. つまり, 超伝導電流のキャリアが電子ペアであることはロンドン方程式からは断定できない.

この式も単にロンドン方程式と呼ばれる．この式について考察する前に，ロンドン方程式がマイスナー効果を記述していることを見よう．上式 (11.5) の rot をとったもの（つまり式 (11.4)）

$$\nabla \times \boldsymbol{j}_s = -\frac{n_s e^2}{m} \nabla \times \boldsymbol{A} = -\frac{n_s e^2}{m} \boldsymbol{B} \tag{11.6}$$

に対して，マクスウェル方程式の 1 つ

$$\nabla \times \boldsymbol{B} = \mu_0 \boldsymbol{j}_s \tag{11.7}$$

を使って $\boldsymbol{j}_s$ を消去すると，

$$\frac{1}{\mu_0} \nabla \times (\nabla \times \boldsymbol{B}) = -\frac{1}{\mu_0} \nabla^2 \boldsymbol{B} = -\frac{n_s e^2}{m} \boldsymbol{B}. \tag{11.8}$$

ここで関係式

$$\nabla \times (\nabla \times \boldsymbol{B}) = \nabla (\nabla \cdot \boldsymbol{B}) - \nabla^2 \boldsymbol{B} = -\nabla^2 \boldsymbol{B} \tag{11.9}$$

を使った（マクスウェル方程式より $\nabla \cdot \boldsymbol{B} = 0$）．

この $\boldsymbol{B}$ に関する微分方程式は，例えば yz 平面が表面で x 軸方向に厚みをもつ超伝導体を考えるとき（図 11.3），

$$\frac{d^2 B}{dx^2} = \frac{\mu_0 n_s e^2}{m} B \equiv \frac{1}{\lambda_L^2} B \tag{11.10}$$

と 1 次元の式の形になり，解は $B(x) = B(0) \exp[-x/\lambda_L]$ と書ける．ここで正符号の解は $x \to \infty$ で発散するので省いた．この解は，外部磁場が超伝導体内部で指数関数的に減少することを意味する．磁場の侵入深さを表す λ_L を**ロンドンの侵入長**（あるいは磁場侵入長）と呼ぶ．通常の超伝導体では 10–100 nm 程度である．

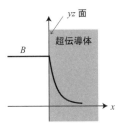

図 11.3 磁場の減衰の様子.

│ゲージ対称性の破れ　　ロンドン方程式は，磁場によって超伝導体に電流が誘起され，その電流が超伝導体内部の磁場を打ち消すと解釈できる（マイスナー効果）．この電流は磁場がある限り減衰せず流れ続ける．ただ奇妙なことに，超伝導電流は $\boldsymbol{B}$ でなくベクトルポテンシャル $\boldsymbol{A}$ に比例する．奇妙であるという理由は，ベクトルポテンシャル $\boldsymbol{A}$ は一般に任意性があるからである．実際に，

2 本のロンドン方程式をベクトルポテンシャル $\boldsymbol{A}$ を用いて 1 本にまとめる過程で

$$\nabla \times \left(\boldsymbol{A} + \frac{m}{n_s e^2}\boldsymbol{j}_s\right) = 0 \qquad (11.11)$$

を真面目に解くと不定項が現れ

$$\boldsymbol{A} + \frac{m}{n_s e^2}\boldsymbol{j}_s = \frac{\hbar}{e}\nabla\theta \qquad (11.12)$$

となる．右辺はスカラー関数 θ であり，今後の便宜上 $\hbar/e$ を付けた．

　この不定性は，電磁気学におけるベクトルポテンシャルの不定性に対応する．つまり，f を任意のスカラー関数として

$$\boldsymbol{A} \to \boldsymbol{A}' = \boldsymbol{A} + \nabla f \qquad (11.13)$$

と変換（**ゲージ変換**）しても得られる磁束密度 $\boldsymbol{B} = \mathrm{rot}\,\boldsymbol{A}$ は同じである．ロンドン方程式の左辺 $\boldsymbol{j}_s$ は電流密度という観測可能な確定した量であり，任意性のあるベクトルポテンシャルと結び付くことは古典世界ではあり得ない．これは超伝導状態ではベクトルポテンシャルが任意性のない量になっていることを意味する（**ゲージ対称性の破れ**）．このように超伝導は量子力学が支配する現象であり，超伝導電流は量子力学的な電流である．

　$\boldsymbol{j}_s$ を $\boldsymbol{v}_s$ を使って書き換えると，

$$m\boldsymbol{v}_s = \hbar\nabla\theta - e\boldsymbol{A}. \qquad (11.14)$$

左辺は運動量であり，右辺においてまずは $\hbar\nabla\theta$ の項の意味を考えよう．すると常伝導電子の場合には運動量が $\hbar\boldsymbol{k}$ に対応することからイメージを膨らませると，この不定項 $\nabla\theta$ は伝導キャリアの波長と結び付けることができる．つまり平面波 $e^{i\boldsymbol{k}\cdot\boldsymbol{r}}$ を想定すれば，θ は電子波の位相と捉えられる．重要なことは，この式が 1 つの電子に対する式でなく，巨視的な電流（速度）の式であることである．つまり，超伝導状態においては電子波の位相が揃ったコヒーレント状態が実現している（図 11.4）.

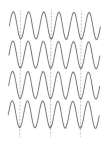

図 11.4　コヒーレント状態の位相.

巨視的波動関数　　この現象は長距離秩序の観点からも理解することができる．強磁性体において磁気転移温度以下で磁気モーメントの方向が自発的に揃っ

て磁化が発生するのと同様に，超伝導転移も相転移現象として捉えられる．超伝導転移は二次の相転移である．相転移現象は**秩序変数**の値の変化で特徴付けることができる．超伝導転移温度以上では秩序変数は零であるが転移温度以下で零でない値をもつ．強磁性体の場合には磁化が秩序変数である（磁化は磁気転移温度以下で零でない値をとる）．二次の相転移の場合には秩序変数は転移温度で連続的に変化する．

超伝導状態では巨視的な数の電子の波の位相が揃っているため，巨視的な数の電子の集団を1つの波動関数で表すことができる．超伝導は物質の波動性が巨視的なレベルにまで増幅された現象であり，超伝導体の秩序変数は，巨視的波動関数 $\Psi(\boldsymbol{r})$ である．通常の電子の波動関数の2乗が電子の存在確率を表す一方で，巨視的波動関数の2乗は超伝導電子の数密度を与える．

$$n_s = |\Psi(\boldsymbol{r})|^2. \tag{11.15}$$

超伝導状態においては，それぞれの電子の波動関数の位相が同じ値をとり，巨視的な数の電子の集団が1つの波動関数で表せるということにつながる．位相が揃っていることによって，ゲージ対称性が破れる．

巨視的波動関数に対して量子力学における流れの式を適用し，電荷 e^* をかけることで超伝導電流を記述すると，

$$\boldsymbol{j}_s = \frac{\hbar e^*}{2im^*}\Big\{\Psi^*\nabla\Psi - (\nabla\Psi)^*\Psi\Big\} \tag{11.16}$$

となる．ここで，本当はキャリアが電子ペアであることを考慮し，質量を $m^*(=2m)$，電荷を $e^*(=2e)$ と書いた．

■確率流密度　　量子力学において確率流密度は

$$\boldsymbol{j} = \frac{\hbar}{2im}\Big\{\psi^*\nabla\psi - (\nabla\psi)^*\psi\Big\}$$

で定義され，連続の式

$$\frac{d\rho}{dt} = -\text{div}\boldsymbol{j}$$

を満たす．ここで ψ は波動関数で，$\rho = |\psi(\boldsymbol{r})|^2 = \psi^*(\boldsymbol{r})\psi(\boldsymbol{r})$ は確率密度である．この式に電荷をかけることで，電荷密度および電流密度の量子力学的表現が得られる．

磁場が零のときには超伝導電流は零であり，これを

$$\boldsymbol{j}_s = \frac{\hbar e^*}{2im^*}\Big\{\Psi_0^*\nabla\Psi_0 - (\nabla\Psi_0)^*\Psi_0\Big\} = 0 \tag{11.17}$$

と書く．磁場を印加した場合には，超伝導電流が流れるはずである．（荷電粒子が磁場中でローレンツ力を受けることに対応して）運動量演算子は磁場がある場合に変更を受け

$$\boldsymbol{p} = -i\hbar\nabla \rightarrow -i\hbar\nabla - e^*\boldsymbol{A} = -i\hbar\Big(\nabla - \frac{ie^*}{\hbar}\boldsymbol{A}\Big) \qquad (11.18)$$

と変換されるので，

$$\begin{aligned}
\boldsymbol{j}_s &= \frac{\hbar e^*}{2im^*}\Big\{\Psi^*\Big(\nabla - \frac{ie^*}{\hbar}\boldsymbol{A}\Big)\Psi - \Big(\Big(\nabla - \frac{ie^*}{\hbar}\boldsymbol{A}\Big)\Psi\Big)^*\Psi\Big\} \\
&= \frac{\hbar e^*}{2im^*}\Big\{\Psi^*\nabla\Psi - (\nabla\Psi)^*\Psi\Big\} - \frac{e^{*2}}{m^*}\boldsymbol{A}\Psi^*\Psi.
\end{aligned} \qquad (11.19)$$

磁場が弱いときを考えて $\Psi \approx \Psi_0$ とすると，式 (11.17) より第 1 項は消えて

$$\boldsymbol{j}_s = -\frac{e^{*2}}{m^*}\boldsymbol{A}\Psi_0^*\Psi_0 = -\frac{e^{*2}}{m^*}\boldsymbol{A}|\Psi_0|^2 \qquad (11.20)$$

を得る．今は電子ペアを考えており前述の定義と合わせるために $|\Psi_0|^2 = n_s/2$ とおけば，ロンドン方程式に一致する．

▌ヒッグス機構　　最後に，磁場が超伝導体の中に侵入できないということを

別の観点から考えてみる．磁場の正体が電磁気力を伝える粒子である光子だと考えると，マイスナー効果は光子の侵入を阻む現象といえる（ある意味では金属に光が侵入できないことと似ている）．これを光子が超伝導体の中に入った途端，クーパー対の海の中で質量が重くなって動きを止めてしまったと解釈する．光子の質量は零であるが，クーパー対のゆらぎを取り込み，質量を得る．これを**ヒッグス機構**と呼ぶ．ゲージ対称性の自発的破れにより質量を獲得することは超伝導体に限らず普遍的である．

□■ 11.3　零　　抵　　抗　■□

　ロンドン方程式は，超伝導電流がベクトルポテンシャルによって誘起されることを意味する．これは通常の物質において，外部電場（ベクトルポテンシャルの時間微分）により電流が流れるのとは好対照である．通常のオームの法則に従う電流は，電場を印加したことによる非平衡状態における電流でありジュール熱を伴う．一方で，超伝導電流は熱平衡状態下で駆動される電流なので，エネルギーの散逸を伴わない．この性質は物理学を離れて実社会において超伝導

体が注目される大きな理由の 1 つである.

電気抵抗は試料に電流を印加し生じた電圧を測定することで求められる. ロンドン方程式に戻ると, 電流が一定のとき電場は零である. 超伝導体では, 電流を流しても電圧が零なので, 電圧/電流で定義される抵抗は零になる. 時間変化しない磁場を印加した場合にも, その磁場を打ち消すように超伝導電流が流れるが, ロンドン方程式から電場は零になる.

超伝導体に電流を流すと, 巨視的波動関数 Ψ_0 の位相が変化する. つまり,

$$\Psi = \Psi_0 e^{-i\theta}. \tag{11.21}$$

位相の変化があるとき, 超伝導電流は

$$
\begin{aligned}
\boldsymbol{j}_s &= \frac{\hbar e^*}{2im^*}\Big\{\Psi^*\nabla\Psi - (\nabla\Psi)^*\Psi\Big\} \\
&= \frac{\hbar e^*}{2im^*}\Big\{\Psi_0^* e^{i\theta}\nabla\big(\Psi_0 e^{-i\theta}\big) - (\nabla(\Psi_0 e^{-i\theta}))^*\Psi_0 e^{-i\theta}\Big\} \\
&= \frac{\hbar e^*}{2im^*}\Big\{\Psi_0^* e^{i\theta}(-i\nabla\theta)\Psi_0 e^{-i\theta} - (i\nabla\theta)\Psi_0^* e^{i\theta}\Psi_0 e^{-i\theta}\Big\} \\
&= -\frac{\hbar e^*}{m^*}\nabla\theta\,\Psi_0^*\Psi_0 = -\frac{n_s e^*}{2m^*}\hbar\nabla\theta. \tag{11.22}
\end{aligned}
$$

このように電流源は超伝導体に位相勾配を付けて超伝導電流を駆動している.

位相勾配 $\nabla\theta$ はベクトルポテンシャル $\boldsymbol{A}$ と同等な役割を果たしていることから, 超伝導電流および零抵抗の本質はマイスナー効果であるといえる. また, ゲージ変換の式 (11.12) を思い出すと, 以上の議論はゲージ変換そのものである.

□■ 11.4 BCS 理論の概要 ■□

超伝導が様々な金属で見つかっている以上, 結晶構造やバンド構造の相違とは無関係のモデルで超伝導が説明できる必要がある. すぐに思いつくシナリオは, 電子間に引力がはたらき, 2 電子分子を形成することで, 低温でボーズ–アインシュタイン凝縮を示すというものである. この解釈は超伝導の本質をついているが, それほど単純でない部分もある. というのも, 通常のボーズ–アインシュタイン凝縮では, 凝縮温度の上でもボーズ粒子が存在するが, 超伝導の場合には, 電子系が T_c まで冷えて初めて 2 電子分子が形成され, 同時にボーズ–アインシュタイン凝縮を起こすためである.

▌電子間の引力の原因

超伝導が物質中の広い範囲で生じるということは，離れたところにいる電子同士が協同で超伝導を示すことを意味する．これは電子が互いに作用するということであるが，電子同士にはたらくクーロン力は反発力であるので，それではクーパー対は作られない．また，そもそも T_C が低いことからわかるようにクーパー対を作り出す引力の大きさは，クーロン相互作用よりも非常に小さい．超伝導を生み出す弱い引力の機構は，**電子–格子相互作用**である．つまり，格子振動（フォノン）によって電子間の引力が生じる．このことの実験的証拠を与えたのは，**同位体効果**である．超伝導物質の構成元素を同位体に置換して平均原子質量 M が異なる試料を作製すると T_C が異なり，T_C は $M^{-1/2}$ に比例して変化することがわかった．フォノンのエネルギーも $M^{-1/2}$ に比例することから，フォノンが超伝導発現に寄与していることが示唆された．

古典的に考えると電子と電子はクーロン力で反発し合うが，引き付け合うことがないわけではない．例えば水素分子 H_2 においては，2個の水素原子が互いに引き合って結合するが，その原因は水素原子のもつ電子である．2つのスピンの向きが反平行であるときには，2個の電子の波動関数をつくるときに電子を交換したと考えたために生じる項（交換相互作用）が引力を引き起こす．つまり2電子のスピンがそろっているときには2電子はあまり近寄らないが，スピンの向きが反平行ならば2電子は比較的近くにいることができる．このように電磁場は古典的にはクーロン反発力を生じさせるが，同時に量子論的な効果によって引力が生じる場合がある．この例では2つの電子は電磁場（光子）を及ぼし合うが，超伝導体においてはフォノンを媒介して電子間の引力が生じる．

フォノンを媒介した引力のモデルは以下のようなものである（図 11.5）．負の電荷をもつ電子が，正の電荷をもつ原子核イオンの集団（格子）の中を運動するモデルを考える．ある瞬間に，電子がある原子核イオンの近くにいたとすると，その陽イオンは電子の負電荷に引き寄せられ，平衡位置からずれる．時間がたてば陽イオンは元の位置に戻るが，その時間はフォノンの周波数の逆数程度（meV 程度のエネルギーのとき，10^{-12} 秒程度）である．しかし，電子の速度はフェルミ速度 v_F で与えられ非常に速いため，原子核イオンが平衡

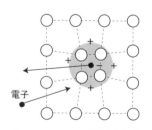

図 11.5 フォノンを媒介した電子間引力．

電子

位置に戻るときには電子はその場から移動してしまっている.(例えば10^6 m/s 程度のとき,10^{-12} 秒で 1 μm 進む.)この時間差は陽イオンが電子よりも重いことに対応している.そのため問題の地点では,しばらくの間,別の電子を引き寄せる正に帯電した領域がつくられると見なせる.この領域は最初の電子によってつくられるため,結果的に電子同士に引力がはたらくことになる.クーパー対が生じる機構は,このような時間遅れではたらく相互作用である.

このような引力が生じるためには,フェルミ速度を決めるフェルミエネルギーが,フォノンの周波数に比例するフォノンのエネルギーに比べて非常に大きい必要がある(ミグダル条件).フェルミエネルギーは eV 程度の大きさであるので,通常の金属ではこの条件は満たされる.ここで考えた力は原子核イオンが平衡位置からずれているときにしかはたらかない力であり,弱い引力であることは想像に難くない.温度を上昇させ,原子核イオンの熱振動が大きくなるとすぐ消失してしまうことは,超伝導転移温度が低いことに対応している.

┃ BCS 状 態　クーパー対の形成は,実空間でなく運動量空間で起きる.理論的に示されたことは,フェルミ面上の電子を 2 つ考えたとき,もしそれらの間に引力がはたらく場合には,電子がペアになって運動した方がエネルギーが低いということである.興味深いことに,電子間の引力がどんなに弱い引力であっても,実空間での電子間距離が有限に留まるような電子のペア(束縛状態)が現れる.これがクーパー対のイメージであり,フェルミ面上のすべての電子について電子ペアを考えると,元の常伝導状態を崩して新しい基底状態が現れる.これが超伝導状態である.これらの多数の電子ペアは,位相の揃ったコヒーレント状態にある.式で書くと,クーパー対を表す BCS 状態の波動関数は

$$|\Psi_{\mathrm{BCS}}\rangle = \prod_{\boldsymbol{k}}(u_{\boldsymbol{k}} + v_{\boldsymbol{k}}e^{i\theta}c_{\boldsymbol{k}\uparrow}^{\dagger}c_{-\boldsymbol{k}\downarrow}^{\dagger})|\mathrm{vacuum}\rangle \tag{11.23}$$

である.BCS は理論の提唱者であるバーディーン,クーパー,シュリーファーの頭文字である.$u_{\boldsymbol{k}}, v_{\boldsymbol{k}}$ は $u_{\boldsymbol{k}}^2 + v_{\boldsymbol{k}}^2 = 1$ を満たす正の実数,パラメータ θ はゲージの自由度を表す.$|\mathrm{vacuum}\rangle$ は電子が 1 個も存在しない状態(電子をこれ以上消滅させられない状態)である.この「真空」の状態に電子の生成演算子 $c_{\boldsymbol{k}\sigma}^{\dagger}$ を用いて電子ペアをフェルミ面内のすべての $\boldsymbol{k}$ について生成したような状態になっている.正確には,積 $\prod_{\boldsymbol{k}}$ を展開すると,ν 個($\nu = 0, 1, 2, \cdots$)の

ペアが真空から生成された状態の重ね合わせになっている.

■生成消滅演算子　　多くの電子が存在する系においては,波動関数を直接扱うのではなく,演算子を用いて系を記述するのが便利である.電子が1つもない状態(真空状態 |vacuum))に波数 k をもつ電子を1つ付け加える操作を生成演算子 $c_k^\dagger$ を用いて $c_k^\dagger$ |vacuum) のように表す.一方で波数 k をもつ電子を1つ消し去る操作は消滅演算子 c_k を使って表せる.c_k と $c_k^\dagger$ はエルミート共役の関係にある.クーパー対の場合にはスピン自由度が重要であり,状態を指定するために波数 k に加えてスピンの向き ↑, ↓ が付け加わっている.

多電子系の例としてフェルミエネルギーまで電子が詰まった状態は,

$$\prod_{|k| \leq k_F} c_k^\dagger |\text{vacuum}\rangle \tag{11.24}$$

と表せる.このような手法は第二量子化と呼ばれる.

より詳しく BCS 状態を見ていくと,以下のことがわかる.まず,生成演算子が2つ連なっていることからわかるように,$(k, \uparrow)$ と $(-k, \downarrow)$ のペア状態が基本的な構成要素である.v_k はこのペア状態が占有される確率,u_k は占有されない確率に対応する.常伝導状態は $u_k = 1$ の状況と見なせる.すべてのペアが同じ位相をもっていることもわかる.

短距離の引力を有効にはたらかせるためには,2つの電子が接近し得る状態である方がよい.電子が逆向きに運動する $k' = -k$ のときが電子が出会う確率が最も高いと考えられる.また,パウリの排他原理により,互いに逆向きのスピン量子数をもつときに同じ空間領域を占めやすい.このような事情で,$(k \uparrow)$ と $(-k \downarrow)$ の電子の組み合わせが,最もエネルギーの利得が大きいため選ばれる.$(k \uparrow, -k \downarrow)$ という電子対の運動量は,$k + (-k) = 0$ であり,その重心が静止した状態である.古典的な描像では,電子同士が一直線に接近したり遠ざかったりしていることになる.このような角運動量が零の状況は,s 波状態といわれる.

┃角運動量による分類　　ここで,より一般的に考えると,クーパー対の運動は,対を組んでいる2個の電子の重心の運動と重心のまわりの相対運動に分けて考えることができる(古典力学における二体問題).すべての対は共通の重心速度で動く.一方,対を組む2個の電子の相対運動については,軌道角運動量の観点から分類がなされる.電子同士には近距離に近づくと強いクーロン反発

がはたらくため，これを避けて対を形成するためには，2 個の電子の相対運動の軌道角運動量が零でなくて遠心力がはたらけばよい．量子力学では軌道角運動量は量子化され，$\hbar$ を単位として，0（s 波状態），1（p 波状態），2（d 波状態），$\cdots$ となる．電子間のクーロン反発が強い強相関電子系に分類される銅酸化物高温超伝導体においては，d 波状態のクーパー対が形成されることが知られている．一方，大部分の金属超伝導体では s 波状態のクーパー対が形成される．これは金属内では，電子間のクーロン斥力は他の電子によって遮蔽され，到達距離が数 Å 程度の短距離型になっているためである．銅酸化物高温超伝導体においては，通常のフォノンを媒介したクーパー対形成機構とは異なって電子–電子相互作用がクーパー対形成に重要である可能性があり，強い電子間の相互作用が高い超伝導転移温度につながっている可能性がある．このような BCS 理論では説明困難な超伝導は非従来型超伝導（**エキゾチック超伝導**）と呼ばれ，活発に研究がなされている．

□■ 11.5 エキゾチック超伝導 ■□

┃スピン三重項 　対を組む電子のスピンの向きにおいて，以下の通りクーパー対には 2 種類あり得る．まず，スピンの向きが逆向きの 2 個の電子がペアを組んでいるクーパー対を**スピン一重項**と呼ぶ．対全体のスピンは零になる．11.4 節ではそのような場合を考えた．

一方で，同じ向きのスピンをもつ 2 個の電子が対を組んだ場合は，**スピン三重項**のクーパー対と呼ばれる．このクーパー対のスピンは電子 1 個のスピン 1/2 の 2 倍になる．スピン角運動量の生きたクーパー対の担う超伝導電流はスピン流になり得るため，スピントロニクスの観点からも注目を集めている（超伝導スピントロニクス）．

スピン一重項のクーパー対の波動関数は，（電子対のフェルミ統計性から粒子の入れ替えに対して波動関数の符号が変わる必要があるが，スピン部分が反対称なので）空間反転対称性のある分布をとる．これを偶パリティをもつという [4]．そのような場合の典型例である **s 波超伝導**では，一方の電子に対してもう一方の電子が等方的な球状の分布をとる（図 11.6）．**d 波超伝導**では，引

---

[4]　量子力学において空間反転操作をパリティ変換と呼ぶ．

力のはたらかない方向もあり一方の電子に対して
他方の電子の分布が4方向に分布し，方向によっ
て波動関数の符号（位相）が反転するが，空間反転
により波動関数の符号は保たれる（偶パリティ）．
s波超伝導の方が電子同士が近づいている確率が
高い．

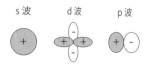

図 11.6 クーパー対の実空間
分布．

　一方，スピン三重項の場合は，パウリの排他原理により電子同士が近づけな
いことからわかるように全く異なる分布をもつ．**p波超伝導**においては，波動
関数は2方向に分布し，それぞれの方向（例えば右側と左側）で逆位相になる
（図11.6）．この分布では空間反転により波動関数の符号が反転するため，奇パ
リティをもつ（対してスピンの方は粒子の入れ替えに対して符号を変えない）．

　s波，p波，d波超伝導のクーパー対の2個の電子の空間分布は，原子内の原
子核周りの1つの電子の分布を表すs軌道，p軌道，d軌道と同じ分布になっ
ている．上記のs波，p波，d波という名前の由来はここにある．鉛や錫などの
古くから知られる金属の超伝導はs波超伝導であり，BCS理論はこの場合を想
定している．20世紀後半に一般社会を巻き込んだブームとなり[*5]現在でも研
究が続けられている銅酸化物高温超伝導体はd波超伝導である．p波超伝導と
してはウラン化合物が有力候補として知られるが物質例は少ない．

　p波やd波超伝導において，クーパー対を構成する2つの電子が例えば左回
り回転していたら，時間反転対称性が破れた状態になる．これはクーパー対を
構成する2つの電子のスピンの向きと相対運動が時間反転でどう変化するかを
考えれば理解できる．時間反転対称性が破れた超伝導は**カイラル超伝導**と呼ば
れる．

┃空間反転対称性の破れた超伝導　　　偶パリティの状態か奇パリティの状態か
を区別して定義できるのは，結晶構造が空間反転対称性をもつ場合のみである．
結晶構造が空間反転対称性をもたない場合には，そのような分類はできない．
そもそも波動関数がパリティ演算子（空間反転演算子）の固有関数になる必要性

[*5]　1911年に超伝導が発見されてから，1985年までの最高の転移温度はNb_3Geの23Kであっ
た．1986年に，ある銅酸化物で30Kを超える転移温度が報告されると類似構造をもつ銅酸化
物で爆発的に研究が進み，1年も経たない内に液体窒素の沸点(77K)を超える転移温度をもつ
超伝導体が複数見つかることとなった．

がないからである．空間反転対称性が破れた物質における超伝導体では一般に偶パリティと奇パリティの状態が混合する（クーパー対のパリティ混成）．このことは2つの電子が対形成するという観点では，空間反転対称性の破れによる反対称スピン軌道相互作用によりフェルミ面がスピン分裂してしまうため（9.3節参照），以前ほど単純に2つの電子がペアをつくれないという見方もできる．この状態を**パリティの破れた超伝導**と呼ぶ．物質例としては結晶構造が空間反転対称性を破っている超伝導物質が知られる（$CePt_3Si$ など）．

また，どんな結晶でも表面付近は空間反転対称性が破れているため，例えばトポロジカル絶縁体の表面状態が超伝導になった場合もパリティの破れた超伝導になる．結果として偶パリティと奇パリティのクーパー対が混合することになるが，このようなパリティの異なる波動関数の混合はトポロジカル絶縁体のバンドでも見られた現象であり（8.3節参照），このような超伝導は**トポロジカル超伝導**になる．トポロジカル絶縁体のような「バンドの混成」によって波動関数が非自明なトポロジカル不変量をもつ超伝導体がトポロジカル超伝導体である．トポロジカル超伝導体になる条件は時間反転対称性の有無や系の次元性などに関して整理されており，時間反転対称性の破れたカイラル p 波超伝導もトポロジカル超伝導の一種である．トポロジカル超伝導状態においては，トポロジカル絶縁体と同様に，表面に金属状態が現れる．表面状態には孤立した電子がおり，全体でクーパー対と電子が共存した状態にある．ここで孤立した電子を「クーパー対 + 正孔」のように見なせば，「クーパー対 + 電子」という状況なのか，「クーパー対 + 正孔」という状況なのか区別が付かない．トポロジカル超伝導体の表面では電子と正孔が同一視でき，このような電子と正孔が混ざった特別な粒子は**マヨラナ粒子**と呼ばれる．マヨラナ粒子を用いるとノイズに強い**量子コンピュータ**が実現できると期待されている．

進んだ内容の参考書

　限られた紙面で最近の話題を含めて多くの内容を盛り込んだため，説明不足となった箇所も多くある．より深く学びたい読者は，物性物理学の教科書だけでなく，各トピックに関する専門書を読むのを勧めたい．以下に，最近の本を中心にいくつか参考書を列挙する．

　物性物理学の教科書は最近でも多く出版されているが，物質科学の発展の方向を反映したものとして

[1] 斯波弘行，「基礎の固体物理学」（培風館，2007）

を挙げておく．

　格子振動については，物性物理学の教科書だけでなく，統計力学の多くの教科書でも触れられている．

[2] 田崎晴明，「統計力学 I」，「統計力学 II」（培風館，2008）

は大変詳しく書かれた教科書である．また，状態密度やゾンマーフェルト展開などの概念についても説明されている．

　結晶や準結晶については，

[3] 竹内伸，枝川圭一，「結晶・準結晶・アモルファス」（内田老鶴圃，2008）

がある．X 線回折についてもわかりやすい．

　電子の輸送現象，光学応答，超伝導などの電子系の諸物性については

[4] 前田京剛，「電気伝導入門」（物性科学入門シリーズ）（裳華房，2019）
[5] 内田慎一，「固体の電子輸送現象」（内田老鶴圃，2015）

が丁寧に書かれている．

　フェルミ面のイメージを掴むには

[6] 宇治進也，「フェルミオロジー　量子振動と角度依存磁気抵抗振動」（筑波大学出版会，2020）

がおすすめである．

　熱電効果や熱伝導などを含む輸送現象については

[7] 寺崎一郎，「熱電材料の物質科学」（内田老鶴圃，2017）

を挙げておく．

　磁性やスピントロニクスについては

[8] 宮崎照宣，土浦宏紀，「スピントロニクスの基礎—磁気の直観的理解をめざして」（森北出版，2013）
[9] 齊藤英治，村上修一，「スピン流とトポロジカル絶縁体—量子物性とスピントロニクスの発展—」（共立出版，2014）

を挙げておく. [8] はスピントロニクスの教科書であるが, 前半部に金属の磁性がわかりやすくまとめられている.

　基礎から磁性や強相関電子系の解説を試みたものとして

[10] 勝藤拓郎,「基礎から学ぶ強相関電子系」(内田老鶴圃, 2017)

がある.

　マルチフェロイクスについては

[11] 有馬孝尚,「マルチフェロイクス—物質中の電磁気学の新展開—」(共立出版, 2014)

を挙げておく. 内容と関係する磁性や光学的性質についてもわかりやすくまとまっている.

　[9] にはトポロジカル絶縁体についても説明があるが, トポロジカル絶縁体については, 一般書である

[12] 長谷川修司,「トポロジカル物質とは何か　最新・物質科学入門」(講談社ブルーバックス)(講談社, 2021)

も概念の理解に参考になる.

　書籍ではないが, スピン軌道相互作用については

[13] 柳瀬陽一, 播磨尚朝,「スピン軌道相互作用と結晶中の電子状態 (その 1)」固体物理 (2011) **46**(5), 1–11.,「スピン軌道相互作用と結晶中の電子状態 (その 2)」固体物理 (2011) **46**(6), 1–10.,「スピン軌道相互作用と結晶中の電子状態 (その 3)」固体物理 (2012) **47**(3), 1–11.

の一連の解説記事が参考になる.

索　　引

著者略歴

塩見 雄毅
しおみ ゆうき

1985 年　三重県に生まれる
2012 年　東京大学大学院工学系研究科物理工学専攻博士課程修了
現　在　東京大学大学院総合文化研究科准教授
　　　　博士（工学）

新・物性物理入門　　　　　　　　　　　　定価はカバーに表示

2023 年 8 月 1 日　初版第 1 刷

著　者　塩　見　雄　毅

発行者　朝　倉　誠　造

発行所　株式会社　朝　倉　書　店

　　　　東京都新宿区新小川町 6-29
　　　　郵 便 番 号　162-8707
　　　　電　話　03（3260）0141
　　　　Ｆ Ａ Ｘ　03（3260）0180
　　　　https://www.asakura.co.jp

〈検印省略〉

ⓒ 2023 〈無断複写・転載を禁ず〉　　　　シナノ印刷・渡辺製本

ISBN 978-4-254-13149-9　　C 3042　　　　Printed in Japan

D.ヴァンダービルト著　前東北大 倉本義夫訳

ベリー位相とトポロジー
―現代の固体電子論―

13141-3　C3042　　A5判　404頁　本体6800円

現代の物性物理において重要なベリーの位相とトポロジーの手法を丁寧に解説。〔内容〕電荷・電流の不変性と量子化／電子構造論のまとめ／ベリー位相と曲率／電気分極／トポロジカル絶縁体と半金属／軌道磁化とアクシオン磁電結合／他

前東大 山田作衛著

素 粒 子 物 理 学 講 義

13142-0　C3042　　A5判　368頁　本体6000円

素粒子物理学の入門書。初めて学ぶ人にも分かりやすいよう，基本からニュートリノ振動やヒッグス粒子までを網羅。〔内容〕究極の階層―素粒子／素粒子とその反応の分類／相対論的場の理論の基礎／電磁相互作用／加速器と測定器の基礎／他

龍谷大 中野寛之・京大 佐合紀親著

シリーズ〈理論物理の探究〉1

重 力 波 ・ 摂 動 論

13531-2　C3342　　A5判　272頁　本体3900円

アインシュタイン方程式を解析的に解く。ていねいな論理展開，式変形を追うことで確実に理解。付録も充実。〔内容〕序論／重力波／Schwarzschildブラックホール摂動／Kerrブラックホール摂動

学習院大 井田大輔著

現 代 相 対 性 理 論 入 門

13143-7　C3042　　A5判　240頁　本体3600円

多様体論など数学的な基礎を押さえて，一般相対論ならではの話題をとりあげる。局所的な理解にとどまらない，宇宙のトポロジー，特異点定理など時空の大域的構造の理解のために。平易な表現でエッセンスを伝える。

学習院大 井田大輔著

現 代 量 子 力 学 入 門

13140-6　C3042　　A5判　216頁　本体3300円

シュレーディンガー方程式を解かない量子力学の教科書。量子力学とは何かについて，落ち着いて考えてみたい人のための書。グリーソンの定理，超選択則，スピン統計定理など，少しふみこんだ話題について詳しく解説。

P.グナディグ他著　前成蹊大 伊藤郁夫監訳

もっと楽しめる 物理問題200選 PartI
―力と運動の100問―

13130-7　C3042　　A5判　244頁　本体3600円

好評の『楽しめる物理問題200選』に続編登場！日常的な物理現象からSF的な架空の設定まで，国際物理オリンピックレベルの良問に挑戦。1巻は力学分野中心の100問。熱・電磁気中心の2巻も同時刊行。

P.グナディグ他著　前成蹊大 伊藤郁夫監訳

もっと楽しめる 物理問題200選 PartII
―熱・光・電磁気の100問―

13131-4　C3042　　A5判　240頁　本体3600円

好評の『楽しめる物理問題200選』に続編登場！2巻では熱・電磁気分野を中心とする100の良問を揃える。日常の不思議から仮想空間まで，物理学を駆使した謎解きに挑戦。力学分野中心の1巻も同時刊行。

東京大 山内　薫編著

強 光 子 場 分 子 科 学

14108-5　C3043　　A5判　472頁　本体8500円

強力レーザーによる光電場で明らかになる量子化学の世界〔内容〕原子とレーザーの相互作用／原子のイオン化／分子のイオン化と解離／分子のアラインメント／分子制御／原子のイオン化と再衝突およびアト秒パルス発生／電子散乱と電子回折

阪大・大阪府大 石原　一・阪大 芦田昌明編著

光　　　　　圧
―物質制御のための新しい光利用―

13139-0　C3042　　A5判　216頁　本体3500円

光圧を主題とした初の成書。基礎理論から利活用まで。〔内容〕光とは／光圧とは／光ピンセット／原子冷却／角運動量／ナノ空間／計測技術／ナノ物質の運動制御・選別／液体・熱効果／非線形光学現象／顕微鏡／化学反応／結晶成長／バイオ

前東大 大津元一・前京大 小嶋　泉編著

ここからはじまる量子場
―ドレスト光子が開くオフシェル科学―

13133-8　C3042　　A5判　240頁　本体3800円

量子光学や物性の理解に役立つ量子場の理論を丁寧に解説。〔内容〕量子場とは／ドレスト光子とオフシェル／量子論への導入／量子場理論の入門／マクスウェル方程式の再考／ドレスト光子の諸現象／量子場・オフシェル科学の展望